普通高等教育"十一五"国家级规划教材
新编高等职业教育电子信息、机电类规划教材·应用电子技术专业

电子技术项目实训

（第4版）

潘海燕　主　编

蒋友明
张丽萍　副主编

程　周　主　审

电子工业出版社
Publishing House of Electronics Industry
北京·BEIJING

内 容 简 介

本书通过完整的项目电路制作和实施来完成对学生知识和技能的培养,全书由 14 个项目组成,每个项目均有明确的学习目标和工作任务,完成项目所需的操作技能、理论知识分解到各个技能训练和知识点中,14 个项目里共包含 38 个技能训练、近 70 个知识点。为方便组织日常教学,每一个项目、每一个技能训练任务都提供了电路参考原理图,在项目、任务实施中列出了元件材料清单。

项目 1~项目 6 和项目 14 以涉及模拟电子技术方面的知识为主,主要内容包括:简易直流电源制作,音频前置放大电路制作,功率放大电路制作,红外线报警器制作,简易函数信号发生器制作,开关稳压集成电源制作,场效应晶体管放大电路测试等;项目 7~项目 13 以涉及数字电子技术方面的知识为主,主要内容包括:全加器设计与制作,四路抢答器制作,电风扇模拟阵风调速电路制作,数字钟设计与制作,简易数控直流电源制作,数字电压表制作,半导体存储器和可编程逻辑器件的认识等。

本书适合于高职高专电子、电气、机电、计算机类等专业学生使用,也可供从事电类产品开发制作的技术人员参考。

未经许可,不得以任何方式复制或抄袭本书之部分或全部内容。
版权所有,侵权必究。

图书在版编目(CIP)数据

电子技术项目实训/潘海燕主编. —4 版. —北京:电子工业出版社,2015.7
ISBN 978-7-121-26620-1

Ⅰ.①电… Ⅱ.①潘… Ⅲ.①电子技术－高等学校－教材 Ⅳ.①TN

中国版本图书馆 CIP 数据核字(2015)第 159839 号

策　　划:陈晓明
责任编辑:郭乃明　　特约编辑:范　丽
印　　刷:北京盛通商印快线网络科技有限公司
装　　订:北京盛通商印快线网络科技有限公司
出版发行:电子工业出版社
　　　　　北京市海淀区万寿路 173 信箱　邮编 100036
开　　本:787×1 092　1/16　印张:16.5　字数:422 千字
版　　次:2003 年 8 月第 1 版
　　　　　2015 年 7 月第 4 版
印　　次:2021 年 2 月第 6 次印刷
定　　价:36.00 元

凡所购买电子工业出版社的图书,如有缺损问题,请向购买书店调换。若书店售缺,请与本社发行部联系,联系及邮购电话:(010)88254888。
质量投诉请发邮件至 zlts@phei.com.cn,盗版侵权举报请发邮件至 dbqq@phei.com.cn。
服务热线:(010)88258888。

前　言

高职教育培养服务于企业一线岗位、具备综合职业能力的高素质技能型专业人才。高职教材是把高职教育理念转变为具体教育现实的载体，从内容选材、教学方法、实践配套等方面要突出高职教育的特点，突出应用能力的培养。为此，本教材在内容的组织和安排上强调实践环节，按项目精心组合，以项目制作和实施为总目标，强调以学生为中心，把培养职业能力作为主线并贯穿始终。

本书共包括 14 个项目，项目 1~项目 6 和项目 14 以涉及模拟电子技术方面的知识为主，项目 7~项目 13 以涉及数字电子技术方面的知识为主。完成项目所需的操作技能、职业素养、理论知识分解到多个技能训练任务和知识点中，以完成任务书内容为阶段性目标，通过一个个任务的完成，使学生能够不断拓展电子元器件知识，识读单元电路功能，提高仪器仪表测试水平，逐步培养综合应用电子技术知识，设计、安装、调试实用电子电路的能力。围绕项目内容分解的技能训练和理论知识尽量做到重点突出、层次分明、针对性强。

技能训练与知识点内容紧密结合，学生可以通过技能训练来获取知识点内容，实现做中学，也可以通过学习知识点内容后再进行技能训练，实现学中做，更好地理解理论知识，提高实践技能。项目里包含的各个技能训练和知识点，充分考虑了学生的理论知识够用和实践动手能力的培养，是顺利完成项目的知识和技能的保障。

在组织教学时可以参考以下方案，方案 1：完成某个项目的电路制作调试前，先将该项目涉及到的几个技能训练任务逐项完成，在完成的过程中积累必需的操作动手能力和足够的理论知识、综合素质。在此过程中，可以先由教师讲授知识点，后进行技能操作训练；或者通过技能任务训练，由学生归纳总结出知识点，实现做中学、学中做。方案 2：教师布置学生在课堂之外完成项目制作任务，包括元器件的采购、器件数据手册的查询等，在课堂上进行知识点和项目实训环节的讨论，缩短教学课时，以翻转课堂的形式实施教学。教师可根据不同专业的课程要求进行内容取舍，完成全部 14 个项目参考教学时间为 280 学时。

本书主编为台州职业技术学院潘海燕，副主编为台州职业技术学院蒋友明，张丽萍。安徽职业技术学院程周老师审阅了全书，董诚浩、余炜垚、陈伟、郑书桢、薛鹏参予了本书的编写工作。本书在编写过程中，得到了浙江省教育科学规划课题（2015SCG168）、台州市教科规课题（GG15028）资助。

限于编者水平，时间仓促，书中难免有疏漏和错误，敬请读者批评指正，索取电子课件或反馈意见请联系邮箱 panhy@msn.com。

编　者

2015 年 3 月

目　　录

项目 1　简易直流电源制作 ……………………………………………………………………(1)
  技能训练 1　二极管检测 ……………………………………………………………(1)
    知识点　半导体二极管 ……………………………………………………(2)
  技能训练 2　稳压二极管稳压电路仿真 ……………………………………………(6)
    知识点　稳压二极管 ………………………………………………………(7)
  技能训练 3　发光二极管电路仿真测试 ……………………………………………(8)
    知识点　发光二极管（LED）………………………………………………(9)
  技能训练 4　桥式整流电路仿真 ……………………………………………………(9)
    知识点　桥式整流电路 ……………………………………………………(10)
  技能训练 5　滤波电路仿真 …………………………………………………………(12)
    知识点　滤波电路 …………………………………………………………(13)
  技能训练 6　印制电路板制作 ………………………………………………………(15)
    知识点　印制电路板（PCB）设计常识 …………………………………(16)
  项目实施　简易直流电源制作 ………………………………………………………(18)
  习题 1 ……………………………………………………………………………………(19)

项目 2　音频前置放大电路制作 ………………………………………………………………(22)
  技能训练 7　三极管的检测 …………………………………………………………(22)
    知识点　半导体三极管 ……………………………………………………(24)
  技能训练 8　基本共射放大电路测试 ………………………………………………(29)
    知识点 1　放大电路性能参数 ……………………………………………(30)
    知识点 2　基本共射放大电路 ……………………………………………(32)
    知识点 3　分压式偏置共射放大电路 ……………………………………(36)
  技能训练 9　放大电路性能参数仿真测试 …………………………………………(38)
    知识点　基本共集放大电路 ………………………………………………(40)
    知识拓展　图解分析法和微变等效电路法 ………………………………(41)
  技能训练 10　多级放大电路仿真测试 ……………………………………………(44)
    知识点　多级放大电路 ……………………………………………………(46)
  项目实施　音频前置放大电路制作 …………………………………………………(47)
  习题 2 ……………………………………………………………………………………(50)

项目 3　功率放大电路制作 ……………………………………………………………………(52)
  技能训练 11　差分放大电路仿真测试 ……………………………………………(52)
    知识点 1　差分放大器 ……………………………………………………(54)
    知识点 2　电流源 …………………………………………………………(56)
  技能训练 12　互补对称功率放大电路仿真测试 …………………………………(57)
    知识点　互补对称功率放大电路 …………………………………………(59)
  项目实施　功率放大电路制作 ………………………………………………………(63)
  习题 3 ……………………………………………………………………………………(65)

项目 4　红外线报警器制作 ·· (68)
　　技能训练 13　运算放大电路功能测试 ··· (68)
　　　　知识点 1　集成运算放大器 ·· (69)
　　　　知识点 2　比例运算放大电路 ··· (71)
　　　　知识点 3　加/减运算放大电路 ··· (73)
　　　　知识点 4　积分/微分运算电路 ··· (74)
　　技能训练 14　迟滞电压比较器电路功能测试 ······································ (76)
　　　　知识点 1　电压比较器 ·· (77)
　　　　知识点 2　迟滞比较器 ·· (78)
　　技能训练 15　负反馈放大电路测试 ·· (79)
　　　　知识点　负反馈放大电路 ··· (81)
　　项目实施　红外线报警器制作 ·· (84)
　　习题 4 ·· (88)
项目 5　简易函数信号发生器制作 ·· (93)
　　技能训练 16　正弦波产生电路制作与测试 ··· (93)
　　　　知识点　正弦波振荡电路 ·· (94)
　　技能训练 17　方波产生电路制作与测试 ··· (98)
　　　　知识点　方波产生电路 ··· (99)
　　技能训练 18　三角波产生电路制作与测试 ······································· (101)
　　　　知识点　三角波产生电路 ··· (102)
　　技能训练 19　三角波 – 矩形波转换电路测试与仿真 ························· (102)
　　　　知识点　三角波 – 矩形波转换电路 ··· (104)
　　知识拓展　三角波 – 正弦波转换电路 ··· (104)
　　项目实施　简易函数信号发生器制作 ·· (106)
　　习题 5 ·· (106)
项目 6　车载 12 V/24 V 转 5 V 开关稳压集成电源制作 ······························ (108)
　　技能训练 20　串联稳压电路制作 ·· (108)
　　　　知识点　串联稳压电路 ··· (109)
　　技能训练 21　线性三端稳压集成电源制作 ······································ (111)
　　　　知识点 1　常用线性集成稳压器 ··· (112)
　　　　知识点 2　集成三端稳压器扩流技术 ······································· (115)
　　技能训练 22　开关稳压集成电源测试 ··· (115)
　　　　知识点　开关集成稳压器 ··· (116)
　　项目实施　车载 12V/24V 转 5V 开关稳压集成电源制作 ··················· (117)
　　习题 6 ·· (118)
项目 7　全加器设计与制作 ·· (119)
　　技能训练 23　常用集成门电路逻辑功能测试 ··································· (119)
　　　　知识点 1　逻辑门电路 ··· (120)
　　　　知识点 2　TTL 门和 CMOS 门 ·· (125)
　　技能训练 24　二进制加法器电路制作 ··· (129)
　　　　知识点 1　数制和 BCD 码 ··· (131)
　　　　知识点 2　逻辑代数基础 ··· (133)
　　　　知识点 3　波形图表示和逻辑表示的相互转换 ······················· (133)

· VI ·

知识点 4　卡诺图化简 …………………………………………………………… (135)
　　知识点 5　组合逻辑电路的分析 ………………………………………………… (140)
　　知识点 6　组合逻辑电路的设计 ………………………………………………… (141)
　　知识点 7　组合逻辑电路的竞争与冒险 ………………………………………… (143)
　项目实施　全加器设计与制作 ……………………………………………………… (143)
　习题 7 ………………………………………………………………………………… (143)

项目 8　四路抢答器制作 ……………………………………………………………… (147)
　技能训练 25　数据选择器逻辑功能测试 …………………………………………… (147)
　　知识点　数据选择器介绍 ………………………………………………………… (149)
　技能训练 26　译码器/编码器逻辑功能测试 ……………………………………… (150)
　　知识点 1　译码器 ………………………………………………………………… (151)
　　知识点 2　编码器 ………………………………………………………………… (153)
　技能训练 27　LED 显示译码电路制作与测试 …………………………………… (153)
　　知识点 1　LED 数码显示器 ……………………………………………………… (155)
　　知识点 2　数字显示译码器 ……………………………………………………… (156)
　技能训练 28　集成缓冲器功能测试 ………………………………………………… (157)
　　知识点　集成缓冲器 ……………………………………………………………… (158)
　项目实施　四路抢答器制作 ………………………………………………………… (160)
　习题 8 ………………………………………………………………………………… (160)

项目 9　电风扇模拟阵风调速电路制作 ……………………………………………… (162)
　技能训练 29　基本 RS 触发器功能测试 …………………………………………… (162)
　　知识点 1　基本 RS 触发器 ……………………………………………………… (163)
　　知识点 2　单稳态触发器 ………………………………………………………… (165)
　技能训练 30　施密特触发器功能测试 ……………………………………………… (168)
　　知识点　施密特触发器 …………………………………………………………… (168)
　技能训练 31　555 多谐振荡器制作与测试 ………………………………………… (172)
　　知识点　555 集成电路 …………………………………………………………… (173)
　项目实施　电风扇模拟阵风调速电路制作 ………………………………………… (175)
　习题 9 ………………………………………………………………………………… (176)

项目 10　数字钟设计与制作 …………………………………………………………… (177)
　技能训练 32　集成边沿触发器功能测试 …………………………………………… (179)
　　知识点　常用触发器介绍 ………………………………………………………… (181)
　技能训练 33　集成锁存器功能测试 ………………………………………………… (185)
　　知识点　集成锁存器 ……………………………………………………………… (186)
　技能训练 34　集成寄存器功能测试 ………………………………………………… (187)
　　知识点　集成寄存器 ……………………………………………………………… (189)
　技能训练 35　二进制集成计数器测试 ……………………………………………… (192)
　　知识点　常用集成计数器 ………………………………………………………… (193)
　技能训练 36　六十进制集成计数器测试 …………………………………………… (196)
　　知识点　高进制计数器变成低进制计数器的方法 ……………………………… (197)
　知识拓展　同步时序逻辑电路的分析和同步计数器的设计 ……………………… (201)
　项目实施　数字钟设计与制作 ……………………………………………………… (205)
　习题 10 ……………………………………………………………………………… (207)

项目 11　简易数控直流电源制作 ……………………………………………………… (210)

    技能训练37　DAC0832单极性输出应用电路测试 ……………………………………… (210)
        知识点1　数模转换器常用芯片介绍 ……………………………………………… (212)
        知识点2　数模转换器DAC0832介绍 …………………………………………… (214)
    技能训练38　DAC0832双极性输出应用电路测试 ……………………………………… (217)
        知识点　串行D/A转换器 ………………………………………………………… (218)
    项目实施　简易数控直流电源制作 …………………………………………………… (220)
    习题11 …………………………………………………………………………………… (221)

项目12　数字电压表制作 …………………………………………………………………… (222)
    知识点1　模数转换器（ADC）……………………………………………………… (223)
    知识点2　常用ADC芯片介绍 ……………………………………………………… (226)
    项目实施　数字电压表制作 …………………………………………………………… (231)
    习题12 …………………………………………………………………………………… (233)

项目13　半导体存储器和可编程逻辑器件的认识 ……………………………………… (234)
    知识点1　半导体只读存储器（ROM）……………………………………………… (234)
    知识点2　半导体随机存取存储器（RAM）………………………………………… (238)
    知识点3　可编程逻辑器件 ………………………………………………………… (241)
    习题13 …………………………………………………………………………………… (245)

项目14　场效应晶体管放大电路测试 …………………………………………………… (246)
    知识点1　场效应晶体管 …………………………………………………………… (246)
    知识点2　VMOS场效应晶体管 …………………………………………………… (249)
    项目实施 ……………………………………………………………………………… (252)
    习题14 …………………………………………………………………………………… (253)

参考文献 ……………………………………………………………………………………… (255)

项目 1 简易直流电源制作

学习目标

通过本项目的学习，了解半导体二极管结构和特性；掌握稳压二极管的使用方法和发光二极管的电路设计方法；理解桥式整流电路和电容滤波电路的工作原理。能初步设计并制作印制电路板（PCB），熟练地进行简单电子产品的电路安装、元器件焊接，并能利用仪器仪表进行元器件检测和电路调试。

工作任务

制作带电源指示的简易直流电源，输入电压为单相交流 220 V 电网电压（即市电），输出为直流电压 12 V、电流 0.3 A，撰写项目制作报告。

带电源指示的简易 12 V 直流电源电路如图 1.1 所示。

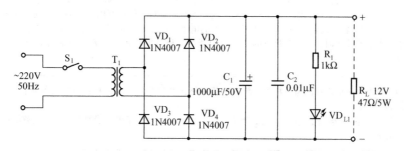

图 1.1 带电源指示的简易 12 V 直流电源电路

技能训练 1 二极管检测

完成本任务所需仪器仪表及材料见表 1-1 所列。

表 1-1

序 号	名　称	型　号	数 量	备 注
1	数字万用表/模拟万用表	DT9205/MF47	1 只	
2	二极管	1N4007	1 只	
3	二极管	1N4148	1 只	

任务书 1-1

任务名称	二极管检测
测量电路图	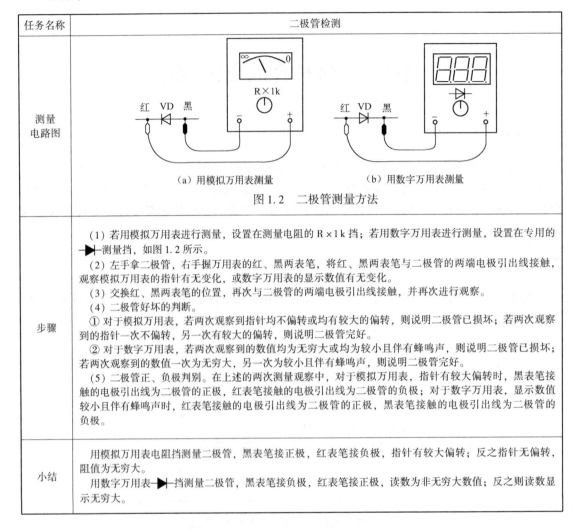 (a) 用模拟万用表测量　　　(b) 用数字万用表测量 图 1.2　二极管测量方法
步骤	(1) 若用模拟万用表进行测量，设置在测量电阻的 R×1k 挡；若用数字万用表进行测量，设置在专用的 ⊣▶⊢ 测量挡，如图 1.2 所示。 (2) 左手拿二极管，右手握万用表的红、黑两表笔，将红、黑两表笔与二极管的两端电极引出线接触，观察模拟万用表的指针有无变化，或数字万用表的显示数值有无变化。 (3) 交换红、黑两表笔的位置，再次与二极管的两端电极引出线接触，并再次进行观察。 (4) 二极管好坏的判断。 ① 对于模拟万用表，若两次观察到指针均不偏转或均有较大的偏转，则说明二极管已损坏；若两次观察到的指针一次不偏转，另一次有较大的偏转，则说明二极管完好。 ② 对于数字万用表，若两次观察到的数值均为无穷大或均为较小且伴有蜂鸣声，则说明二极管已损坏；若两次观察到的数值一次为无穷大，另一次为较小且伴有蜂鸣声，则说明二极管完好。 (5) 二极管正、负极判断。在上述的两次测量观察中，对于模拟万用表，指针有较大偏转时，黑表笔接触的电极引出线为二极管的正极，红表笔接触的电极引出线为二极管的负极；对于数字万用表，显示数值较小且伴有蜂鸣声时，红表笔接触的电极引出线为二极管的正极，黑表笔接触的电极引出线为二极管的负极。
小结	用模拟万用表电阻挡测量二极管，黑表笔接正极，红表笔接负极，指针有较大偏转；反之指针无偏转，阻值为无穷大。 用数字万用表 ⊣▶⊢ 挡测量二极管，黑表笔接负极，红表笔接正极，读数为非无穷大数值；反之则读数显示无穷大。

知识点　半导体二极管

1. 二极管的结构

根据导电性能不同可以把物质分为导体、半导体和绝缘体。铜、铝等金属属于导体，橡胶、塑料等物质属于绝缘体，硅（Si）和锗（Ge）材料的导电性能介于导体与绝缘体之间，属于半导体。纯净的半导体的导电性能极差，若在纯净的半导体材料中，掺入杂质磷元素，就可以形成 N 型半导体，N 型半导体主要靠带负电的自由电子导电，掺入的杂质越多，N 型半导体的电子浓度越高，导电性能也就越强。在纯净的半导体材料中，若掺入的杂质为硼元素，则可以形成 P 型半导体，P 型半导体主要靠带正电的空穴导电，与 N 型半导体相同，掺入的杂质越多，空穴的浓度越高，导电性能也就越强。

在同一块纯净的半导体材料（如硅片）上制作 N 型半导体和 P 型半导体，它们的交界面，带负电的电子与带正电的空穴就会进行复合，P 区由于复合掉空穴形成负离子区，N 区由于复合掉电子形成正离子区，从而形成 PN 结。PN 结中的内电场方向由 N 区指向 P 区，如图1.3所示。

如图1.4（a）所示，当电源的正极、负极分别接到PN结的P端、N端时，称PN结外加正向偏置，此时内电场宽度变窄，P区的空穴和N区的电子向另一端移动加剧，形成正向电流，PN结导通。如图1.4（b）所示，当电源的正极、负极分别接到PN结的N端、P端时，称PN结外加反向偏置，此时内电场宽度变宽，阻止了P区的空穴和N区的电子向另一端移动，形成的电流非常小，PN结处于截止状态。因此，外加电压极性不同，PN结表现出截然不同的导电性能，即PN结具有单向导电的特性。

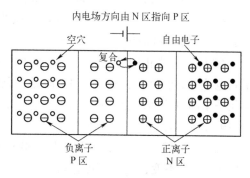

图1.3　PN结

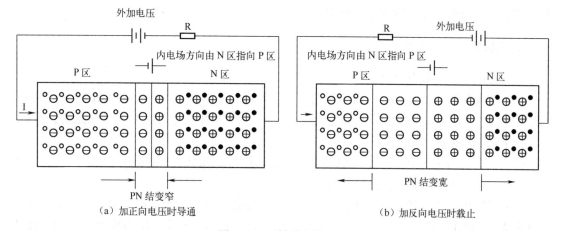

（a）加正向电压时导通　　　　　　（b）加反向电压时截止

图1.4　PN结单向导电性

将PN结用管壳封装起来，加上相应的电极引线，就构成了晶体二极管，简称二极管。如图1.5（a）所示，P区的引出线称为二极管的正极，N区的引出线称为二极管的负极。二极管在电路图中用图1.5（b）所示的电气符号来表示。

2. 二极管的伏安特性

二极管的伏安特性是指二极管两端的电压和流过二极管的电流之间的关系曲线，如图1.6所示，坐标轴u_D表示加在二极管两端的直流电压，i_D表示流过二极管的直流电流。

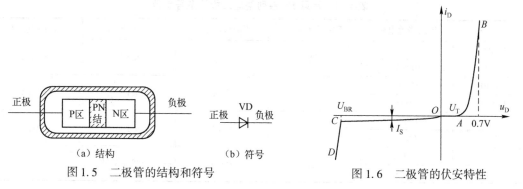

（a）结构　　　　（b）符号

图1.5　二极管的结构和符号

图1.6　二极管的伏安特性

（1）正向特性。OA 段：常称"死区"。二极管两端所加正向电压 u_D 较小，正向电流 i_D 也非常小，几乎为零。使二极管开始导通的临界电压称为门槛电压 U_T，OA 段就是正向电压 u_D 值在 $0 \sim U_T$ 之间时的情况。U_T 的大小与管子的材料和所处温度有关。

AB 段：称为正向导通区。二极管两端所加电压 u_D 越过门槛电压 U_T 后，随着电压增大，正向电流 i_D 急速增大，表现为 AB 段是一条较陡的线段，此时二极管两端的正向压降很小，且几乎不随电流而改变。对于硅管，这个正向电压基本保持在 0.7 V 左右；对于锗管，这个正向电压基本保持在 0.3 V 左右。

（2）反向特性。OC 段：称为反向截止区。二极管两端所加反向电压增加时，反向电流 I_S 很小且几乎不变，通常都可忽略。

CD 段：称为反向击穿区。表示反向电压增大到超过某一值时，反向电流急剧增大，这一现象称为反向击穿。反向击穿时所加的电压叫反向击穿电压，记为 U_{BR}，反向击穿电流过大会使普通二极管烧坏，称为击穿断路。

3. 二极管的主要参数

二极管的主要参数有以下。

（1）最大整流电流 I_F。指二极管长期安全工作时，允许通过管子的最大正向平均电流。I_F 的数值是由二极管允许的温升所限定的。使用时，管子的平均电流不得超过此值，否则，二极管 PN 结将可能因过热而损坏。

（2）最大反向工作电压 U_R。指工作时加在二极管两端的反向电压不得超过此值，为了留有余地，手册上查到的 U_R 通常取反向击穿电压 U_{BR} 的一半。

（3）反向电流 I_S。指在室温条件下，二极管两端加上规定的反向电压时，流过管子的反向电流值。I_S 越小，管子的单向导电性越好。值得注意的是，I_S 受环境温度的影响大，在使用二极管时，要注意温度的影响。

4. 常用二极管型号和参数

（1）整流二极管。整流二极管大多采用硅材料构成，塑料封装。PN 结面积较大，能承受较大的正向电流和高反向电压，工作频率一般在几十 kHz 以下，常应用于各种线性电源整流电路。在使用时，一般根据电源电路的要求选择最大整流电流和最大反向工作电流符合要求的整流二极管即可。常见整流二极管有 1N 系列、2CZ 系列、RLR 系列等，常见 1N 系列二极管整流型号参数见表1-2。

表1-2 常见1N系列整流二极管型号参数

型号	反向峰值电压	额定整流电流	正向浪涌电流	正向压降	反向电流
1N4001	50 V	1 A	30 A	≤1 V	<5 μA
1N4007	1000 V				
1N5101	100 V	1.5 A	75 A	≤1 V	<5 μA
1N5108	1000 V				
1N5201	100 V	2 A	100 A	≤1 V	<10 μA
1N5208	1000 V				
1N5401	100 V	3 A	150 A	≤0.8 V	<10 μA
1N5408	1000 V				

（2）检波二极管。检波的作用是把调制在高频电磁波上的低频信号检取出来，检波二极管要求 PN 结面积小，反向电流也小，工作频率可达 100 MHz 以上。检波二极管的封装常采用玻璃或者陶瓷外壳，以保证良好的高频特性。常用的检波二极管有国外的 1N34、1N60，以及国产的 2AP 系列锗玻璃封装二极管，部分型号参数如表 1-3。

表 1-3 常见检波二极管型号参数

型　号	最大整流电流 I_F（mA）	正向电压 U_F（V）	最高反向工作电压 U_{RM}（V）	反向击穿电压 U_{BR}（V）	截止频率 f（MHz）
1N34A	50	≤1.00 V	45	-	-
1N60/1N60P	30/50	≤1.0 V	40/45	-	-
2AP1	16	≤1.2	20	40	150
2AP7	12		100	150	150
2AP11	25	≤1	10	-	40
2AP17	15		100	-	40
2AP9	8	≤1	10	65	100

（3）开关二极管。利用二极管具有单向导电的特性，在电路中对电流进行控制，可起到接通或者断开的开关作用。开关二极管从截止到导通的时间叫"开通时间"，从导通到截止的时间叫"反向恢复时间"，两个时间加在一起统称"开关时间"。一般反向恢复时间远大于开通时间，开关二极管的开关速度要求很快，硅开关二极管反向恢复时间只有几个纳秒，锗开关二极管反向恢复时间要长一些，也只有几百个纳秒。开关稳压电源的整流电路及脉冲整流电路中使用的二极管，应选用反向恢复时间较短的开关二极管。常用的开关二极管分为普通开关二极管、高速开关二极管、超高速开关二极管等多种。普通开关二极管常用的国产管有 2AK 系列锗开关二极管，高速开关二极管常用的国产管有 2CK 系列，国外的有 1N 系列、1S 系列等。引线塑封的 1SS 系列和表面封装的 RLS 系列属于高速、超高速二极管。部分型号参数见表 1-4。

表 1-4 常见开关二极管型号参数

型　号	正向压降 U_F（V）	最高反向工作电压 U_{RM}（V）	反向击穿电压 U_{BR}（V）	正向电流 I_F（mA）	反向电流 I_R（μA）	反向恢复时间（ns）
1N4148	1	75	100	150	0.025	4
1N4150	1	50	60	200	0.1	6
1N4152	0.88	30	40	150	0.05	2
2CK9		10	15			
2CK10	≤1	20	30	30	≤1	≤5
2CK19		50	75			
2CK20/A/B/C/D	≤0.8	15/20/30/40/50	20/30/45/60/75	50	≤1	≤3
2CK70/A/B/C/D/E	≤0.8	20/30/40/50/60	30/45/60/75/90	≥10	≤1	≤5
2CK80/A/B/C/D/E	≤1	20/30/40/50/60	30/45/60/75/90	≥300	≤1	≤10
1SS130	1	75	100	130	0.5	4
1SS252	1.2	80	90	130	0.5	4
1SS92	1	65	75	200	0.5	2
RLS-92	1	65	75	200	0.5	2

(4) 肖特基二极管。肖特基二极管反向恢复时间极短（可以小到几纳秒），正向导通压降仅 0.4 V 左右，而整流电流却可达到几千毫安，是低功耗、大电流、超高速半导体器件。但肖特基二极管的缺点是其反向偏压较低及反向漏电流偏大。肖特基二极管适合于在低电压、大电流输出场合用于高频整流，部分型号参数见表 1-5。

表 1-5 常见肖特基二极管型号参数

型　　号	正向电流 I_F（A）	最高反向工作电压 U_{RM}（V）	正向压降 U_F（V）
1N5817	1	20	0.75
1N5818	1	30	0.55
1N5819	1	40	0.6
1N5820	3	20	0.85
1N5821	3	30	0.38
1N5822	3	40	0.52
MBR160	1	60	1
MBR360	3	60	1
MBR735	7.5	35	0.84
MBR1035	10	35	0.84
MBR1660	16	60	0.75
MBR20100CT	20	100	0.8
MBR4045WT	40	45	0.59
MBR4060WT	40	60	0.77
MBR6045WT	60	45	0.73
SS12	1	20	0.5
SS34	3	40	0.5
STPS16045TV	160	45	0.95
STPS24045TV	240	45	0.91
MBR2080CT	20	80	0.85
STQ080	8	80	0.72
10MQ060N	0.77	90	0.65
MBR2090CT	20	90	0.8
30CPQ100	30	100	0.86
40CPQ100	40	100	0.77
30CPQ150	30	150	1
40L15CTS	10	150	0.41
150K40A	150	400	1.33

技能训练 2 稳压二极管稳压电路仿真

完成本任务所需仪器仪表及材料如表 1-6 所列。

表1-6

序 号	名 称	型 号	数 量	备 注
1	电脑	安装Multisim10.0仿真软件	1台	

任务书1-2

任务名称	利用稳压二极管将直流+12 V电压降为+5 V输出的稳压电路仿真测试
测量电路图	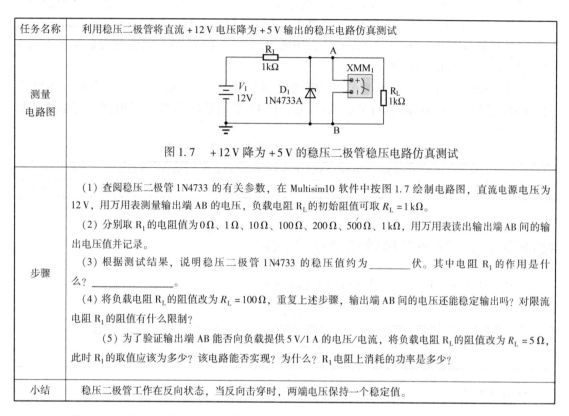 图1.7 +12 V降为+5 V的稳压二极管稳压电路仿真测试
步骤	(1) 查阅稳压二极管1N4733的有关参数，在Multisim10软件中按图1.7绘制电路图，直流电源电压为12 V，用万用表测量输出端AB的电压，负载电阻R_L的初始阻值可取$R_L=1\text{ k}\Omega$。 (2) 分别取R_1的电阻值为0 Ω、1 Ω、10 Ω、100 Ω、200 Ω、500 Ω、1 kΩ，用万用表读出输出端AB间的输出电压值并记录。 (3) 根据测试结果，说明稳压二极管1N4733的稳压值约为_____伏。其中电阻R_1的作用是什么？_____。 (4) 将负载电阻R_L的阻值改为$R_L=100\text{ }\Omega$，重复上述步骤，输出端AB间的电压还能稳定输出吗？对限流电阻R_1的阻值有什么限制？ (5) 为了验证输出端AB能否向负载提供5 V/1 A的电压/电流，将负载电阻R_L的阻值改为$R_L=5\text{ }\Omega$，此时R_1的取值应该为多少？该电路能否实现？为什么？R_1电阻上消耗的功率是多少？
小结	稳压二极管工作在反向状态，当反向击穿时，两端电压保持一个稳定值。

知识点 稳压二极管

稳压管是用特殊工艺制成的二极管，它工作于反向击穿区，具有稳压的功能。它的伏安特性曲线和电气符号如图1.8所示。

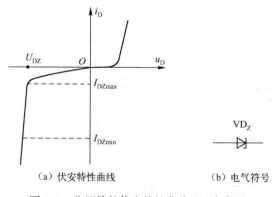

(a) 伏安特性曲线　　　　(b) 电气符号

图1.8 稳压管的伏安特性曲线和电气符号

从特性曲线看，稳压管与普通二极管极其相似，只是稳压管的反向击穿特性曲线更陡，当稳压二极管反向击穿后，流过管子的电流在很大的范围内（$I_{DZmin} \sim I_{DZmax}$）变化时，管子两端的电压基本不变（保持为 U_{DZ}），起到稳压作用。

稳压管的主要参数如下：

(1) 稳定电压 U_{DZ}。即反向击穿电压，是选用稳压二极管要考虑的一个主要参数。

(2) 稳定电流 I_{DZ}。稳压管正常工作时的电流值，其范围在 $I_{DZmin} \sim I_{DZmax}$ 之间，I_{DZ} 较小时，稳压效果不佳；I_{DZ} 过大时，管子功耗也将增大，若功耗超过管子允许值，管子将不够安全。

(3) 耗散功率 P_M。管子所允许的最大功耗 $P_M = I_{DZmax} U_{DZ}$。管子功耗超过最大允许功耗时，管子将产生热击穿而损坏。

稳压二极管有国产的 2CW 系列、2DW 系列和国外的 1N41 系列、1N47 系列、1N52 系列、1N59 系列、1N700 系列、1N900 系列等，1N47 系列稳压二极管常用型号与稳压值见表 1-7 所示。

表 1-7 1N47 系列稳压二极管常用型号与稳压值

型号	1N4728	1N4729	1N4730	1N4732	1N4733	1N4734	1N4735	1N4744	1N4750	1N4751	1N4761
稳压值	3.3 V	3.6 V	3.9 V	4.7 V	5.1 V	5.6 V	6.2 V	15 V	27 V	30 V	75 V

技能训练 3 发光二极管电路仿真测试

完成本任务所需仪器仪表及材料如表 1-8 所列。

表 1-8

序 号	名 称	型 号	数 量	备 注
1	电脑	安装 Multisim10.0 仿真软件	1 台	

任务书 1-3

任务名称	发光二极管电路仿真测试
测量电路图	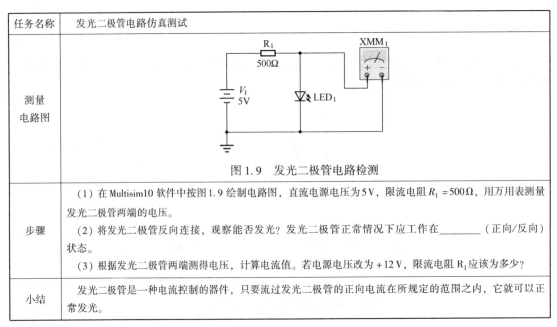 图 1.9 发光二极管电路检测
步骤	(1) 在 Multisim10 软件中按图 1.9 绘制电路图，直流电源电压为 5V，限流电阻 $R_1 = 500\Omega$，用万用表测量发光二极管两端的电压。 (2) 将发光二极管反向连接，观察能否发光？发光二极管正常情况下应工作在_____（正向/反向）状态。 (3) 根据发光二极管两端测得电压，计算电流值。若电源电压改为 +12V，限流电阻 R_1 应该为多少？
小结	发光二极管是一种电流控制的器件，只要流过发光二极管的正向电流在所规定的范围之内，它就可以正常发光。

知识点 发光二极管（LED）

发光二极管（LED）工作在正向状态。LED 对工作电流要求比较高，通常由电源电压 U 和限流电阻 R 来供给，必须根据电压 U 来合理选择限流电阻 R 值，使 LED 工作在额定的工作电流下。如图 1.10 所示，限流电阻可以根据下式来确定：

$$R = \frac{U - U_{VD}}{I}$$

式中，U_{VD} 为额定工作电流下 LED 的正向电压；I 为 LED 实际所需的正向工作电流。

红光 LED 和绿光 LED 的工作电流 I 一般为 $10\sim20\,\text{mA}$，正向电压 U_{VD} 一般取 $1.5\sim2.3\,\text{V}$，常应用于指示灯、显示板等场合。随着白光 LED 的出现，LED 也有被用于照明领域，白光 LED 的正向电压 U_{VD} 介于 $3.0\sim4.0\,\text{V}$ 之间。

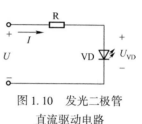

图 1.10 发光二极管直流驱动电路

技能训练 4 桥式整流电路仿真

完成本任务所需仪器仪表及材料如表 1-9 所列。

表 1-9

序 号	名 称	型 号	数 量	备 注
1	电脑	安装 Multisim10.0 仿真软件	1 台	

任务书 1-4

任务名称	桥式整流电路仿真
测量电路图	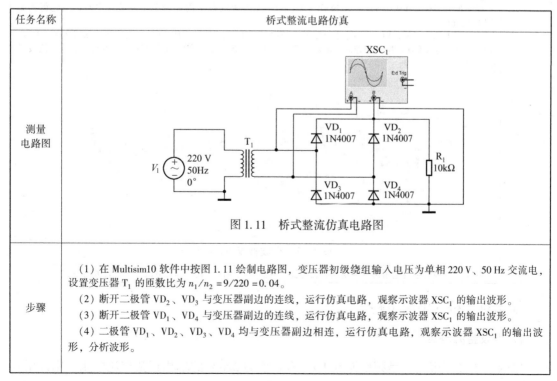 图 1.11 桥式整流仿真电路图
步骤	（1）在 Multisim10 软件中按图 1.11 绘制电路图，变压器初级绕组输入电压为单相 220 V、50 Hz 交流电，设置变压器 T_1 的匝数比为 $n_1/n_2 = 9/220 = 0.04$。 （2）断开二极管 VD_2、VD_3 与变压器副边的连线，运行仿真电路，观察示波器 XSC_1 的输出波形。 （3）断开二极管 VD_1、VD_4 与变压器副边的连线，运行仿真电路，观察示波器 XSC_1 的输出波形。 （4）二极管 VD_1、VD_2、VD_3、VD_4 均与变压器副边相连，运行仿真电路，观察示波器 XSC_1 的输出波形，分析波形。

续表

任务名称	桥式整流电路仿真
分析	(1) 断开二极管 VD_2、VD_3，二极管 VD_1、VD_4 在电源的正半周相当于半波整流电路，因此得到如图 1.12（a）所示波形。 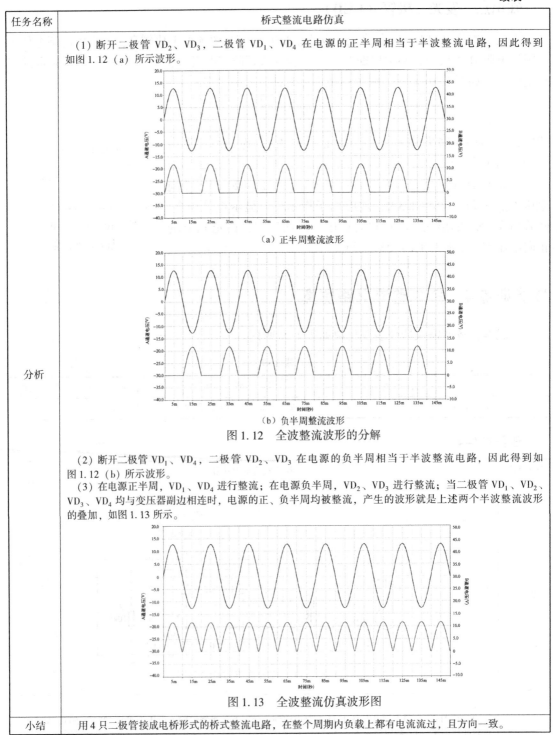 （a）正半周整流波形 （b）负半周整流波形 图 1.12 全波整流波形的分解 (2) 断开二极管 VD_1、VD_4，二极管 VD_2、VD_3 在电源的负半周相当于半波整流电路，因此得到如图 1.12（b）所示波形。 (3) 在电源正半周，VD_1、VD_4 进行整流；在电源负半周，VD_2、VD_3 进行整流；当二极管 VD_1、VD_2、VD_3、VD_4 均与变压器副边相连时，电源的正、负半周均被整流，产生的波形就是上述两个半波整流波形的叠加，如图 1.13 所示。 图 1.13 全波整流仿真波形图
小结	用 4 只二极管接成电桥形式的桥式整流电路，在整个周期内负载上都有电流流过，且方向一致。

知识点 桥式整流电路

1. 半波整流电路

电网电压（即市电）是频率为 50 Hz、有效值为 220 V 的单相正弦交流电压，用万用表测量得到的电压就是这个有效值电压 220 V。峰值电压 U_m 与有效值电压 U 的关系为：$U_m = \sqrt{2} U$，对于有效值为 220 V 的市电，峰值大小为：$U_m = \sqrt{2} U = \sqrt{2} \times 220 \approx 310$ V。

图 1.14（a）所示为纯电阻负载的半波整流电路，由电源变压器 T_1、整流二极管 VD_1 和负载电阻 R_L 组成。电源变压器 T_1 的作用是将较高的电网电压~220 V 转换成较低的交流电压如~12 V，其中 U_1、U_2 表示变压器正、副边有效值电压，u_2 表示变压器副边瞬时电压，u_L 表示负载电阻 R_L 两端瞬时电压，$u_2 = \sqrt{2} U_2 \sin\omega t$。

由于二极管单向导电性的作用，当电源电压为正半周时，二极管承受正向的电压而导通，有电流流过负载，负载电阻 R_L 上得到一个上正下负的电压，忽略二极管上的电压降时，负载电阻 R_L 上的电压 u_L 等于电源变压器副边的电压 u_2，即 $u_L = u_2 = \sqrt{2} U_2 \sin\omega t$；当电源电压为负半周时，二极管承受反向电压而截止，没有电流流过负载，此时负载电阻 R_L 上的电压 $u_L = 0$。u_1、u_2、u_L 电压波形如图 1.14（b）所示。由图 1.14（b）波形图可以看出，使用单个二极管，一个电源周期内负载上只有半个电压波形输出。

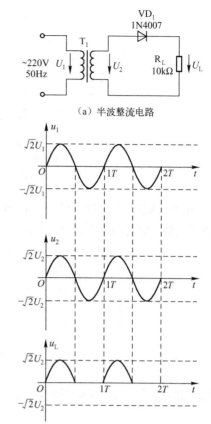

（a）半波整流电路

（b）半波整流输入输出的电压波形

图 1.14　二极管半波整流电路检测

2. 桥式整流电路

桥式整流电路如图 1.15 所示。T_1 是电源变压器，VD_1、VD_2、VD_3、VD_4 及 R_L 构成了一个桥式整流电路。

当电源为正半周时，VD_1、VD_4 承受正向电压而导通，VD_2、VD_3 承受反向电压而截止，导电通路为 a→VD_1→R_L→VD_4→b，此时电路可简化为如图 1.16（a）所示。

当电源为负半周时，VD_2、VD_3 承受正向电压而导通，VD_1、VD_4 承受反向电压而截止，导通回路为 b→VD_2→R_L→VD_3→a，此时电路可简化为如图 1.16（b）所示。

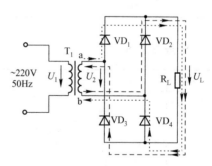

图 1.15　桥式整流电路

忽略导通管的压降，在整个周期内，负载电阻 R_L 都有电流流过，两端获得了电源正、负半周的全部电压，方向均为上正下负。

设变压器副边电压有效值为 U_2，则，

负载电阻 R_L 上直流电压平均值为：$U_L = 0.9 U_2$。

负载电阻 R_L 上流过直流电流平均值为：$I_L = U_L/R_L = 0.9 U_2/R_L$。

整流元件 VD_1、VD_2、VD_3、VD_4 通过的电流平均值为：$I_D = I_L/2 = 0.45 U_2/R_L$。

VD_1、VD_2、VD_3、VD_4 承受的最高反向电压为：$U_{RM} = \sqrt{2} U_2$。

桥式整流电路还可以画成图 1.17 所示的形式。

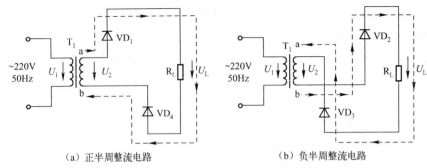

(a) 正半周整流电路　　　　　　(b) 负半周整流电路

图 1.16　桥式整流电路的分解

由于桥式整流电路应用很广，生产厂家专门生产了将四只二极管制作并封装在一起的器件，称为整流桥，它有两个引脚为交流输入端，另两个为直流输出端，其常用外形如图 1.18 所示。

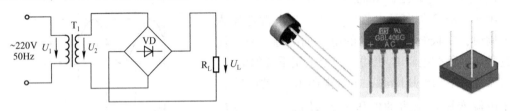

图 1.17　桥式整流电路的简易画法形式　　　图 1.18　整流电桥各种封装外形图

技能训练 5　滤波电路仿真

完成本任务所需仪器仪表及材料如表 1-10 所示。

表 1-10

序　号	名　称	型　号	数　量	备　注
1	电脑	安装 Multisim10.0 仿真软件	1 台	

任务书 1-5

任务名称	滤波电路仿真
测量电路图	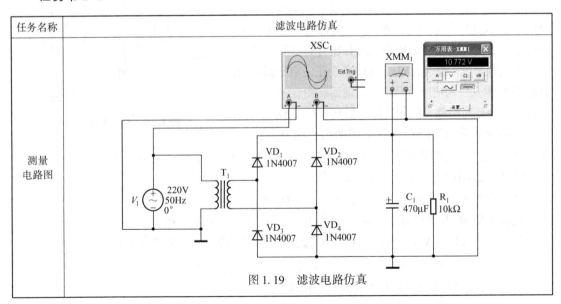 图 1.19　滤波电路仿真

续表

任务名称	滤波电路仿真
步骤	（1）在Multisim10软件中按图1.19绘制电路图，变压器T_1初级绕组输入电压为单相220 V、50 Hz正弦交流电，设置变压器T_1的匝数比为$n_1/n_2 = 9/220 = 0.04$。 （2）运行仿真电路，观察示波器XSC_1的输出波形和万用表XMM_1的读数。 （3）改变R_1的阻值，如$R_1 = 100\ \Omega$，运行仿真电路，观察万用表XMM_1的读数。
结论	二极管整流后负载电阻R_L上的脉动直流电通过电容C的滤波，获得了较平滑的直流电压波形。

知识点　滤波电路

桥式整流电路输出电压是一个脉动式的直流电压，含有较大比例的交流成分，希望获得较平滑的直流电提供给电子设备所需，还必须进行滤波。滤波电路的种类主要有电容滤波电路、电感滤波电路等。

1. 电容滤波电路

电容滤波电路结构简单，效果明显，但只适用于电流小且变化范围不大的负载。如图1.20（a）所示，利用电容的通交流隔直流作用，经$VD_1 \sim VD_4$整流后的脉动直流电流，通过电容C，其中的交流成分被短路，直流成分提供给负载电阻R_L，使负载R_L获得较平滑的直流电压。

设变压器副边瞬时电压为$u_2 = \sqrt{2} U_2 \sin\omega t$，$U_2$为电压有效值，电容C电压初值为0，当$u_2$为正半周时，$VD_1$、$VD_4$正偏导通，电流从a点出发，经$VD_1$后一路向负载$R_L$供电，另一路向电容C充电，再经过$VD_4$回到b点。由于充电电路中电阻仅为$VD_1$、$VD_4$两个二极管的正向电阻，因而充电很快，电容C两端的电压（即负载电阻R_L的电压）u_L几乎跟随电源电压u_2迅速上升，当u_2到达正峰值（$\sqrt{2} U_2$）时，u_L也接近$\sqrt{2} U_2$，随后u_2按正弦规律下降，但u_L下降较慢，当$u_2 < u_L$时，原来导通的二极管VD_1、VD_4因承受反压而被迫提前截止（若无滤波电容C，VD_1、VD_4将一直导通到正半周结束），而此时VD_2、VD_3也是截止的，负载R_L与电源之间相当于断开，电容C将通过负载R_L放电。由于放电时间常数$R_L C$很大，放电很慢，此时u_2仍在按正弦规律变化，当正半周结束、负半周刚开始时，因为$|u_2| < u_L$，VD_2、VD_3仍反偏截止（若无C则VD_2、VD_3将开始导通），当$|u_2|$开始大于u_L时，VD_2、VD_3导通，电流由b点出发经VD_2后一路向R_L供电，另一路向电容C充电，再经过VD_3回到a点。与正半周类似，当u_2过了峰值

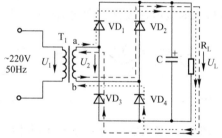

（a）电容滤波电路原理图

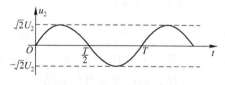

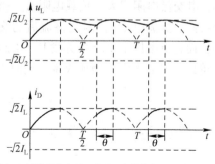

（b）变压器副边电压u_2波形、负载电阻R_L两端电压u_L波形和二极管VD_1电流i_D波形

图1.20　电容滤波电路

再下降到 $|u_2| < u_L$ 时，原来导通的 VD_2、VD_3 被迫提前截止，C 再次通过 R_L 放电，以后每个周期重复上述过程，变压器副边电压 u_2 波形、负载电阻 R_L 两端电压 u_L 波形和二极管 VD_1 电流 i_D 波形如图 1.20（b）所示。由于 $|u_2|$ 较小时，电容仍以接近 u_2 峰值的电压向 R_L 供电，而当 $|u_2| > u_L$ 时，电源向负载供电，并同时向电容充电，因此负载 R_L 在一个周期内，基本上能获得接近峰值的电压。有如下关系式：

负载 $R_L = \infty$ 即空载时：$U_L = \sqrt{2} U_2$。

带有负载时，其平均值一般取：$U_L \approx 1.2 U_2$。

流过负载 R_L 的电流平均值：$I_L = U_L / R_L$。

流过每个二极管的电流平均值：$I_D \approx I_L / 2$。

整流管承受最大反向电压：$U_{RM} = \sqrt{2} U_2$。

与桥式整流电路比较，接上滤波电容后负载上的直流电压平均值明显升高了，而且交流成分减少了，但整流二极管导通角变小了（无滤波电容时，二极管的导通角为 π，加上滤波电容后导通角为 θ），即通过整流管的浪涌电流变大了。

从图 1.20（a）也可看出，流过负载电阻 R_L 的电流变化会直接影响电容 C 的放电速度，即负载电阻 R_L 值的变化会使输出电压 U_L 有明显变化。R_L 变小，I_L 变大，U_L 会降低；R_L 变大，I_L 变小，U_L 会升高；当负载开路（$R_L = \infty$，$I_L = 0$）时，电容 C 无放电回路，电容将保持其充电后的最高电压 $U_L = \sqrt{2} U_2$。滤波电容 C 放电速度由放电时间常数 $\tau_{放} = R_L C$ 决定，当 $\tau_{放}$ 较大时放电速度慢，则输出电压平均值较高；当 $\tau_{放}$ 较小时放电速度快，输出电压平均值较低，如图 1.21 所示。设计电容滤波电源电路时，应保证 $R_L C \geq (3 \sim 5) \dfrac{T}{2}$，$T$ 是电网电压的周期，$T = 20$ ms。当 $R_L C \geq (3 - 5) \dfrac{T}{2}$ 满足时，$U_L \approx 1.2 U_2$。

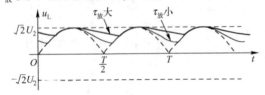

图 1.21 桥式整流电容滤波 $\tau_{放}$ 不同时 U_L 波形

2. 电感滤波电路

电感滤波电路如图 1.22（a）所示。我们知道电感线圈 L 能阻碍通过它的电流发生变化，当电流 I_L 上升时，L 阻止它上升；而当电流 I_L 下降时，L 又阻止它下降，结果使电流变化较为平缓，即电感具有对脉动电压的滤波作用。也可以这样理解：电感线圈的直流电阻很小，其交流电阻很大，负载电阻 R_L 一般较小（但远大于电感线圈的直流电阻，又远小于电感线圈的交流电阻），因此整流后的交流电压主要降在电感线圈上，负载上分得交流电压小，而直流电压主要降在负载上，电感线圈上的直流压降很小。理论上讲，滤波电感越大效果越好，但 L 太大会增加成本，同时直流损耗也会增加，使输出电压和电流降低。

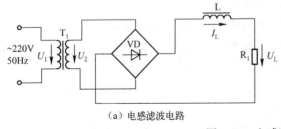

(a) 电感滤波电路　　(b) U_L 波形

图 1.22 电感滤波

技能训练 6 印制电路板制作

完成本任务所需仪器仪表及材料如表 1-6 所示。

表 1-11

序 号	名 称	型 号	数 量	备 注
1	数字万用表/模拟万用表	DT9205/MF47	1 只	
2	电工工具箱	含电烙铁、斜口钳等	1 套	
3	台钻	含有各种钻头	1 台	共用设备
4	PCB 制作设备		1 套	共用设备
5	单面覆铜板	5 cm × 5 cm	1 块	
6	裸装电源变压器	5 W 单路 12 V 输出	1 只	
7	整流二极管	1N4007	4 只	
8	电容	1000 μF/50 V 103	各 1 只	
9	电源插头线		1 根	
10	自锁按钮开关		1 只	

任务书 1-6

任务名称	印制电路板（PCB）制作
电路图	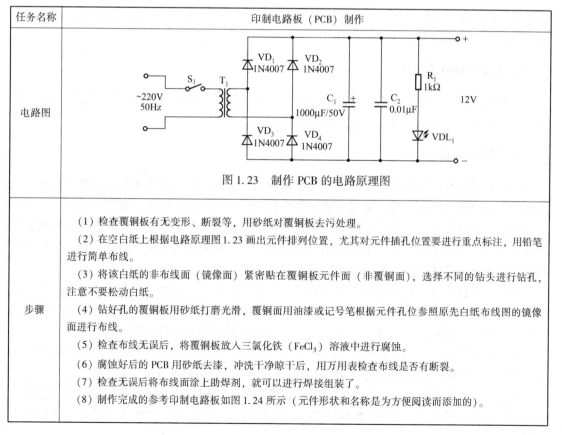 图 1.23 制作 PCB 的电路原理图
步骤	（1）检查覆铜板有无变形、断裂等，用砂纸对覆铜板去污处理。 （2）在空白纸上根据电路原理图 1.23 画出元件排列位置，尤其对元件插孔位置要进行重点标注，用铅笔进行简单布线。 （3）将该白纸的非布线面（镜像面）紧密贴在覆铜板元件面（非覆铜面），选择不同的钻头进行钻孔，注意不要松动白纸。 （4）钻好孔的覆铜板用砂纸打磨光滑，覆铜面用油漆或记号笔根据元件孔位参照原先白纸布线图的镜像面进行布线。 （5）检查布线无误后，将覆铜板放入三氯化铁（$FeCl_3$）溶液中进行腐蚀。 （6）腐蚀好后的 PCB 用砂纸去漆，冲洗干净晾干后，用万用表检查布线是否有断裂。 （7）检查无误后将布线面涂上助焊剂，就可以进行焊接组装了。 （8）制作完成的参考印制电路板如图 1.24 所示（元件形状和名称是为方便阅读而添加的）。

任务名称	印制电路板（PCB）制作
步骤	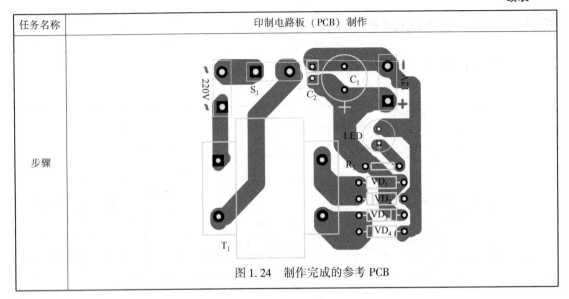 图1.24 制作完成的参考PCB

知识点　印制电路板（PCB）设计常识

各电子元器件几乎全部都是以 PCB 为绝缘基材，通过组装技术进行互连、安装，实现各器件之间的布线和电气连接，成为适用的电子产品。掌握手工设计并绘制印制电路图的一般常识，是以后运用 CAD 软件设计电路板的基础。设计插装元器件的 PCB 过程一般包括：确定印制板尺寸、形状、材料、外部连接和安装方法；布设导线和元器件位置；确定印制导线的宽度、间距和焊盘的直径和孔径等。

1. 合理选择板面尺寸

印制电路板的面积大小应适中，过大时，印制线条长，阻抗增加，抗噪声能力降低，成本亦高；过小时，散热不好，并在线条间产生干扰。

2. 元器件布局

（1）元器件在印制电路板上的分布应尽量均匀，密度一致。无论是单面印制电路板还是双面印制电路板，所有元器件都尽可能安装在板的同一面，以便加工、安装和维护。

（2）元器件的排列应整齐美观，一般应做到横平竖直，并力求电路安装紧凑、密集，尽量缩短引线。如果装配工艺要求须将整个电路分割成几块安装时，应使每块装配好的印制电路板成为独立的功能电路，以便单独调试、检验和维护。

（3）元器件安装的位置应避免互相影响，元器件间不允许立体交叉和重叠排列，元器件的方向应与相邻印制导线交叉，电感器件要注意防电磁干扰，发热元件要放在有利于散热的位置，必要时可单独放置或装散热器，以降温和减小对邻近元器件的影响。

（4）大而笨重的元件如变压器、扼流圈、大电容器、继电器等，可安装在主印制板之外的辅助底板上，利用附件将它们紧固，以利于加工和装配。也可将上述元件安置在印制板靠近固定端的位置上，并降低重心，以提高机械强度和耐振、耐冲击力，减小印制板的负荷和变形。

（5）元器件的跨距 s（即元器件成形后两引线脚之间的距离）应小于 2 倍元件本体长度

l；单向引线的跨距应小于本体直径 d（或长度）的 $\frac{5}{4}$，如图 1.25 所示。

（6）元器件的间距：最小间距 d 等于相邻元件的半径（或厚度的一半）之和再加上安全间隙 b（b 为 1 mm/200 V），如图 1.26 所示。

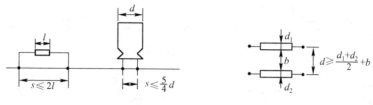

图 1.25　元器件的跨距　　　　图 1.26　元器件的间距

3. 导线的布设

（1）公共地线应尽可能布置在印制电路板的边缘，便于印制电路板安装以及与地相连。同时导线与印制板边缘应留有一定的距离，以便进行机械加工和提高绝缘性能。

（2）为减小导线间的寄生耦合，布线时应按信号的顺序进行排列，尽可能将输入线和输出线的位置远离，并最好采用地线将两端隔开。输入线和电源线的距离应大于 1 mm，以减小寄生耦合。另外，输入电路的印制导线应尽量短，以减小感应现象及分布参数的影响。

（3）提供大信号的供电线和提供小信号的供电线应分开，特别是地线，最好是一点共地。

（4）高频电路中的高频导线、三极管各电极引线及信号输入输出线应尽量做到短而直，易引起自激的导线应避免互相平行，宜采取垂直或斜交布线。

4. 导线的尺寸和图形

（1）印制导线的宽度。同一块印制电路板上的印制导线宽度应尽可能保持均匀一致（地线除外），印制导线的宽度主要由流过其电流的大小决定。一般情况下，覆铜板的覆铜层厚度为 35 μm，根据电流密度经验值，0.254 mm 宽度的印制导线能通过的电流大约为 1 A。在平时进行测试练习时，印制导线的宽度可选择 1～2 mm，一些要流过大电流的电路，线宽可适当加宽至 2～3 mm，公共地线和电源线在布线允许的情况下可为 4～5 mm。

（2）印制导线的间距。印制导线的间距一般不小于 1 mm，当线间电压高或通过高频信号时，其间距应相应增大，避免相对绝缘强度下降，分布电容增大。

（3）印制导线的形状。印制导线的形状如图 1.27 所示，应简洁美观，在设计印制导线时应遵循以下几点：

① 除地线外，同一印制板上导线的宽度尽可能保持一致。

② 印制导线的走向应平直，不应出现急剧的拐弯或尖角。

③ 应尽量避免印制导线出现分支。

（4）印制接点（焊盘）的形状和尺寸。为了增加在焊接元件与机械加工时印制导线与基板的粘贴强度，必须将导线加工成圆形或岛形，如图 1.28 所示。环外径应略大于其相交的印制导线的宽度，通常取 2～3 mm。而在单个焊盘或连接较短的两个接点时加一条辅助线，以增加接点的牢固。

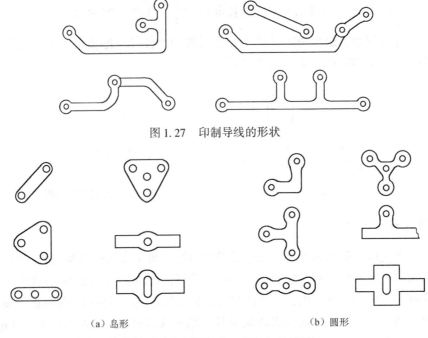

图1.27 印制导线的形状

（a）岛形　　　　　　　　　　（b）圆形

图1.28 印制板接点（焊盘）的形状

项目实施　简易直流电源制作

制作安装步骤

（1）制作印制电路板并进行测试（过程可以参考本项目任务书1-6）。

（2）对元器件进行检测，包括：

① 判断电阻 R_1 的阻值是否准确。

② 判断发光二极管 VD_{L1} 的正、负极，并测试是否完好。

③ 判断整流二极管 $VD_1 \sim VD_4$ 的正、负极。

④ 判断电容 C_1 的正、负极，用模拟万用表测试电容 C_1、C_2 是否完好。

⑤ 判断电源变压器 T_1 的好坏并确定正、副边绕组的引出脚。

以数字万用表为例，用万用表测电阻200Ω挡或20kΩ挡，表笔分别与电源变压器的4个引脚两两一组进行接触，如能得到如图1.29所示的测量结果（表笔不分正、负），则说明该变压器完好可用。

（3）对元器件引脚进行去锈、搪锡处理，以便于可靠焊接。

（4）进行元器件焊接，先焊接体积小并且所处安装位置比较低的元器件。

（5）检查测试各元器件之间的连接和焊盘

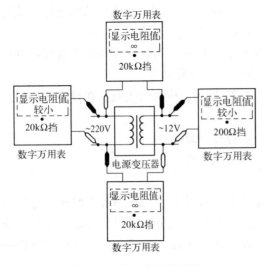

图1.29 电源变压器测试

是否可靠。

(6) 加电进行测试,检查电源电压输出值是否满足要求。

(7) 加入负载电阻(如 $R_L = 47\,\Omega/5\,W$)进行测试,检查电源输出的电压值和电流值是否满足要求。

(8) 撰写项目制作测试报告。

完成本项目所需仪器仪表及材料如表1–12所示。

表1–12

序 号	名 称	型 号	数 量	备 注
1	直流稳压电源	DF1731SD2A	1台	
2	数字万用表/模拟万用表	DT9205/MF47	1只	
3	电工工具箱	含电烙铁、斜口钳等	1套	
4	台钻	含各种钻头	1台	共用设备
5	PCB制作设备		1套	共用设备
6	单面覆铜板	5 cm × 5 cm	1块	
7	裸装电源变压器	5 W,单路12 V 输出	1只	
8	整流二极管	1N4007	4只	
9	发光二极管	2EF102	1只	
10	电阻	1 kΩ 47 Ω/5 W	各1只	
11	电容	1000 μF/50 V 103	各1只	
12	电源插头线		1根	
13	自锁按钮开关		1只	

习 题 1

1.1 如何用万用表来检测二极管的正、负极?应注意什么问题?

1.2 电路如图1.30所示,问:二极管两端的压降和流过二极管的电流是多少?若调换二极管的极性,则二极管两端的压降和通过二极管的电流又是多少?(设二极管的反向电流 $I_s = 0$)

1.3 设二极管和稳压管的正向压降可忽略不计,稳压管的反向击穿电压为5 V,试求图1.31所示电路中流过 2 kΩ 电阻的电流。

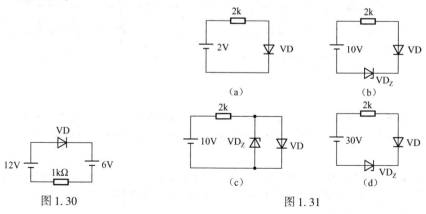

图1.30 图1.31

1.4 分析图 1.32 所示电路中各二极管是导通还是截止？并求出 A、O 两端的电压 U_{AO}。（设二极管为理想二极管）

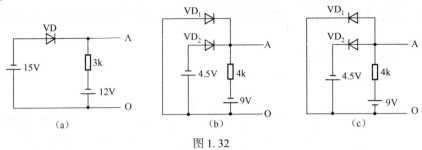

图 1.32

1.5 二极管桥式整流电路如图 1.34 所示，试分析如下问题：
(1) 若已知 $U_2 = 20\,\text{V}$，试估算 U_L 的值。
(2) 若有一只二极管脱焊，U_L 的值如何变化？
(3) 若二极管 VD_1 的正、负极焊接时颠倒了，会出现什么问题？
(4) 若负载短接，会出现什么问题？

1.6 如图 1.35 所示，已知输入信号为正弦交流电，且 $U_{im} > E$，试画出输出电压的波形。

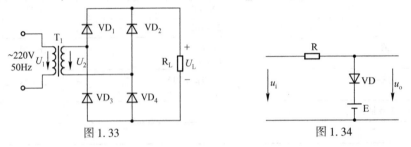

图 1.33　　　　　　　　　　图 1.34

1.7 设 VD_{Z1} 和 VD_{Z2} 的稳定电压分别为 5 V 和 10 V，求图 1.35 所示各电路的输出电压。

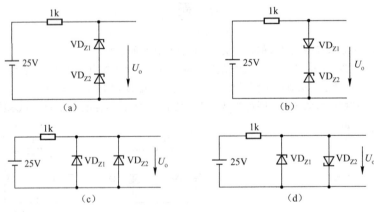

图 1.35

1.8 电路如图 1.36 所示，电路中有三只性能相同的二极管 VD_1、VD_2、VD_3 和三只 220 V、40 W 的灯泡 L_1、L_2、L_3，如图所示进行连接后，接入 220 V 的交流电压 u，试分析哪只（或哪些）二极管承受的反向电压最大？

1.9 一硅稳压电路如图 1.37 所示，其中未经稳压的直流输入电压 $U_i = 18\,\text{V}$，$R = 1\,\text{k}\Omega$，$R_L = 2\,\text{k}\Omega$，硅稳压管 VD_Z 的稳定电压 $U_{DZ} = 10\,\text{V}$，动态电阻及未被击穿时的反向电流均可忽略。

(1) 试求 U_o、I_o、I 和 I_{DZ} 的值；

(2) 试求 R_L 值降低到多大时,电路的输出电压将不再稳定。

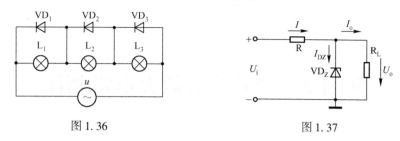

图 1.36　　　　　　　　　　图 1.37

1.10　分别列出单相半波、全波和桥式整流电路的以下几项参数的表达式并进行比较。
(1) 输出直流电压 U_o;
(2) 二极管正向平均电流 I_D;
(3) 二极管承受的最大反向电压 U_{RM}。

1.11　整流电路输出直流电压 40 V,在下列情况下变压器次边电压各为多少? 每只整流二极管承受的最大反向峰值电压各是多少?
(1) 单相半波整流;
(2) 单相全波整流;
(3) 单相桥式整流。

1.12　单相桥式整流电路中,4 只二极管的极性全部接反,对输出电压有何影响? 若其中一只二极管断开、短路或接反时对输出电压有什么影响?

1.13　线路板上,电源变压器、4 只二极管和负载电阻、滤波电容排列如图 1.38 所示,如何在 4 只二极管各个端点接入交流电源、电阻、电容实现桥式整流电容滤波? 要求完成的电路简明整齐。

1.14　桥式整流电容滤波电路如图 1.39 所示,已知 $U_2 = 20\text{ V}$, $R_L = 40\text{ Ω}$, $C = 1000\text{ μF}$,试问:

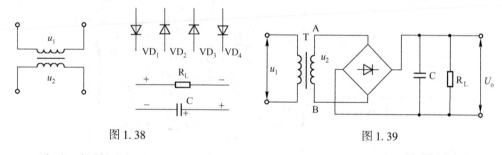

图 1.38　　　　　　　　　　图 1.39

(1) 正常时,直流输出电压 $U_o = ?$
(2) 若测得直流输出电压 U_o 为下列数值,可能出现了什么故障:
① $U_o = 18\text{ V}$;
② $U_o = 28\text{ V}$;
③ $U_o = 9\text{ V}$。

1.15　图 1.39 所示的桥式整流电容滤波电路中,已知交流电频率 $f = 50\text{ Hz}$,变压器次边电压有效值 $U_2 = 10\text{ V}$, $R_L = 50\text{ Ω}$, $C = 2200\text{ μF}$,试问:
(1) 输出电压 $U_o = ?$
(2) R_L 开路时 $U_o = ?$
(3) C 开路时 $U_o = ?$
(4) 若整流电桥中有 1 只二极管开路,此时 $U_o = ?$

1.16　电容和电感为什么能起滤波作用? 它们在电路中应如何与 R_L 连接?

项目 2　音频前置放大电路制作

学习目标

通过本项目的学习，了解三极管的结构特点，掌握三极管的电流放大作用，掌握共射放大电路的组成、原理和分析方法，了解共集放大电路的作用；掌握多级放大电路的安装、调试、测试技巧。

工作任务

制作分立元件组成的音频前置放大电路（输入信号约为 5 mV，输出信号不低于 0.2 V），撰写项目制作报告。

音频前置放大电路参考电路原理如图 2.1 所示。

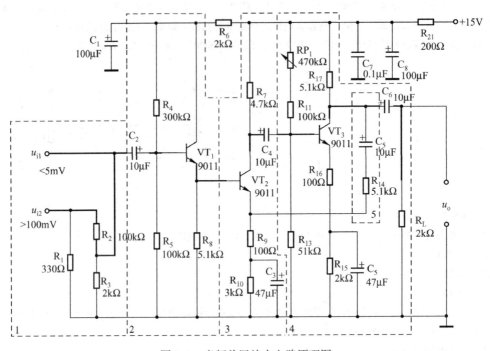

图 2.1　音频前置放大电路原理图

技能训练 7　三极管的检测

完成本任务所需仪器仪表及材料如表 2-1 所示。

表 2-1

序号	名称	型号	数量	备注
1	数字万用表/模拟万用表	DT9205/MF47	1 只	
2	三极管	9013、9012、8050、8550 等	各 1 只	

任务书 2-1

任务名称	三极管的检测
测试电路图	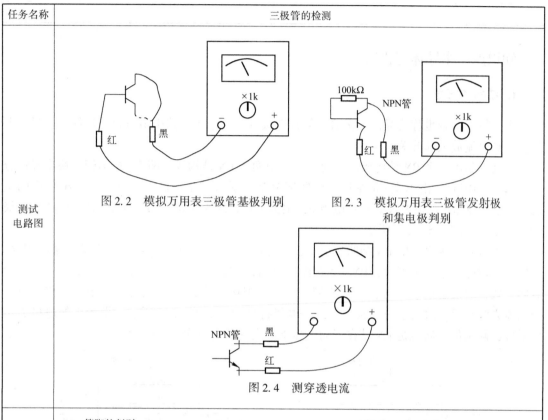图 2.2 模拟万用表三极管基极判别　　图 2.3 模拟万用表三极管发射极和集电极判别　　图 2.4 测穿透电流
步骤	1. 管脚的判别 （1）判别基极。模拟万用表：选择万用表 R×1k 或 R×100 挡（注意调零），先假定一个管脚为基极并把红表笔接在该管脚上（如图 2.2 所示），用黑表笔分别接另外两个管脚，测得两个阻值，如果阻值一大一小，则所假设的不是基极，应重新假设另一管脚为基极，直到所测两个阻值同大（或同小），将表笔对换，再测一次，阻值将变为同小（或同大），这时所假设的管脚即为基极。在此基础上，还可判定管子是 NPN 型还是 PNP 型：若两阻值同大时，即为 NPN 型（红表笔接基极）；若两阻值同小时，即为 PNP 型（红表笔接基极）。 数字万用表：设置在二极管专用的 ▶⊢ 测量挡，对于 PNP 管，当黑表笔（连表内电池负极）接在基极上，红表笔去测另两个极均一般相差不大的较小读数（一般为 0.5~0.8）；如表笔反过来接则为一个很大的读数（显示值一般为1）。对于 NPN 表来说则是红表笔（连表内电池正极）接在基极上。 （2）判别发射极和集电极。若管子为 NPN 型管，已知基极后，剩下两个电极，对于模拟万用表，假定一个管脚为集电极，用黑表笔接在该管脚上（如图 2.3 所示），红表笔接另一管脚，再在所假设的集电极和基极之间加 100kΩ 的电阻（可以用同一个手指抵住集电极和基极引脚，但保持两者不接触来模拟这个 100kΩ 电阻），万用表测得的电阻阻值将变小，将两个要判别的管脚对换，用同样的方法再测一次，阻值变小幅度大的一次，则黑表笔所接的管脚为集电极；若管子为 PNP 型，则应调换表笔。 对于数字万用表，用三极管 h_{FE} 挡（h_{FE} 测量三极管直流放大系数）去测就方便多了，把万用表打到 h_{FE} 挡上，对于 NPN 管，将三极管插入 NPN 的小孔上，对于 PNP 管，将三极管插入 PNP 的小孔上，B 极对上面的 B 字母，读数，再把三极管的另两脚调换位置，再读数。读数较大的那次极性就对应万用表上所标的字母，这时就对着字母去认三极管的 C、E 极。

续表

任务名称	三极管引脚判别检测
步骤	2. 管子性能的判别 （1）PN结的好坏。检查正、反向电阻，该方法与二极管正、反向的判别一样。 （2）模拟万用表测穿透电流。如图2.4所示（若是PNP型管则应调换表笔），阻值应在几十千欧（低频管可低些），若阻值太小，则说明穿透电流大，性能不好；若阻值慢慢变小，说明管子性能不稳定。 （3）β值的检测。在万用表的面板上，一般都有可供测β（h_{FE}）的测孔，当对β值要求不是很高时，用万用表进行测量即可。
结论	

知识点　半导体三极管

1. 结构和符号

半导体三极管也称为晶体三极管，简称三极管，是电子电路中最重要的器件，它最主要的功能是电流放大和开关作用。

二极管是由一个PN结构成的，而三极管由两个PN结构成，两个PN结把一块半导体分成三部分，中间共用的部分是基区，两侧部分是发射区和集电区，从三个区引出相应的电极，分别为基极b、发射极e和集电极c，根据PN结类型可分为PNP型和NPN型两种三极管，其结构如图2.5（a）所示。

发射区和基区之间的PN结叫发射结，集电区和基区之间的PN结叫集电结。基区很薄，而发射区较厚，杂质浓度大，PNP型三极管发射区"发射"的是空穴，其移动方向与电流方向一致，故发射极箭头向里；NPN型三极管发射区"发射"的是自由电子，其移动方向与电流方向相反，故发射极箭头向外，其电气符号如图2.5（b）所示。带箭头的电极表示发射极，箭头的方向也是PN结在正向电压下的发射极电流实际方向。

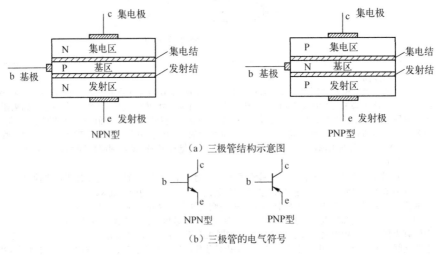

图2.5　三极管的结构、符号

三极管的种类很多，根据PN结类型可分为PNP和NPN型三极管；根据材料可分为锗三极管、硅三极管；根据其截止频率可分为高频管和低频管；根据其耗散功率可分为大功率管和小功率管等。

2. 电流控制关系

三极管的基本功能是电流放大作用，要使三极管具有放大电流的作用，必须同时满足以下两个条件：

（1）发射结加正向电压（一般小于 1 V）。

（2）集电结加反向电压（一般为几伏至几十伏）。

为了满足上述两个条件，需要在基极加电源 V_{BB}，在集电极加电源 V_{CC}，如图 2.6 所示，且 V_{CC} 应大于 V_{BB}。

在上述条件下，三极管的三个电极电流如图 2.7 所示，具有如下关系：

（1）$i_C = \beta \cdot i_B$，β 称为三极管电流放大系数，其值近似为常数。

（2）$i_E = i_C + i_B$。

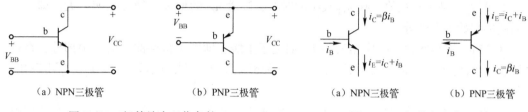

（a）NPN三极管　　　（b）PNP三极管　　　（a）NPN三极管　　　（b）PNP三极管

图 2.6　三极管放大工作条件　　　　　　图 2.7　三极管电流分配关系

3. 三极管的特性

三极管的特性包括输入特性和输出特性。

（1）输入特性。输入特性是指在三极管集电极和发射极之间的电压 U_{CE} 一定时，加在三极管的基极和发射极之间的电压 u_{BE} 和它所产生的基极电流 i_B 的关系，如图 2.8（a）所示。用函数表达式表示为：

$$i_B = f(u_{BE}) \big|_{U_{CE}=常数}$$

三极管的输入特性曲线如图 2.8（b）所示。当 $U_{CE}=0$ 时，输入特性曲线和二极管伏安特性的正向特性曲线完全一致；当 U_{CE} 增大时，输入特性曲线将右移。对于小功率三极管，当 $U_{CE} > 1$ V 时，不同 U_{CE} 下的输入特性曲线不再右移而基本保持不动，因此可以用 $U_{CE} > 1$ V 的任何一条曲线来近似。当三极管工作在放大状态时，$U_{CE} > 1$ V 的条件一定是满足的。

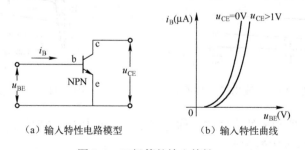

（a）输入特性电路模型　　　（b）输入特性曲线

图 2.8　三极管的输入特性

（2）输出特性。输出特性曲线是指基极电流 I_B 为一定值时，加在三极管集电极和发射极之间的电压 u_{CE} 与集电极电流 i_C 的关系，如图 2.9（a）所示。用函数关系式可表示为：

$$i_C = f(u_{CE}) \big|_{I_B=常数}$$

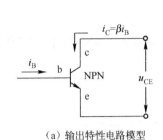 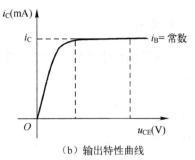

(a) 输出特性电路模型　　　　　　(b) 输出特性曲线

图 2.9　三极管的输出特性

三极管的输出特性曲线如图 2.9（b）所示，对输出特性曲线的分析如下：

① 当 $u_{CE}=0\text{V}$ 时，$i_C\approx 0\text{V}$，曲线过坐标原点。

② 若 I_B 为某一常数值，在 u_{CE} 较小的时候，随着 u_{CE} 的增大，使 i_C 迅速增大，即图中特性曲线的起始上升部分。

③ 当 u_{CE} 继续增大，i_C 不能继续增大而趋于平缓，即图中特性曲线的平坦部分，在这一区域，u_{CE} 的变化很大而 i_C 几乎不变，呈现一种恒流特性。在该区域，$i_C=\beta i_B$，i_C 几乎和 u_{CE} 无关。

④ 当调整 I_B 为不同的值时，可得到一簇曲线，如图 2.10 所示。$I_B=0$ 时，在外加电压 u_{CE} 下，$i_C=I_{CEO}\approx 0$（I_{CEO} 称为三极管的穿透电流）；随着 I_B 的增大，i_C 也跟着增大，但始终满足：$i_C=\beta i_B$，体现了 i_B 对 i_C 的控制作用。因此，三极管属于电流控制器件。

4. 三极管三种工作状态

由三极管的输出特性曲线看出三极管工作时可分成三个工作区，如图 2.11 所示，中间线性的区域称为放大区，该区域 u_{CE} 逐渐增加，i_C 变化很小，特性曲线近似水平，在此区域 $i_C\approx\beta i_B$。

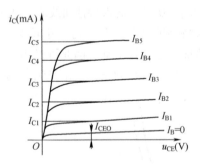 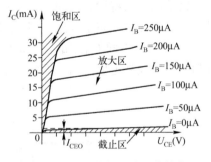

图 2.10　I_B 为不同常数时的输出特性曲线簇　　　图 2.11　三极管的三种工作状态

由 $I_B=0$ 与横轴所围成的小区域，称为截止区。图中 $I_B=0$ 时，$i_C=I_{CEO}$，I_{CEO} 一般较小，但在高温下，对于锗管该值较大。

在特性曲线的起始部分，$u_{CE}\leqslant U_{BE}$（饱和压降），i_C 随 u_{CE} 的变化上升很快，因此，在该区域，$i_C\neq\beta i_B$，i_B 对 i_C 失去控制作用，此区域称为饱和区。

三极管的三种工作状态是指三极管工作在三个区域的状态：截止状态、放大状态和饱和状态。三极管作为开关来使用时，就是工作在截止状态和饱和状态的。在图 2.11 中，三极管工作在三种工作状态的特点及参数之间的关系如表 2-2 所示。

表 2-2　三极管的三种工作状态的特点及参数之间的关系

工作状态	截止状态	放大状态	饱和状态
条件	发射结反偏 集电结反偏	发射结正偏 集电结反偏	发射结正偏 集电结正偏
参数关系	$I_B = 0$ $u_{CE} \approx V_{CC}$ $i_C \approx 0$	$i_C = \beta i_B$ $u_{CE} \approx V_{CC} - i_C R_C$	$i_C = \dfrac{V_{CC}}{R_C} \neq \beta i_B$ $U_{CE} \approx 0.3 \text{ V}$（硅管） $U_{CE} \approx 0.1 \text{ V}$（锗管）
应用	开关电路	放大电路	开关电路

三极管的三种工作状态的特点和参数之间的关系，是检测放大电路中管子正常工作与否的主要依据。

5. 三极管主要参数

（1）电流放大系数。三极管的电流放大系数分直流电流放大系数和交流电流放大系数两种，用 $\bar{\beta}$ 和 β 表示。其中，共射极（射极作为公共输入输出端）直流电流放大系数为 $\bar{\beta} = \dfrac{I_C}{I_B}$；当三极管输入交流量时，共射极交流电流放大系数为 $\beta = \dfrac{\Delta I_C}{\Delta I_B}\bigg|_{U_{CE}=C(常数)}$。

对一个三极管来说，电流放大系数 β 是一个定值，它在制造三极管时就形成了，不可改变。由于三极管在制造时，β 值具有一定的离散性，即使同一批次的管子，并不能保证每个管子的电流放大系数 β 值是一样的，因此，在使用时需要先对 β 值进行测量，可以从输出特性曲线上求取，也可以用测量仪器测量。从特性曲线直接求 β 值的方法如图 2.12 所示，在管子的放大区作一条 $U_{CE} = C$ 的直线，在 Q 点附近，可以看出，当 I_B 从 50 μA 增加到 100 μA 时，I_C 由 6 mA 增加到 12.5 mA，所以，

$$\beta = \frac{\Delta I_C}{\Delta I_B} = \frac{(12.5 - 6) \times 10^{-3}}{(100 - 50) \times 10^{-6}} = 130$$

而 Q 点处的 $I_C = 12.5$ mA，$I_B = 100$ μA，所以，

$$\bar{\beta} = \frac{I_C}{I_B} = \frac{12.5 \times 10^{-3}}{100 \times 10^{-6}} = 125$$

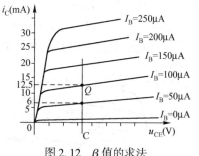

图 2.12　β 值的求法

由上述可以看出，β 为 Q 点附近的 I_C 的变化量与 I_B 的变化量之比，因此在讨论小信号的变化量时，应选用 β。而 $\bar{\beta}$ 是表示 Q 点处的 I_C 与 I_B 之比值，在估算直流量的关系时，采用 $\bar{\beta}$ 较合适。事实上，在特性曲线近似平行等距并且 I_{CEO} 很小的情况下，可以认为 $\bar{\beta} = \beta$，因此，工程估算时常混用。

电流放大系数并不是常数，它的数值受许多因素影响，而且由于管子参数的离散性，相同型号、同一批管子的 β 值也有区别，甚至同一个管子通过的电流不同，或者环境温度的变化都会使 β 值发生变化。

(2) 极间反向电流。三极管的极间反向电流主要指集电结反向电流 I_{CBO} 和集电极、发射极间的穿透电流 I_{CEO}，如图 2.13 所示。

(a) 集电结反向电流 I_{CBO}　　(b) 穿透电流 I_{CEO}

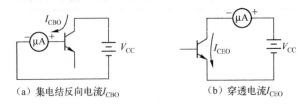

图 2.13　三极管的极间反向电流

① I_{CBO} 定义为发射极开路，在集电极和基极间加反向电压时，流过集电结的电流。它的大小反映了集电结质量的好坏，I_{CBO} 越小越好。在常温下，小功率锗管的 I_{CBO} 为微安级，小功率硅管的 I_{CBO} 为纳安级。

② I_{CEO} 定义为基极开路，在集电极与发射极间加上一定反向电压时的集电极电流，该电流从集电区穿过基区到达发射区，所以称为穿透电流，$I_{CEO}=(1+\beta)I_{CBO}$。穿透电流是反映管子质量的重要参数，I_{CEO} 越小越好。

在选择管子时，要兼顾 β 和 I_{CEO} 这两个参数。

(3) 三极管的极限参数。三极管的极限参数就是当三极管正常工作时，最大的电流、电压、功率等的数值，它是三极管能够长期、安全使用的保证。

① 集电极最大允许电流 I_{CM}。当集电极的电流过大时，三极管的电流放大系数 β 将下降，一般把 β 下降到规定的允许值（例如额定值的 $\frac{1}{2}\sim\frac{2}{3}$）时的集电极最大电流称为集电极最大允许电流。使用中若 $I_C > I_{CM}$，管子不一定立即损坏，但性能将变坏。

② 集电极 - 发射极间击穿电压 $U_{(BR)CEO}$。基极开路时，加于集电极和发射极间的反向电压逐渐增大，当增大到某一电压值 $U_{(BR)CEO}$ 时开始击穿，其 $U_{(BR)CEO}$ 称为集电极 - 发射极间击穿电压。当温度上升时，击穿电压要下降，所以工作电压要选得比击穿电压小很多，一般选击穿电压的一半，以保证有一定的安全系数。

③ 集电极最大允许耗散功率 P_{CM}。由于集电结是反向连接的，电阻很大，通过电流 I_C 后会产生热量，使集电结温度上升。根据管子工作时允许的集电结最高温度 T_J（锗管为 70℃，硅管可达 150℃），从而定出集电极的最大允许耗散功率 P_{CM}，使用时应满足 $P_C = U_{CE}I_C < P_{CM}$，否则管子将因发热而损坏。根据 P_{CM} 的值，在输出特性上画出一条 P_{CM} 线，称为允许管耗线。如图 2.14 所示，管耗线的左下方范围内是安全区，而在 P_{CM} 线的右上方，即 $P_C > P_{CM}$ 区，称为过损耗区，使用时，P_C 不允许超过最大功耗 P_{CM}。

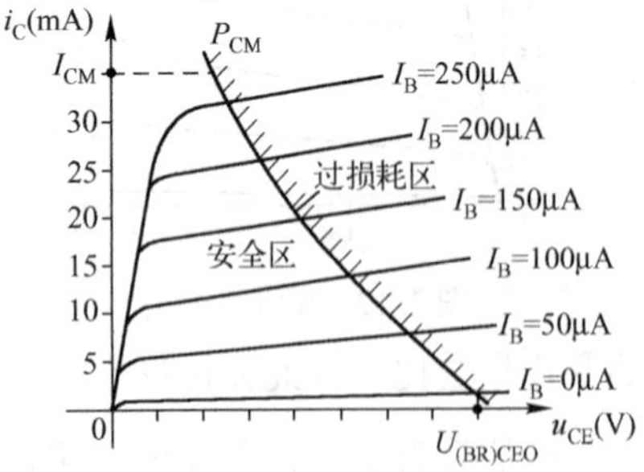

图 2.14　三极管的最大功耗区

技能训练 8 基本共射放大电路测试

完成本任务所需仪器仪表及材料如表 2-3 所示。

表 2-3

序 号	名 称	型 号	数 量	备 注
1	直流稳压电源	DF1731SD2A	1 台	
2	数字万用表/模拟万用表	DT9205/MF47	1 只	
3	20 MHz 双踪示波器	YB4320A	1 台	
4	函数信号发生器	DF1641A	1 台	
5	电工工具箱	含电烙铁、斜口钳等	1 套	
6	万能电路板	5 cm × 5 cm	1 块	
7	三极管	STS8050D	1 只	
8	电阻	200 kΩ	1 只	
		100 kΩ	1 只	
		51 kΩ	1 只	
		5.1 kΩ	1 只	
		1 kΩ	2 只	
9	可调电阻	500 kΩ	1 只	
10	电容	10 μF/25 V	2 只	
		47 μF/25 V	1 只	

任务书 2-2

任务名称	基本共射放大电路测试
测试电路图	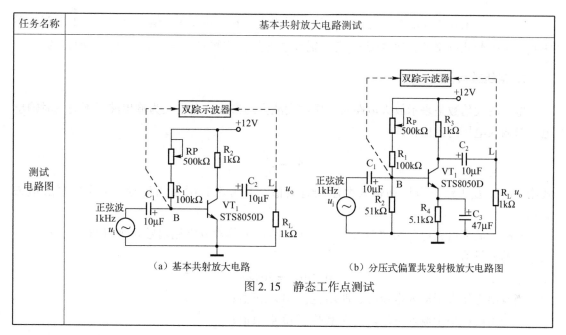 (a) 基本共射放大电路　　(b) 分压式偏置共发射极放大电路图 图 2.15　静态工作点测试

任务名称	基本共射放大电路测试
步骤	如图 2.15 所示，固定可调电阻 RP，用万用表测量 R_P 阻值，计算三极管 VT_1 的静态工作点，电路的电压放大倍数（β 使用万用表测量得到）。 1. 基本共射放大电路测试 （1）在万能电路板上焊接图 2.15（a）电路。 （2）接通电源，使用万用表测量三极管各极的电压，并与计算的静态工作点比较，若数据相差较大，检查电路有无焊错，查找原因。 （3）用双踪示波器两个通道分别接入图中的 B 点和 L 点。 （4）输入频率 $f≈1$ kHz、幅度 $U_{iP}≈30$ mV 的正弦波信号 u_i。 （5）调节电阻 R_P 的大小，在示波器上观察对比两个波形： ① 当调节 R_P 使阻值增大时，输出电压 u_o 的波形会出现_____现象，此时出现了_____失真，说明静态工作点_____（上移、下移）。 ② 当调节 R_P 使阻值减小时，输出电压 u_o 的波形会出现_____现象，此时出现了_____失真，说明静态工作点_____（上移、下移）。 ③ 调节电阻 R_P，输出电压 u_o 波形出现最大不失真时，此时 $R_P =$ _____Ω，说明静态工作点处于输出特性曲线中点，此时输入信号 U_{iP} 电压 $U_{iP} =$ _____mV，输出信号 u_o 电压 $U_{oP} =$ _____mV，放大倍数 $A_u =$ _____；输入信号波形和输出信号波形的极性_____（相反、相同）。 ④ 保持上一步中 R_P 不变，增大输入电压 u_i，此时输出电压 u_o 的波形会出现_____现象，此时出现了_____失真。 2. 分压式偏置共发射极放大电路测试 （1）在万能电路板上焊接图 2.15（b）所示电路。 （2）接通电源，使用万用表测量三极管各极的电压，并与计算的静态工作点比较，若数据相差较大，检查电路有无焊错，查找原因。 （3）按上述基本共射放大电路相同的测试步骤测试并记录数据。
理论公式	分压式偏置共射放大电路电压放大倍数计算公式： $$A_u = \frac{u_o}{u_i} = -\frac{\beta(R_C // R_L)}{r_{BE}}，式中，r_{BE} ≈ 300\ \Omega + (1+\beta)\frac{26\ \text{mV}}{I_{EQ}(\text{mA})}$$
结论	共射放大电路具有电流放大能力，放大的电流经过负载电阻后以电压的形式输出； 共射放大电路具有反相的作用。

知识点 1　放大电路性能参数

放大电路主要的性能参数包括电压放大倍数 A_u、输入电阻 r_i、输出电阻 r_o、上限截止频率 f_H、下限截止频率 f_L、通频带 f_{BW} 等。需注意的是，这些参数都是对交流信号而言的。

1. 电压放大倍数 A_u

电压放大倍数是表示放大电路对电压放大能力的参数，它定义为输出波形不失真时输出电压与输入电压的比值，即

$$A_u = \frac{U_o}{U_i}$$

式中，U_o 和 U_i 为输出电压和输入电压的有效值，若考虑其附加相移时，则应用复数值来表示。

有时，放大倍数也可用"分贝"来表示，给放大倍数取常用对数再乘以 20 倍，即为放大倍数的分贝值：

$$A_u(\text{dB}) = 20\lg A_u$$

当输出电压大于输入电压时，叫增益，dB 取正值；
当输出电压小于输入电压时，叫衰减，dB 取负值；

当输出电压等于输入电压时，dB 为 0。

对于放大器来说，当然要求有高的电压增益。

工程上对放大电路电压放大倍数 A_u 的测量方法是，在信号不失真的情况下，测出输入电压、输出电压的有效值 U_i 和 U_o 或峰值 U_{ip} 和 U_{op}，再根据放大倍数的定义计算出放大倍数：

$$A_u = \frac{U_o}{U_i} = \frac{U_{op}}{U_{ip}}$$

2. 输入电阻 r_i

放大器对于信号源来说，输入电阻 r_i 是信号源的负载，而对于负载来说，它又是负载的信号源，于是，放大器可用如图 2.16 所示的模型来等效。

输入电阻即从放大器的输入端看进去的交流等效电阻，也即信号源的负载电阻 r_i，如图 2.16 所示，输入电阻为：

$$r_i = \frac{u_i}{i_i}$$

图中 u_s 为信号源信号电压，R_s 为信号源内阻，u_i 为输入放大器的信号电压，其大小为：

$$u_i = \frac{u_s}{R_s + r_i} \times r_i$$

由上式可知，r_i 越大，放大电路从信号源获得的信号电压越大，同时从信号源获取的信号电流 i_i 越小。在放大电路中一般要求 r_i 越大越好。

测试输入电阻 r_i 可用"串接已知电阻"法，示意框图如图 2.17 所示，在信号源和放大器输入端之间串接一已知电阻 R，R 的阻值一般选在接近 r_i 的数值。用毫伏表或示波器分别测出 u_s 和 u_i 的有效值 U_s 和 U_i 或峰值 U_{sp} 和 U_{ip}。则：

$$r_i = \frac{U_i}{U_s - U_i} \times R$$

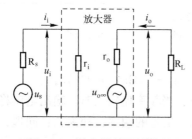
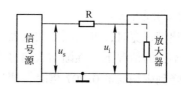

图 2.16　放大器的等效模型　　　　图 2.17　测量输入电阻的示意框图

3. 输出电阻 r_o

输出电阻是从放大器的输出端看进去的交流等效电阻 r_o。使输入端短路，负载 $u_{o\infty} = 0$（$u_{o\infty}$ 表示负载电阻为无穷大时的输出）；输出开路（$R_L = \infty$）时，在输出端加信号 u_o，从输出端流进放大器的电流为 i_o。则输出电阻为：

$$r_o = \frac{u_o}{i_o}$$

一般地，输出电阻常通过工程的方法进行测量，即测出放大器输出端的开路电压 $u_{o\infty}$ 和负载电压 u_o，如图 2.18 所示，则放大器的输出电阻为：

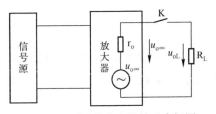

$$r_o = \frac{u_{o\infty} - u_o}{u_o} \times R_L$$

图 2.18　测量输出电阻的示意框图

输出电阻是衡量放大器带负载能力的性能参数，r_o 越小，输出电压 u_o 随负载电阻 R_L 的变化就越小，即输出电压越稳定，带负载的能力越强。所以，通常要求放大器的输出电阻越小越好。

4. 通频带 f_{BW}

由于放大电路存在电抗元件（电路中的耦合电容、旁路电容等）及三极管的极间电容等，随着信号频率的不同，容抗也跟着变化，在中频一段频率范围内，这些电容的容抗都可忽略不计，所以中频放大倍数基本不变。而当信号频率过低时，容抗将大大增加，耦合电容和旁路电容与输入电阻是串联的关系，它们将分去一部分的信号电压，从而使电压放大倍数下降，它们的阻抗就不能忽略；同理，当信号频率过高时，由于分布电容（极间电容和线路分布电容等）与输入输出电阻是并联的关系，这时它们的容抗对输入输出电阻就有影响，将分去一部分的信号电流，从而使放大器的放大倍数大大下降，分布电容的容抗就不可忽略。

放大倍数随频率变化的曲线称为频率响应，仅讨论幅值而不考虑相移时称为幅频特性。当放大器的放大倍数随频率下降到中频时的 0.707 倍时，它对应的两个频率分别为上限截止频率 f_H 与下限截止频率 f_L，f_H 与 f_L 之差就称为放大电路的通频带，用 f_{BW} 表示，三者之间的幅频特性如图 2.19 所示。

由于电子电路的信号频率往往不是单一的，而是在一段频率的范围内，例如，广播中的音频信号，其频率范围通常在几十赫到几十千赫之间，所以，要使放大信号不失真，放大电路的通频带要求足够大。如果通频带太小，就会造成一部分频率的信号放大得大些，一部分放大得小些而产生失真，这种失真称为频率失真，又称为线性失真。

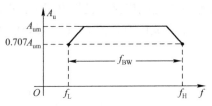

图 2.19　放大电路的频率特性

测试通频带带宽时，可先测出放大器中频区（如 $f = 1\,\text{kHz}$）时的输出电压，然后在维持输入信号 u_i 不变的情况下，逐渐增大信号源的频率，当频率比较大时，输出电压将下降，在输出电压下降到中频时的 0.707 倍时，测量此时输入信号的频率，即为 f_H；同理，维持 u_i 不变，降低信号频率直到输出电压下降到中频时的 0.707 倍时为止，测出对应的信号源的频率，即为 f_L。$f_{BW} = f_H - f_L$。

知识点 2　基本共射放大电路

1. 组成

当使用单电源供电时，让三极管处于放大工作状态的电路接法如图 2.20 所示。V_{CC} 为供电直流电源，R_B 为基极偏置电阻，R_C 为集电极负载电阻，R_B 远远大于 R_C。基极偏置电阻 R_B 一方面使电源给发射结加正向电压，另一方面给三极管基极提供合适偏流 I_B；集电极负载电阻 R_C 使电源给集电结加反向偏压，三极管的基极电流 I_B 放大转换成 $I_C = \beta I_B$ 并流经 R_C。

基本共射放大电路的原理图如图 2.21 所示。输入交流信号 u_i 在基极和发射极间输入，输出交流信号 u_o 在集电极和发射极间取出，发射极作为输入信号和输出信号的公共端。电容 C_1、C_2 为耦合隔直电容，它使交流信号顺利通过，同时隔断直流电源对信号源和负载电阻的影响。

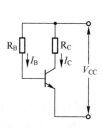

图 2.20　单电源供电三极管放大工作状态电路接法

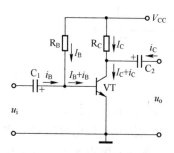

图 2.21　基本共射放大电路

2. 工作过程

基本共射放大电路是由直流电源和交流信号共同作用的，在分析其工作过程时，可以把直流电源和交流信号分开单独分析。

（1）静态工作情况。直流电源单独作用、输入交流信号为 0 时的工作状态称为静态。为了使放大电路能够正常工作，在静态时三极管的发射结必须处于正偏，集电结必须处于反偏，此时在电源 V_{CC} 作用下，三极管各极的直流电压、直流电流分别为 U_{BEQ}、U_{CEQ}、I_{BQ}、I_{CQ}，如图 2.22 所示的波形，实际上就是一个直流的电压或电流。

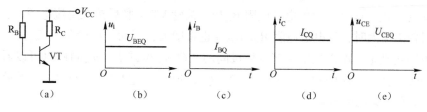

图 2.22　直流电源单独作用

（2）动态工作情况。放大电路有交流信号输入时的工作状态称为动态。如果放大电路满足放大条件，则在交流信号单独作用下电压 u_i、u_o，电流 i_b、i_c 波形如图 2.23 所示。

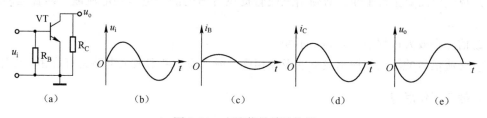

图 2.23　交流信号单独作用

动态工作情况下各极电压、电流是在直流量的基础上叠加交流量，它们的动态波形都是一个直流量和一个交流量的合成，即交流量驮载在直流量上，如图 2.24 所示的各个波形就是图 2.22 和图 2.23 所示波形的对应叠加。

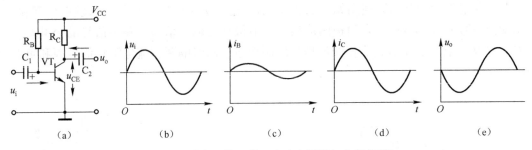

图 2.24 动态工作（等于直流电源叠加交流信号）

信号的放大过程如下：

交流信号 u_i 经电容器 C_1、基极加到三极管 VT 的发射结，使 b-e 两极间的电压随之发生变化，即在基极直流电压的基础上叠加了一个交流电压，波形如图 2.24（b）所示，它是图 2.22（b）直流量和图 2.23（b）交流量的叠加。

由于发射结工作于正偏状态，正向电压的微小变化量都会引起正向电流的较大变化（参阅三极管输入特性曲线），此时的基极电流 i_B 也是在直流 I_B 的基础上叠加一个交流量 i_b，如图 2.24（c）所示，它是图 2.22（c）所示直流量和图 2.23（c）所示交流量的叠加。

由于三极管的电流放大作用，i_C 将随着 i_B 做线性放大，集电极电流也可看成是直流电流 $I_C = \beta I_B$ 上叠加交流电流 $i_c = \beta i_b$，如图 2.24（d）所示，它是图 2.22（d）所示直流量和图 2.23（d）所示交流量的叠加。

显然，当脉动电流通过集电极电阻 R_C 时，由于 i_C 的变化，引起 R_C 上压降的变化，从而造成管压降的变化，这是因为集电极电阻 R_C 和三极管 VT 串联后接在直流电源上，当集电极电流的瞬时值 i_c 增大时，集电极电阻 R_C 的压降也将增大，因而三极管集电极的压降将减小，由于发射极固定到地，所以集电极与发射极间的压降 u_{ce} 也减少，u_{ce} 同样也可以看成是直流压降 U_{CEQ} 和交流压降 u_{ce} 的叠加，如图 2.24（e）所示，它是图 2.22（e）所示直流量和图 2.23（e）所示交流量的叠加。

最后，集电极输出的交流量经过耦合电容 C_2 送到输出端，电容 C_2 将隔去信号中的直流成分，而输出端将得到放大了的交流信号电压 u_o 输出。

从上面的分析可以得出如下结论：

① 放大电路要正常工作，必须给三极管提供合适的静态电压和电流值，即合适的静态工作点。

② 信号在放大过程中，其频率不变。

③ 交流信号的输入和输出波形的极性相反，或者说，共射放大电路具有反相的作用。

3. 静态工作点 Q

三极管放大电路的静态工作点是指没有信号输入，只在直流电源的作用下，三极管各极的直流电压和直流电流的数值，包括：基极电流 I_B、集电极电流 I_C、基极－发射极电压 U_{BE}、集电极－发射极压降 U_{CE}，因为这些数值在输入输出特性上表现为一点，故称静态工作点，用 Q 表示，对应的电流、电压记作：I_{BQ}、I_{CQ}、U_{BEQ}、U_{CEQ}，如图 2.25 所示。

为了确定静态工作点，可以先画出直流通路，即直流电源单独作用时直流电流通过的路径,因为电容对直流信号表现出很大的阻抗,相当于开路,所以直流通路只要画到电容这点就可以了。例如,画出图 2.21 所示基本共射放大电路的直流通路如图 2.26 所示。

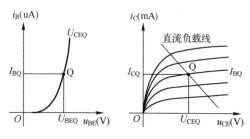

图 2.25　三极管放大电路的静态工作点

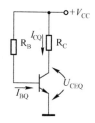

图 2.26　共射放大电路的直流通路

通常情况下,U_{BEQ} 为已知量,对于硅管,可取 $U_{BEQ} = 0.7\text{ V}$,对于锗管,可取 $U_{BEQ} = 0.3\text{ V}$。计算静态工作点的值 I_{BQ}、I_{CQ}、U_{CEQ} 的公式如下:

$$\begin{cases} I_{BQ} = \dfrac{V_{CC} - U_{BEQ}}{R_B} \approx \dfrac{V_{CC} - 0.7\text{ V}}{R_B} \approx \dfrac{V_{CC}}{R_B} \\ I_{CQ} = \beta I_{BQ} \\ U_{CEQ} = V_{CC} - I_{CQ} R_C \end{cases}$$

在输出特性曲线图中,式 $U_{CEQ} = V_{CC} - I_{CQ}R_C$ 所确定的直线称为直流负载线。

静态工作点 Q 是信号的驮载工具,只有准确设置三极管的静态工作点,才能保证交流信号不失真地通过三极管进行放大。基极电阻 R_B、集电极电阻 R_C、电源电压 V_{CC} 三者决定了静态工作点的位置。在实际的放大电路中,一般情况下,V_{CC} 和集电极电阻 R_C 是不可调的,因此设置静态工作点实际上是由基极电阻 R_B 来调节的。为了使静态工作点处于直流负载线中点附近,基极电阻 R_B 的近似阻值可设为:

$$R_B = 2\beta R_C \quad (\beta \text{ 为三极管直流放大系数})$$

4. 波形的非线性失真

静态工作点选取不合适,将使波形产生严重失真。如图 2.27(a)所示,如果静态工作点选择太低,如图中 Q_1 点,在输入信号负半周靠近峰值的某段,三极管输入特性曲线中由于 u_{BE} 小于开启电压,三极管截止,因此基极电流 i_B 将产生底部失真;在三极管的输出特性曲线中,由于 Q_1 靠近截止区,将使输出信号 u_{CE} 的正半周顶部被削去,产生截止失真。

如果静态工作点选择位置太高,如图 2.27(b)所示 Q_2 点,因为工作点 Q_2 靠近饱和区,将使输出信号 u_{CE} 的负半周被削去一部分,产生饱和失真。

还有一种情况是,静态工作点选取恰当,但输入信号太大,超出三极管放大线性区域,u_{CE} 的两个半周的顶部都被削去一部分,就会产生双向限幅失真。截止失真、饱和失真和双向限幅失真通称为非线性失真。

由此可见,若三极管的静态工作点设定在直流负载线的中点附近,可获得最大不失真的输出信号。使用时还需注意一点的是,工作点选取的原则是能低则低,以不失真为前提,这样可省电,并减小热噪声。

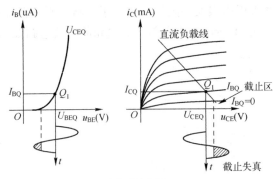

（a）截止失真

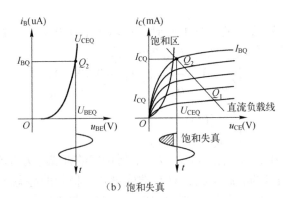

（b）饱和失真

图 2.27 静态工作点对波形的影响

知识点 3 分压式偏置共射放大电路

三极管构成的放大电路有很多形式，分压式偏置共发射极放大电路是最常见的一种形式，电路如图 2.28 所示。与基本共射放大电路相比，分压式偏置共发射极放大电路在基极的偏置采用电阻 R_{B1} 和 R_{B2} 的分压形式，而且发射极接一个反馈电阻 R_E，该结构能使电路有稳定的静态工作点。

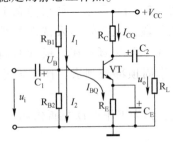

图 2.28 分压式偏置电路

（1）静态工作点的稳定

包括穿透电流 I_{CEO}、电流放大系数 β、发射结的正向压降 U_{BE} 等的三极管参数会随着环境温度的改变而发生变化，从而使已设置好的静态工作点 Q 发生较大的移动，严重时将使波形产生失真。例如，当环境温度 T 上升时，β 及 I_{CEO} 会随之上升，三极管整个输出特性曲线簇将上移，曲线间隔加宽，在相同的偏流 I_B 情况下，I_C 增大，因而静态工作点 Q 将上移，严重时输出信号将产生饱和失真。分压式偏置共发射极放大电路从以下两个方面稳定静态工作点：

① 利用电阻固定基极电位 U_B。设流过电阻 R_{B1} 和 R_{B2} 的电流分别是 I_1 和 I_2，显然 $I_1 = I_2 + I_{BQ}$，由于一般 I_{BQ} 较小，只要合理选择参数，使 $I_1 \gg I_{BQ}$，即可认为 $I_1 \approx I_2$，这样，基极电位为：

$$U_B = \frac{V_{CC}}{R_{B1}+R_{B2}} R_{B2}$$

该式子表示基极电位 U_B 只与电源 V_{CC} 和电阻 R_{B1}、R_{B2} 有关，它们受温度的影响小，可认为是固定值,不随温度的变化而变化。

② 利用发射极电阻 R_E 起负反馈作用,实现静态工作点的稳定。其稳定静态工作点的过程如下:

$$T\uparrow \to I_{CQ}\uparrow \to U_{EQ}\uparrow \to U_{BEQ}\downarrow \to I_{BQ}\downarrow$$
$$I_{CQ}\downarrow \longleftarrow$$

如果合理选择参数,使 $U_B \gg U_{BEQ}$ 则有,

$$I_{CQ} \approx I_{EQ} = \frac{U_B - U_{BEQ}}{R_E} = \frac{U_B - 0.7\text{ V}}{R_E} \approx \frac{U_B}{R_E}$$

上式说明 I_{CQ} 是稳定的,它只与固定的基极电位 U_B 和发射极电阻 R_E 有关,与电流放大系数 β 无关。同时,即使需要更换三极管,也不会改变原先已调好的静态工作点。

(2) 电压放大倍数和输入、输出电阻

分压式偏置共发射极放大电路的电压放大倍数为:

$$A_u = \frac{u_o}{u_i} = -\frac{\beta(R_C//R_L)}{r_{BE}}$$

放大电路的输入电阻为: $r_i = R_{B1}//R_{B2}//r_{BE}$

放大电路的输出电阻: $r_o \approx R_C$

其中,$r_{BE} \approx 300\ \Omega + (1+\beta)\dfrac{26\text{ mV}}{I_{EQ}(\text{mA})}$。上述公式可用微变等效电路加以推导,在此不作讨论,读者应用时只需记住这些结论就可以了。

对分压式偏置共发射极放大电路进行改进的电路如图 2.29 所示。添加发射极电阻 R_{E1} 的作用是:一方面其与电阻 R_{E2} 一起稳定三极管的静态工作点;另一方面,使该放大电路的输入电阻 r_i 增加了,可以从输入信号源获取更多的信号。

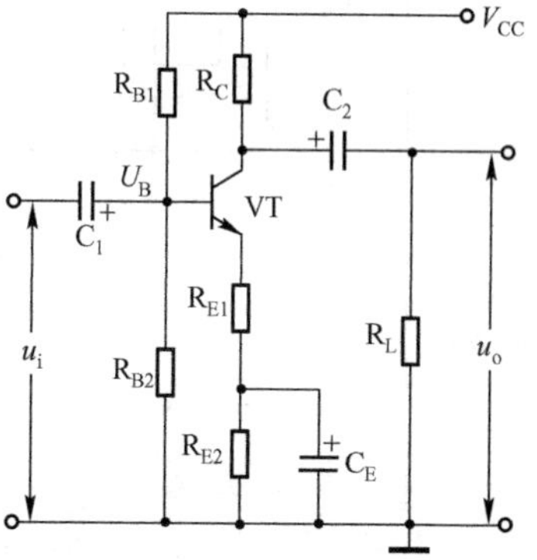

分压式偏置共发射极放大电路改进型电路静态工作点计算式如下:

$$U_B = \frac{V_{CC}}{R_{B1} + R_{B2}} R_{B2}$$

$$I_{EQ} = \frac{U_B - 0.7\text{ V}}{R_{E1} + R_{E2}}$$

$$I_{CQ} \approx I_{EQ}$$

$$I_{BQ} = \frac{I_{CQ}}{\beta}$$

$$U_{CEQ} \approx V_{CC} - I_{CQ}(R_C + R_{E1} + R_{E2})$$

图 2.29 分压式偏置共发射极放大电路改进型电路

分压式偏置共发射极放大电路改进型电路的电压放大倍数为:

$$A_u = \frac{u_o}{u_i} = -\frac{\beta(R_C//R_L)}{r_{BE} + (1+\beta)R_{E1}}$$

放大电路的输入电阻为:

$$r_i = R_{B1}//R_{B2}//[r_{BE} + (1+\beta)R_{E1}]$$

放大电路的输出电阻为:

$$r_o \approx R_C$$

可见,与分压式偏置共发射极放大电路的电压放大倍数相比,改进型电路的电压放大倍数

A_u 减小了。

技能训练 9　放大电路性能参数仿真测试

完成本任务所需仪器仪表及材料如表 2-4 所示。

表 2-4

序号	名　称	型　号	数量	备注
1	电脑	安装 Multisim10.0 仿真软件	1 台	

任务书 2-3

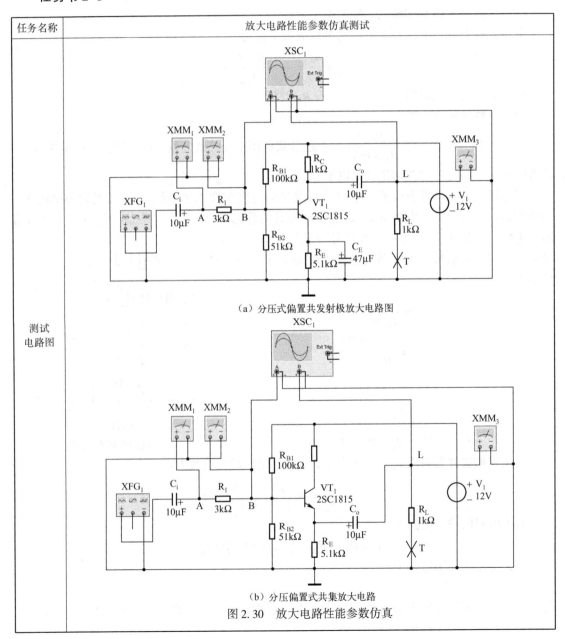

图 2.30　放大电路性能参数仿真

任务名称	放大电路性能参数仿真测试
步骤	1. 分压式偏置共发射极放大电路测试 （1）如图 2.30（a）所示连接电路。 （2）用示波器两个通道分别接入图中的 A 点和 L 点。 （3）设置信号发生器输入频率 $f=1\,\text{kHz}$ 正弦波信号 u_i，调节输入信号幅度，在示波器上观察到的两个波形无明显失真。 （4）保持输入信号不变，用示波器或交流毫伏表接入电路中的 A 点、B 点，分别读取 A 点、B 点的电压值 U_A、U_B： $U_A =$ _____ mV $U_B =$ _____ mV 输入电阻 $r_i = \dfrac{U_B}{U_A - U_B} \times R_1 =$ _____ （5）保持输入信号不变，用示波器或交流毫伏表接入电路中的 L 点，分别读取电阻 R_L 下端 T 点和地连通及断开时的电压值 U_L、$U_{L\infty}$： $U_L =$ _____ mV $U_{L\infty} =$ _____ mV 输出电阻 $r_o = \left(\dfrac{U_{L\infty}}{U_L} - 1\right) \times R_L =$ _____ 该放大电路的电压放大倍数是： $A_u = \dfrac{U_L}{U_B} =$ _____ 输入信号电压波形和输出电压信号波形的极性 _____（相反、相同）。 （6）保持输入信号幅度不变，输入频率 $f=1\,\text{kHz}$，用示波器接入 L 点（T 点不断开），读取并记录 L 点的电压值，开始减小输入信号频率值，当读到 L 点的电压值下降到原来的 0.707 倍时，记录此时的输入信号频率 f_L。 （7）保持输入信号幅度不变，输入频率 $f=1\,\text{kHz}$，用示波器接入 L 点（T 点不断开），读取并记录 L 点的电压值，开始增大输入信号频率值，当读到 L 点的电压值下降到原来的 0.707 倍时，记录此时的输入信号频率 f_H _____。 放大电路的通频带宽为 $f_{BW} = f_H - f_L =$ _____。 2. 分压式偏置共集电极放大电路测试 如图 2.30（b）所示连接电路，按上述分压式偏置共发射极放大电路相同的测试步骤测试并记录以下数值： $U_A =$ _____ mV $U_B =$ _____ mV 输入电阻 $r_i = \dfrac{U_B}{U_A - U_B} \times R_1 =$ _____ $U_L =$ _____ mV $U_{L\infty} =$ _____ mV 输出电阻 $r_o = \left(\dfrac{U_{L\infty}}{U_L} - 1\right) \times R_L =$ _____ 该放大电路的电压放大倍数是： $A_u = \dfrac{U_L}{U_B} =$ _____ 输入信号电压波形和输出信号电压波形的极性 _____（相反、相同）。 $f_L =$ _____。 $f_H =$ _____。 放大电路的通频带宽为 $f_{BW} = f_H - f_L =$ _____。 3. 取三极管 2SC1815 的电流放大系数 $\beta = 238$，利用下面的理论公式计算图 2.30 所示两个放大电路的电压放大倍数，输入、输出电阻，并与测量结果进行比较。
理论公式	1. 分压式偏置共射电路 A_u、r_i、r_o 的计算式为： $$A_u = \dfrac{u_o}{u_i} = -\dfrac{\beta(R_C /\!/ R_L)}{r_{BE}}$$ 式中，$r_{BE} \approx 300\,\Omega + (1+\beta)\dfrac{26\,\text{mV}}{I_{EQ}(\text{mA})}$

续表

任务名称	放大电路性能参数仿真测试
理论公式	$r_i = R_{B1} /\!/ R_{B2} /\!/ r_{BE}$ $r_o \approx R_C$ 对于分压式偏置改进型共射电路，$r_i = R_{B1} /\!/ R_{B2} /\!/ (r_{BE} + (1+\beta)R_{E1})$，与分压式偏置共射电路的输入电阻相比，$r_i$ 增大了。 2. 基本共集电极放大电路 A_u、r_i、r_o 的计算式为： $A_u = \dfrac{u_o}{u_i} = \dfrac{(1+\beta)(R_E /\!/ R_L)}{r_{BE} + (1+\beta)(R_E /\!/ R_L)} \approx 1$ $r_i = R_B /\!/ [r_{BE} + (1+\beta)(R_E /\!/ R_L)]$ $r_o = \dfrac{R_s /\!/ R_B + r_{BE}}{1+\beta} /\!/ R_E \approx \dfrac{r_{BE}}{\beta}$
结论	共发射极放大电路特点： ① 放大倍数较大，输入电压信号和输出电压信号相位相反。 ② 输入电阻较大，输出电阻较大，常用于低频电压放大电路的单元电路。 共集电极放大电路特点： ① 放大倍数小于 1 而近似等于 1，输入信号和输出信号相位一致，具有电压跟随器特点。 ② 输入电阻最大，输出电阻最小，常用于电压放大电路的输入级和输出级。

知识点 基本共集放大电路

三极管是放大电路的核心元件，三极管的放大作用是对交流信号而言的。对于一个交流输入输出信号 u_i、u_o，我们上面讨论的共发射极放大电路所采用的是共射连接方法：把发射极作为输入信号 u_i 和输出信号 u_o 的公共极，如图 2.31 （a）所示。

经常还要用到的另一种接法是共集接法，即：由三极管组成的输入输出端口电路中，集电极是输入信号 u_i 和输出信号 u_o 的公共极，如图 2.31 （b）所示。与共射接法相同的是，采用共集接法也必须满足三极管电流放大的基本条件，即：发射结加正向电压，集电结加反向电压。

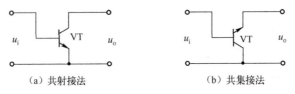

（a）共射接法　　　　　　　　　（b）共集接法

图 2.31 三极管在放大电路中的两种接法

图 2.32 所示是采用共集接法的基本共集电极放大电路。静态工作点的电流、电压为：

$$I_{BQ} = \dfrac{V_{CC} - 0.7\,\text{V}}{R_B + (1+\beta)R_E}$$

$$I_{CQ} = \beta I_{BQ}$$

$$U_{CEQ} = V_{CC} - I_{CQ} R_E$$

电压放大倍数 A_u 为：

$$A_u = \dfrac{u_o}{u_i} = \dfrac{(1+\beta)(R_E /\!/ R_L)}{r_{BE} + (1+\beta)(R_E /\!/ R_L)} \approx 1$$

放大电路的输入电阻为：

$$r_i = R_B /\!/ [r_{BE} + (1+\beta)(R_E /\!/ R_L)]$$

放大电路的输出电阻为：

$$r_o = \frac{R_S//R_B + r_{BE}}{1+\beta}//R_E \approx \frac{r_{BE}}{\beta}$$

分压式偏置的共集电极放大电路如图 2.33 所示。该电路的静态工作点的电压、电流为：

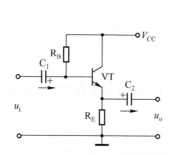 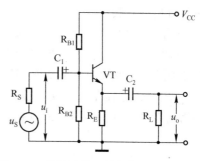

图 2.32　基本共集电极放大电路　　　图 2.33　分压式偏置的共集电极放大电路

$$I_{CQ} \approx I_{EQ} = \frac{U_B - 0.7 \text{ V}}{R_E}$$

$$I_{BQ} = \frac{I_{CQ}}{\beta}$$

$$U_B = \frac{V_{CC}}{R_{B1} + R_{B2}} R_{B2}$$

$$U_{CEQ} = V_{CC} - I_{CQ} \cdot R_E$$

电压放大倍数 A_u 为：

$$A_u = \frac{u_o}{u_i} = \frac{(1+\beta)(R_E//R_L)}{r_{BE} + (1+\beta)(R_E//R_L)} \approx 1$$

放大电路的输入电阻为：

$$r_i = R_{B1}//R_{B2}//[r_{BE} + (1+\beta)(R_E//R_L)]$$

放大电路的输出电阻：

$$r_o = R_E//\frac{R_S//R_{B1}//R_{B2} + r_{BE}}{1+\beta} \approx \frac{r_{BE}}{\beta}$$

基本共集电极放大电路和分压式偏置的共集电极放大电路的区别在于：基本共集电极放大电路的静态工作点电流 I_{CQ} 和电流放大系数 β 有关，在更换不同 β 值的三极管后需要重新调整 I_{CQ}；而分压式偏置的共集电极电路的静态工作点电流 I_{CQ} 和 β 无关，更换不同 β 的管子后，不需要重新调整工作点。

不管是那一种共集电极放大电路，它们的共同特点如下：

（1）输入信号和输出信号相位一致。

（2）输入电阻大，输出电阻小（从放大器输出端看进去的交流等效电阻）。因此能有效地接收信号源的输入信号，又有利于把输出信号传送给负载。

（3）放大倍数小于 1 而近似等于 1。因此共集电极电路又称为电压跟随器，或称为射极跟随器。

知识拓展　图解分析法和微变等效电路法

放大电路的基本分析方法除了有近似估算法、实验测量法外，图解分析法和微变等效电路法是分析放大电路性能的基本方法。

1. 图解分析法

所谓图解分析法，就是利用晶体管的伏安特性曲线，通过作图的方法，对放大电路的静态工作点进行分析的方法。

（1）静态分析。静态的分析就是要得到静态工作点，即得到 I_{BQ}、I_{CQ}、U_{CEQ} 的值。图 2.34（a）画出了放大电路直流通路的输出回路，从图中可以看出，左边是三极管，I_{CQ} 和 U_{CEQ} 的关系必须满足三极管的输出伏安特性，右边是直流电路，I_{CQ} 和 U_{CEQ} 的关系必须满足 $U_{CEQ} = V_{CC} - I_{CQ}R_C$，该方程在 $u_{CE} - i_C$ 的坐标系中为一条直线，故称该直线为直流负载线。静态工作点即为两者的交点，如图 2.34（b）所示。

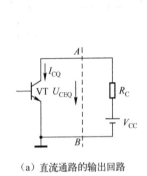
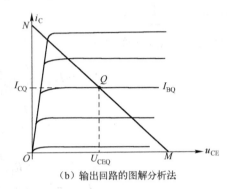

（a）直流通路的输出回路　　　（b）输出回路的图解分析法

图 2.34　静态工作点的图解分析法

因此，可以用下列的步骤来确定静态工作点。

① 由特性图示仪获得三极管的输出特性曲线。

② 在 $u_{CE} - i_C$ 的坐标系中作出直流负载线，直流负载线方程为 $U_{CEQ} = V_{CC} - I_{CQ}R_C$。用两点法作该直线，令 $I_C = 0$，得 $U_{CEQ} = V_{CC}$，设为 M 点；再令 $U_{CEQ} = 0$，得 $I_C = \dfrac{V_{CC}}{R_C}$，设为 N 点，连接 MN，得到直流负载线。

③ 在输入回路中确定 I_{BQ}。I_{BQ} 的值一般通过估算的方法求得，对于基本共射极放大电路，有

$$I_{BQ} = \frac{V_{CC} - 0.7 \text{ V}}{R_B}$$

④ 确定静态工作点 Q。I_{BQ} 所对应输出特性曲线与直流负载线的交点，即为所求的静态工作点，量取坐标上的值，就是所求的 I_{CQ} 和 U_{CEQ} 的值。

（2）动态分析。动态分析主要得到输入和输出的电压、电流的传输关系，得出放大器所能输出的最大动态范围。从前面的分析可知，动态信号是在静态的基础上叠加的，即信号为零时，晶体管的工作点应为静态工作点。

而交流信号输入时，电容相当于短路，输出交流信号不仅通过集电极 R_C，而且通过负载电阻 R_L，如图 2.35 所示，则

$$u_{CE} = -i_C R_L'$$

图 2.35　输出回路的交流等效电路

式中，$R_L' = R_C // R_L$，称为集电极等效负载电阻。

上式反映的是交流 u_{CE} 与 i_C 的关系，在 $u_{CE} - i_C$ 坐标系中也是一条直线，故称为交流负载线。它的斜率为 $\tan\varphi = -\dfrac{1}{R'_L}$，而直流负载线的斜率则为 $\tan\theta = -\dfrac{1}{R_C}$，因为 $R'_L < R_C$，所以交流负载线更陡。

动态的分析可以通过下列步骤求得：

① 作交流负载线。由于交流负载线要通过静态工作点，又知其斜率为 $\tan\varphi = -\dfrac{1}{R'_L}$，根据点斜式可作出交流负载线 $M'N'$ 如图 2.36 所示。

② 画出 i_B 波形。在输入特性曲线上，由输入信号 u_i 叠加到 U_{BE} 上得到 u_{BE}，而对应画出基极电流 i_B 的波形，如图 2.37（a）所示。

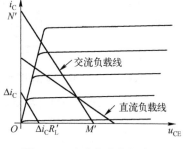

图 2.36　交流负载线的求法

③ 画出 i_C、u_{CE} 的波形。在输出特性曲线上，根据 I_B 的波形，可对应得到 u_{CE} 及集电极电流 i_C 的变化波形，如图 2.37（b）所示。

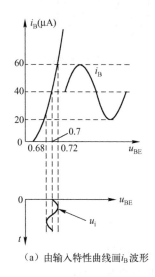

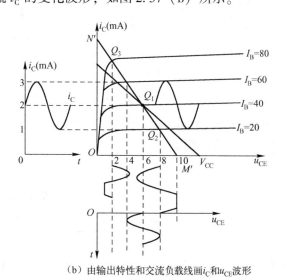

（a）由输入特性曲线画 i_B 波形　　　　（b）由输出特性和交流负载线画 i_C 和 u_{CE} 波形

图 2.37　图解分析法

综上所述，可以得到如下的结论：

① 用图解分析方法可一目了然地看出，输出波形的三种失真与电路的静态工作点及波形的幅值有关。

② 选取静态工作点的原则是能低就低，以不失真为原则。

③ 由于负载 R_L 的关系，使输出电压波形不失真的动态范围减小。

2. 微变等效电路法

所谓微变等效电路法，就是在"一定条件"下，用一个线性的电路模型来代替非线性元件三极管，从而把非线性的放大电路变成线性的电路，以便可以方便地求出放大电路的 A_u、r_i、r_o 参数。

"一定条件"是指放大电路在小信号的条件下工作，这样三极管静态工作点附近的微小偏移可近似为线性。

（1）三极管的线性等效模型。可以证明（证明略），一个三极管可等效成如图2.38（b）所示的线性等效模型。

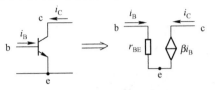

(a) 三极管　　(b) 三极管的线性等效模型

图2.38　三极管的微变等效电路

（2）画放大电路的微变等效电路。画微变等效电路的方法可用三句话来概括：

① 用三极管的微变等效模型替代三极管。

② 把电路中的电容、直流电源视为短路。

③ 把电压量和电流量表示成交流量。

图2.39（a）、（b）所示是基本共射放大电路和它的微变等效电路。

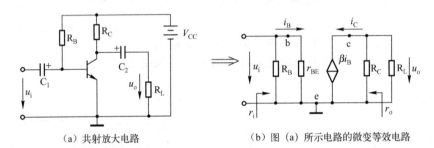

(a) 共射放大电路　　(b) 图(a)所示电路的微变等效电路

图2.39　共射放大电路及其微变等效电路

（3）由微变等效电路求电路的性能参数。

① 求电压放大倍数 A_u：

$$u_i = i_B r_{BE}$$

$$u_o = -i_C R'_L \quad R'_L = R_C /\!/ R_L$$

$$A_u = \frac{u_o}{u_i} = -\beta \frac{R'_L}{r_{BE}}$$

注意，式中的"－"号表示的是输出电压和输入电压的反相关系。

② 求输入电阻 r_i。根据输入电阻的定义，从输入端看进去的电阻为：

$$r_i = R_B /\!/ r_{BE} \approx r_{BE}$$

③ 输出电阻 r_o。根据输出电阻的定义，输出端开路时，从输出端往里看的电阻为：

$$r_o \approx R_C$$

注意，上式忽略了 r_{CE} 的影响。

技能训练10　多级放大电路仿真测试

完成本任务所需仪器仪表及材料如表2-5所示。

表2-5

序　号	名　称	型　号	数　量	备　注
1	电脑	安装 Multisim10.0 仿真软件	1台	

任务书 2-4

任务名称	多级放大电路仿真测试
测试电路图	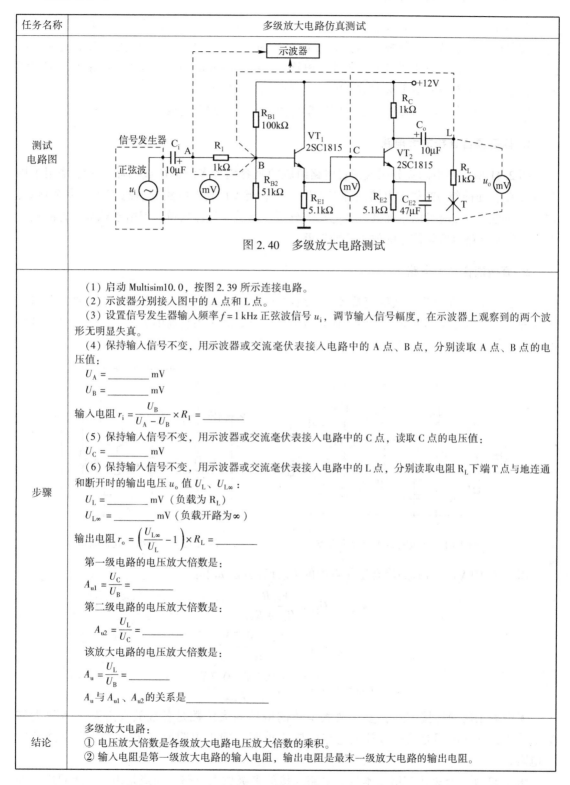 图 2.40 多级放大电路测试
步骤	（1）启动 Multisim10.0，按图 2.39 所示连接电路。 （2）示波器分别接入图中的 A 点和 L 点。 （3）设置信号发生器输入频率 $f=1\,\text{kHz}$ 正弦波信号 u_i，调节输入信号幅度，在示波器上观察到的两个波形无明显失真。 （4）保持输入信号不变，用示波器或交流毫伏表接入电路中的 A 点、B 点，分别读取 A 点、B 点的电压值： $U_A = $ _____ mV $U_B = $ _____ mV 输入电阻 $r_i = \dfrac{U_B}{U_A - U_B} \times R_1 = $ _____ （5）保持输入信号不变，用示波器或交流毫伏表接入电路中的 C 点，读取 C 点的电压值： $U_C = $ _____ mV （6）保持输入信号不变，用示波器或交流毫伏表接入电路中的 L 点，分别读取电阻 R_L 下端 T 点与地连通和断开时的输出电压 u_o 值 U_L、$U_{L\infty}$： $U_L = $ _____ mV（负载为 R_L） $U_{L\infty} = $ _____ mV（负载开路为 ∞） 输出电阻 $r_o = \left(\dfrac{U_{L\infty}}{U_L} - 1\right) \times R_L = $ _____ 第一级电路的电压放大倍数是： $A_{u1} = \dfrac{U_C}{U_B} = $ _____ 第二级电路的电压放大倍数是： $A_{u2} = \dfrac{U_L}{U_C} = $ _____ 该放大电路的电压放大倍数是： $A_u = \dfrac{U_L}{U_B} = $ _____ A_u 与 A_{u1}、A_{u2} 的关系是 _____
结论	多级放大电路： ① 电压放大倍数是各级放大电路电压放大倍数的乘积。 ② 输入电阻是第一级放大电路的输入电阻，输出电阻是最末一级放大电路的输出电阻。

知识点　多级放大电路

在实际应用中，常对放大电路的性能提出多方面的要求。例如，为了获得较高的电压增益，需要把若干个基本共射放大电路连接起来；为了获得较高的输入电阻和较低的输出电阻，需要在前级和末级使用基本共集放大电路，这些靠面面讲的单级放大电路是不可能同时满足要求的，这就需要多个基本放大电路连接构成多级放大电路。

连接多级放大电路的常用方法有阻容耦合连接和直接耦合连接。

1. 阻容耦合连接放大电路

图 2.41 所示是由两级分压式偏置电路组成的阻容耦合多级电压放大器。由于采用了耦合电容 C_2，使前级 VT_1 放大电路的静态工作点与后级 VT_2 放大电路的静态工作点完全独立，在求解静态工作点时可以单独处理，电路的分析、调试、设计简单。但由于耦合电容的隔直作用，放大电路对低频信号的放大性能较差。

2. 直接耦合放大电路

图 2.42 所示是共集、共射直接耦合两级电压放大器。直接耦合的多级电压放大电路各级的静态工作点互相不独立，但由于在两级放大电路之间采用直通的方式，使电路具有良好的低频特性，且容易做成集成芯片（因为没有大容量的耦合电容）。

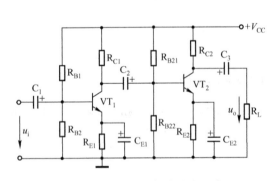

图 2.41　两级阻容耦合放大电路

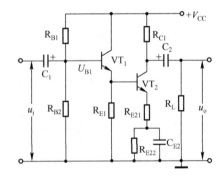

图 2.42　直接耦合放大电路

图 2.42 中 VT_1、VT_2 的静态工作点中的 I_{CQ} 计算方法如下：

$$U_{B1} = \frac{V_{CC}R_{B2}}{R_{B1} + R_{B2}}$$

$$I_{CQ1} \approx I_{EQ1} = \frac{U_{B1} - 0.7\,\text{V}}{R_{E1}}$$

$$I_{CQ2} \approx I_{EQ2} = \frac{U_{B1} - 0.7\,\text{V} - 0.7\,\text{V}}{R_{E21} + R_{E22}}$$

无论采用何种连接方式，多级放大电路的电压放大倍数是各级放大电路电压放大倍数的乘积；输入电阻是第一级放大电路的输入电阻，输出电阻是最末一级放大电路的输出电阻。

图 2.43 所示是采用三级基本放大电路连接的多级放大电路，前级是由 VT_1 及周边元件构成的共集电极放大电路，用以增加输入电阻，减少放大电路对信号源的衰减，使信号有效

地进入放大电路。该电路采用分压式偏置电路,保证在元件参数改变时电路的静态工作点不变。中间级是与前级直接耦合的 VT₂ 组成的共射放大电路,该级使放大电路有足够的放大倍数,因为 VT₁ 的静态工作点稳定,所以即使受前级的影响,VT₂ 的静态工作点也是稳定的。末级 VT₃ 及其周边的元件构成分压式偏置共射放大电路,使用电容 C₂ 与中间级进行阻容耦合连接,继续放大信号电压,增加放大电路的电压放大倍数。本项目工作任务中使用的电路就是在图 2.43 所示电路的基础上根据实际要求添加一些元件而来的。

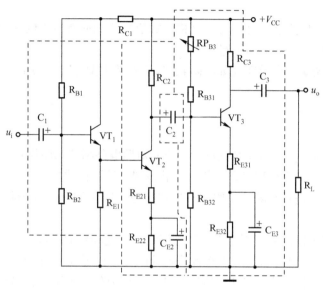

图 2.43 三级放大电路连接

项目实施 音频前置放大电路制作

1. 电路原理分析

在安装调试之前应先深刻理解电路原理,可按图 2.1 虚线框分模块理解电路。

(1) 该电路的输入有两种形式,即输入信号电压是 3~5 mV 的 u_{i1},输入信号电压是 100~200 mV 的 u_{i2},u_{i2} 输入采用电阻衰减电路。

(2) 第一级电路是由 VT₁ 及周边元件构成的共集电极放大电路,用以增加输入电阻,保证信号有效传输至下一级,且该电路采用分压式偏置电路,保证在元件参数改变时电路的静态工作点不变。

(3) VT₂ 是直接耦合的共射放大电路,因为 VT₁ 的静态工作点稳定,所以 VT₂ 的静态工作点也稳定。

(4) VT₃ 及其周边的元件构成分压式偏置共射放大电路,继续放大信号电压,并引入 C_{15}、R_{14} 构成交流电压串联负反馈,用以改善放大器性能。由于引入了深度负反馈,该部分的电压放大倍数为:

$$A_{u1} = 1 + \frac{R_{14}}{R_9}$$

2. 元件安装与焊接

在印制板上安装元件时，一般应注意如下几点：

（1）在安装前应对元件的好坏进行检查，防止已损坏的元件被装上印制板。

（2）元件引脚若有氧化膜，则应除去氧化膜，并进行搪锡处理。

（3）安装时，要确保元件的极性正确，如二极管的正、负极，三极管的 e、b、c 极，电解电容的正、负极。

（4）元件外形的标注字（如型号、规格、数值）应朝向看得见的一面。

（5）同一种元件的高度应当尽量一致。

（6）安装时，先安装小元件（如电阻），然后安装中型元件，最后安装大型元件，这样便于安装操作。

3. 电路调试

（1）通电前的检查。电路安装完毕后，应先对照电路图按顺序检查一遍，一般地：

① 检查每个元件的规格型号、数值、安装位置、管脚接线是否正确。

② 检查每个焊点是否有漏焊、假焊和搭锡现象，线头和焊锡等杂物是否残留在印制电路板上。

③ 检查调试用仪器仪表是否正常，清理好测试场地和台面，以便做进一步的调试。

（2）静态调试。先计算所有三极管各管脚的电位，再用万用表逐级测量各级三极管的管脚电压，填入表 2-6 中。通过与计算值比较结果，调节偏置电阻，使各级静态工作点正常。若测量值与计算值相差太远，应考虑可能该级偏置电路有虚焊、元件焊错或极性焊反等错误，要检查修正。用数字万用表测量 VT_1、VT_2、VT_3 基极电位并填写到表 2-6 中。设各级的基极和发射极之间的压降 $U_{BE}=0.7$ V。$\beta=150$。

表 2-6

三极管	基极电位 V_B（V）		发射极电位 V_E（V）		集电极电位 V_C（V）	
	计算值	测量值	计算值	测量值	计算值	测量值
VT_1		3.3				
VT_2		2.4				
VT_3		2.1				

（3）动态调试。在输入端 u_{i1} 输入 1 kHz 的正弦波信号，按图 2.1 粗线所示的信号通道逐级用示波器观察信号波形，信号由小逐渐增大，直至输出 u_o 波形增大到恰好不失真为止。动态调试过程中若出现故障，应先排除。

4. 常见小功率三极管

901X 系列是常见的小功率三极管，大多是以 90 字为开头的，也有以 ST90、C 或 A90、S90、SS90、UTC90 开头的，它们的特性及管脚排列都是一样的。S901X 系列三极管的电流放大系数 β 分为六级，在三极管上有标识，分别为：

D 级：$\beta=64\sim91$；　　E 级：$\beta=78\sim112$；　　F 级：$\beta=96\sim135$；

G级：$\beta=112\sim166$； H级：$\beta=144\sim220$； I级：$\beta=190\sim300$。

常见901X系列三极管型号及主要参数如表2-7所示。

表2-7 常见901X系列小功率三极管参数

名称	封装	极性	耐压 $U_{(BR)CEO}$	集电极电流 I_{CM}	耗散功率 P_{CM}	特征频率 f_T	配对管
9011	TO-92或SOT-23	NPN	50 V	0.03 A	0.4 W	150 MHz	
9012	TO-92或SOT-23	PNP	50 V	0.5 A	0.625 W	150 MHz	9013
9013	TO-92或SOT-23	NPN	50 V	0.5 A	0.625 W	150 MHz	9012
9014	TO-92或SOT-23	NPN	50 V	0.1 A	0.4 W	150 MHz	9015
9015	TO-92或SOT-23	PNP	50 V	0.1 A	0.4 W	150 MHz	9014
9016	TO-92或SOT-23	NPN	30 V	0.025 A	0.4 W	600 MHz	
9018	TO-92或SOT-23	NPN	30 V	0.05 A	0.4 W	1000 MHz	
8050	TO-92或SOT-23	NPN	40 V	1.5 A	1 W	100 MHz	8550
8550	TO-92或SOT-23	PNP	40 V	1.5 A	1 W	100 MHz	8050

完成本项目所需仪器仪表及材料如表2-8所示。

表2-8

序号	名称	型号	数量	备注
1	直流稳压电源	DF1731SD2A	1台	
2	数字万用表/模拟万用表	DT9205/MF47	1只	
3	20 MHz双踪示波器	YB4320A	1台	
4	函数信号发生器	DF1641A	1台	
5	电工工具箱	含电烙铁、斜口钳等	1套	
6	台钻		1台	共用设备
7	已制作成品PCB板或覆铜板	10 cm×10 cm	1块	
8	R_1	330 Ω	1只	
	R_2、R_5、R_{11}	100 kΩ	3只	
	R_3、R_6、R_{15}、R_L	2 kΩ	4只	
	R_4	300 kΩ	1只	
	R_7	4.7 kΩ	1只	
	R_8、R_{14}、R_{17}	5.1 kΩ	3只	
	R_9、R_{16}	100 Ω	2只	
	R_{10}、R_{20}	3 kΩ	2只	
	R_{13}	51 kΩ	1只	
	R_{21}	200 Ω	1只	
9	RP_1	470 kΩ	1只	
10	C_1、C_8	100 μF/16 V	2只	
	C_2、C_4、C_6、C_{15}	10 μF/16 V	4只	
	C_3、C_5	47 μF/16 V	2只	
	C_7	0.1 μF	1只	
11	VT_1、VT_2、VT_3	9011	3只	
12	细导线			

习 题 2

2.1 在检测某放大电路时,一时辨认不出该电路中三极管的型号,但可以从电路中测出它的三个电极的对地电压分别为 $U_1 = -6.2\,\text{V}$,$U_2 = -6\,\text{V}$,$U_3 = -9\,\text{V}$,如图 2.44 所示,试判断发射极、基极和集电极。该管是 NPN 型还是 PNP 型?是锗管还是硅管?

2.2 判别图 2.45 所示各三极管的工作状态。

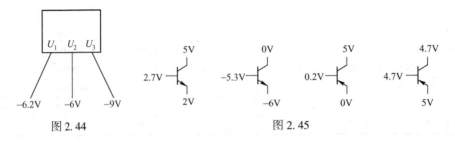

图 2.44　　　　　　　　　　　图 2.45

2.3 图 2.46 所示电路能否起正常的放大作用?如果不能,应如何改正?

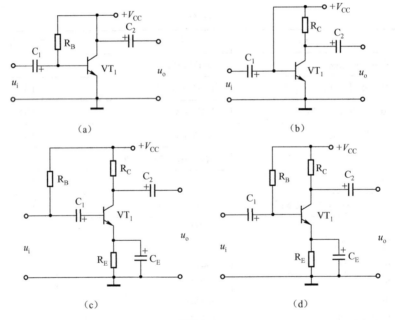

图 2.46

2.4 在单管共射放大电路中输入正弦交流电压,并用示波器测量观察输出端 u_o 的波形,若出现图 2.47 所示的失真波形,试分别指出各属于什么失真?可能是什么原因造成的?应如何调整参数以改善波形?

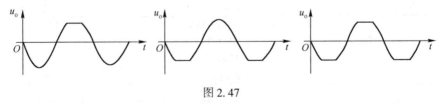

图 2.47

2.5 基本共射放大电路中，为了使静态工作点处于直流负载线中点附近，基极电阻 R_B 的近似阻值可设为：$R_B = 2\beta R_C$（β 为三极管直流放大系数，R_C 为集电极电阻），为什么？

2.6 电路参数如图 2.48 所示，$\beta = 30$，试求：

（1）静态工作点；

（2）如果换上一只 $\beta = 60$ 的管子，估计放大电路能否工作在正常的状态？

（3）估算该电路不带负载时的电压放大倍数。

2.7 电路如图 2.49 所示，设 $\beta = 100$，$V_{BE} = 0.7\,\text{V}$，C_1、C_2 足够大，$V_{CC} = 12\,\text{V}$。求：

（1）电路的静态工作点；

（2）电压放大倍数 A_u；

（3）输入电阻 r_i 和输出电阻 r_o；

（4）若 VT_1 管改用 $\beta = 200$ 的晶体管，则静态工作点如何变化？

（5）若电容 C_e 开路，将引起电路的哪些动态参数发生变化？如何变化？

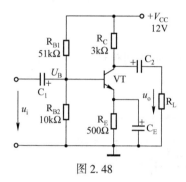

图 2.48

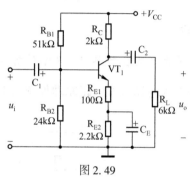

图 2.49

项目3 功率放大电路制作

学习目标

通过本项目的学习,了解差分放大电路的基本结构,理解差分放大电路的基本特性;掌握互补对称功率放大电路的工作原理,并能进行功率估算。

工作任务

制作最大不失真功率 $P_o \geq 8\,\mathrm{W}$ 的功率放大电路,撰写项目制作报告。

功率放大电路参考电路原理如图3.1所示。

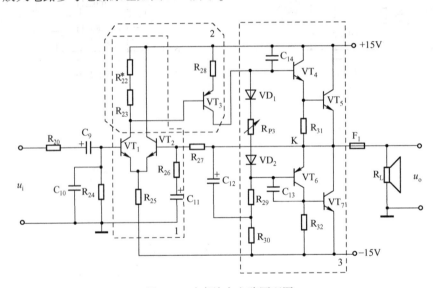

图3.1 功率放大电路原理图

技能训练11 差分放大电路仿真测试

完成本任务所需仪器仪表及材料如表3-1所示。

表3-1

序　号	名　称	型　号	数　量	备　注
1	电脑	安装 Multisim10.0 仿真软件	1台	

任务书 3-1

任务名称	差分放大电路仿真测试
测量电路图	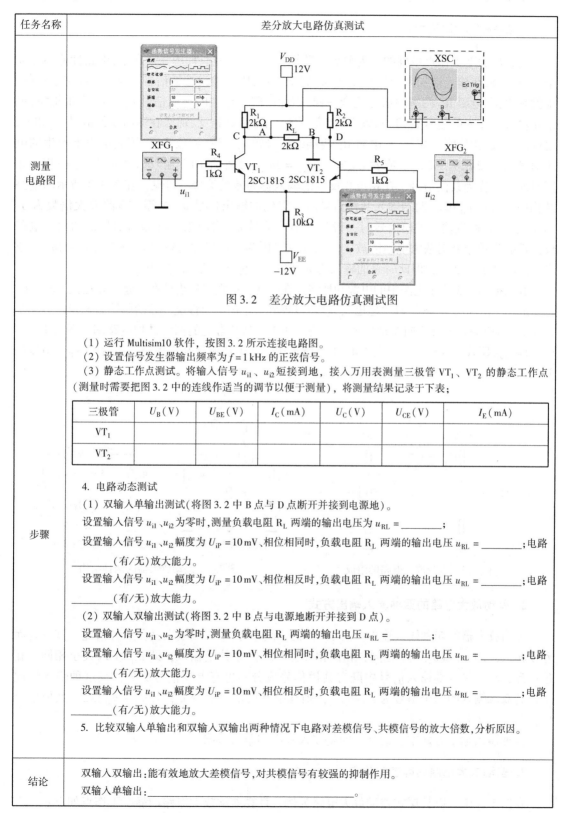 图 3.2　差分放大电路仿真测试图
步骤	(1) 运行 Multisim10 软件，按图 3.2 所示连接电路图。 (2) 设置信号发生器输出频率为 $f=1\,\text{kHz}$ 的正弦信号。 (3) 静态工作点测试。将输入信号 u_{i1}、u_{i2} 短接到地，接入万用表测量三极管 VT_1、VT_2 的静态工作点（测量时需要把图 3.2 中的连线作适当的调节以便于测量），将测量结果记录于下表； | 三极管	$U_B(V)$	$U_{BE}(V)$	$I_C(mA)$	$U_C(V)$	$U_{CE}(V)$	$I_E(mA)$
---	---	---	---	---	---	---
VT_1						
VT_2							 4. 电路动态测试 (1) 双输入单输出测试（将图 3.2 中 B 点与 D 点断开并接到电源地）。 设置输入信号 u_{i1}、u_{i2} 为零时，测量负载电阻 R_L 两端的输出电压为 $u_{RL}=$ _____； 设置输入信号 u_{i1}、u_{i2} 幅度为 $U_{iP}=10\,\text{mV}$、相位相同时，负载电阻 R_L 两端的输出电压 $u_{RL}=$ _____；电路 _____（有/无）放大能力。 设置输入信号 u_{i1}、u_{i2} 幅度为 $U_{iP}=10\,\text{mV}$、相位相反时，负载电阻 R_L 两端的输出电压 $u_{RL}=$ _____；电路 _____（有/无）放大能力。 (2) 双输入双输出测试（将图 3.2 中 B 点与电源地断开并接到 D 点）。 设置输入信号 u_{i1}、u_{i2} 为零时，测量负载电阻 R_L 两端的输出电压 $u_{RL}=$ _____； 设置输入信号 u_{i1}、u_{i2} 幅度为 $U_{iP}=10\,\text{mV}$、相位相同时，负载电阻 R_L 两端的输出电压 $u_{RL}=$ _____；电路 _____（有/无）放大能力。 设置输入信号 u_{i1}、u_{i2} 幅度为 $U_{iP}=10\,\text{mV}$、相位相反时，负载电阻 R_L 两端的输出电压 $u_{RL}=$ _____；电路 _____（有/无）放大能力。 5. 比较双输入单输出和双输入双输出两种情况下电路对差模信号、共模信号的放大倍数，分析原因。
结论	双输入双输出：能有效地放大差模信号，对共模信号有较强的抑制作用。 双输入单输出：_____。

知识点 1　差分放大器

1. 差分放大器的结构

把满足静态工作点条件的共射放大电路镜像地放在一起,如图 3.3 所示,电路性能参数完全一致,如果在输入端加入的信号 u_{i1} 和 u_{i2} 完全一样,则在输出端的信号 u_{o1} 和 u_{o2} 也完全一样,也就是说,在电阻 R_L 两端的信号完全一样,因此电阻上产生的电压信号 $u_{RL}=0$;不难想象,如果在输入端加入的信号 u_{i1} 和 u_{i2} 频率、幅度一致,相位刚好相反,那么在输出端的信号 u_{o1} 和 u_{o2} 也幅度一致,相位刚好相反,在电阻 R_L 两端的信号幅度一致,相位相反,因此电阻上产生的电压信号 $u_{RL}=2u_{o1}=-2u_{o2}$,或者 $u_{RL}=-2u_{o1}=2u_{o2}$。我们把两个输入信号 u_{i1} 和 u_{i2} 在相位相同时的输入称为共模信号,在相位相反时的输入称为差模信号。可见,在图 3.3 所示的电路结构中,当在 u_{i1} 和 u_{i2} 两端输入共模信号时,得到的输出信号 u_{RL} 为零,电路放大倍数为 0;当在 u_{i1} 和 u_{i2} 两端输入差模信号时,得到的输出信号 u_{RL} 为原来单端输出信号的两倍,电路放大倍数为单个共射放大电路的放大倍数(这是因为:虽然此时输出 $u_{RL}=2u_{o1}=-2u_{o2}$、或者 $u_{RL}=-2u_{o1}=2u_{o2}$,但此时总的输入为 u_{i1} 与 u_{i2} 的差值,为 $2u_{i1}$ 或 $2u_{i2}$)。

我们把图 3.3 所示电路中的电源和地线连在一起,把发射极也连在一起,并且把 R_{E1}、R_{E2} 合并成一个电阻 R_E,形状似"尾巴",就可以得到一个由两个性能一致的单管放大器加上一个长尾 R_E 组成的差分(也叫差动)放大电路,图 3.4 是其常见的两种结构电路图,图 3.4(a)所示称为长尾式差动放大器,图 3.4(b)所示用一个恒流源代替发射极电阻 R_E,称为恒流源差动放大器。

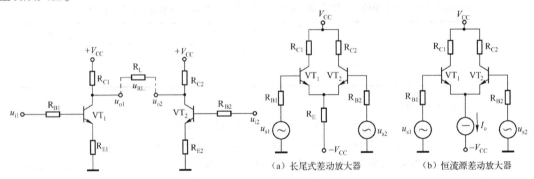

图 3.3　差分放大电路的组成　　　　图 3.4　差动放大器的两种结构

2. 差动放大电路的四种输入输出方式

差动放大器的四种输入输出方式如图 3.5 所示。其中双端输入又分三种情况:其一是净差模输入,即 u_{s1} 和 u_{s2} 大小相同,相位相反;其二是净共模输入,即 u_{s1} 和 u_{s2} 大小相同,相位一致;其三是双端输入信号中既有共模信号成分,也有差模信号成分,在这种输入情况下,若双端输入的两个信号为 u_{s1} 和 u_{s2},则其中差模信号成分 $u_{sd}=(u_{s1}-u_{s2})/2$,共模信号成分为 $u_{sc}=(u_{s1}+u_{s2})/2$。

四种输入输出方式中,最常用的是双入双出和单入单出。

3. 差动放大电路的静态工作点

在图 3.6 中,以长尾式差动放大电路为例,计算差动放大电路的静态工作点如下:

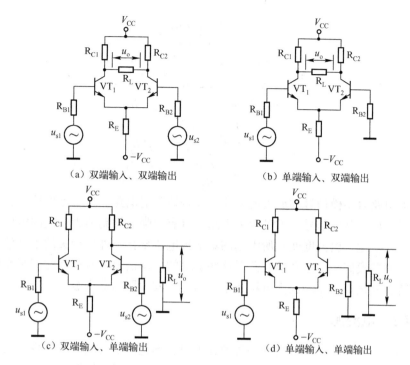

(a) 双端输入、双端输出　　(b) 单端输入、双端输出

(c) 双端输入、单端输出　　(d) 单端输入、单端输出

图 3.5　差动放大电路四种输入输出方式

由于 I_{BQ1}、I_{BQ2} 很小，所以可认为 $U_{B1} = U_{B2} \approx 0$。

当 $V_{CC} \gg U_{BE}$ 时，电阻 R_E 两端的电压 $U_{RE} = I_{EQ}R_E = V_{CC}$，因为两个单管放大器对称，且性能一致，即

$$I_{CQ1} = I_{CQ2} = \frac{1}{2}I_{EQ} = \frac{1}{2} \times \frac{V_{CC}}{R_E}$$

$$I_{BQ1} = I_{BQ2} = \frac{I_{CQ1}}{\beta_1} = \frac{I_{CQ2}}{\beta_2}$$

$$U_{CEQ1} = U_{CEQ2} = V_{CC} - I_{CQ1}R_{C1}$$

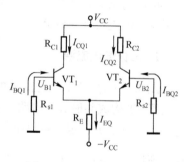

图 3.6　长尾式差动放大器的静态工作点

4. 差分放大器的质量指标

差分放大器的质量指标包括：差模放大倍数 A_{ud}、共模放大倍数 A_{uc}、输入电阻 r_i、共模抑制比 $K_{CMR} = \left| \dfrac{A_{ud}}{A_{uc}} \right|$，$K_{CMD}(dB) = 20\lg \left| \dfrac{A_{ud}}{A_{uc}} \right|$。

双端输入、双端输出的质量指标为：

$$A_{ud} = -\frac{\beta\left(R_C /\!/ \frac{1}{2}R_L\right)}{R_B + r_{bE}}$$

$$A_{uc} = 0$$

$$r_i = 2R_B + 2r_{bE}, \qquad r_o = 2R_C$$

$$K_{CMR}\bigg|_{\text{理想}} = \infty, \qquad K_{CMR}(dB)\bigg|_{\text{实际}} \geqslant 120\,dB$$

长尾式单端输入、单端输出的质量指标为：

$$A_{ud} = \frac{\beta(R_C /\!/ R_L)}{2(R_B + r_{BE})}$$

$$A_{uc} = \frac{\beta(R_C /\!/ R_L)}{R_B + r_{BE} + 2(1+\beta)R_E} \approx -\frac{(R_C /\!/ R_L)}{2R_E}$$

$$r_i = 2(R_B + r_{BE}), \qquad r_o = R_C$$

$$K_{CMR} = \frac{-\dfrac{\beta(R_C /\!/ R_L)}{2(R_B + r_{BE})}}{-\dfrac{R_C /\!/ R_L}{2R_E}} = \frac{\beta R_E}{R_B + r_{BE}}$$

差动放大电路对差模信号的放大能力几乎和普通共射电路一样,差模信号也正是需要放大的有用信号。而对共模信号,差动放大电路又具有很强的抑制能力,电源电压的波动所引起的集电极电压变化、由温度变化所引起的集电极电流变化、外界相关的干扰信号,都属于差动放大电路的共模信号,差动放大器对这些有害的共模信号具有很强的抑制作用,这是差动放大电路特有的优点。差动放大电路通常作为运算放大器的输入级。

知识点 2 电流源

电流源是模拟电路中广泛使用的一种单元电路,不论两端的电压为多少,其总能向外部提供一定的电流值。对电流源电路的要求是:提供电流 I_o,并且其值在外界环境因素(温度、电源电压等)变化时,能维持稳定不变;当其两端电压变化时,应该具有保持电流 I_o 恒定不变的恒流特性,或者说电流源电路的交流内阻 R_o 趋于无穷大。

1. 三极管电流源

图 3.7(a)所示为电流源的符号,图 3.7(b)所示为利用三极管构造的电流源电路。三极管 VT 构成共射放大电路,偏置电路由 V_{CC}、R_{B1}、R_{B2} 和 R_E 组成,若满足 $I_{B2} \gg I_B$,基极电位 V_B 固定,I_B 一定,可以推知 $I_C = \beta I_B$ 基本恒定,I_C 具有近似恒流的性质。U_{CEQ} 一般为几伏,所以 $R_{CE} = U_{CEQ}/I_C$ 不大,即可以认为三极管的直流电阻不大,而交流电阻 $r_{ce} = \dfrac{\Delta U_{CE}}{\Delta I_C}$ 则很大,为几十千欧至几百千欧。

2. 镜像电流源

镜像电流源电路如图 3.8 所示,三极管 VT_1、VT_2 参数完全相同(即 $\beta_1 = \beta_2 = \beta$,$I_{CEO1} = I_{CEO2}$)。

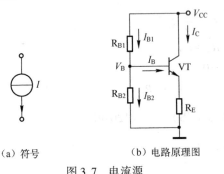

图 3.7 电流源

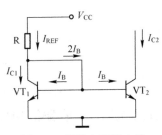

图 3.8 镜像电流源电路

因为 $U_{BE1} = U_{BE2}$，$I_{B1} = I_{B2} = I_B$，所以 $I_{C1} = I_{C2}$。

$$I_{REF} = I_{C1} + 2I_B = I_{C1} + 2\frac{I_{C1}}{\beta}$$

$$I_{C1} = \frac{I_{REF}}{1 + 2/\beta} = I_{C2}$$

当 $\beta \gg 2$ 时，有 $I_{C2} = I_{C1} \approx I_{REF} = \frac{V_{CC} - U_{BE}}{R} \approx \frac{V_{CC}}{R}$，称 I_{REF} 为基准电流，$I_{C2} \approx I_{REF}$，即 I_{C2} 不仅由 I_{REF} 确定，且总与 I_{REF} 相等。

电路中，VT_1 对 VT_2 具有温度补偿作用，I_{C2} 温度稳定性能好（若温度增大，使 I_{C2} 增大，则 I_{C1} 增大，而 I_{REF} 一定，因此 I_B 减少，所以 I_{C2} 减少）。镜像电流源由于电路简单，应用比较广泛，其缺点主要在于：I_{REF}（即 I_{C2}）受电源变化的影响大，故要求电源十分稳定；I_{C2} 与 I_{REF} 的镜像精度决定于 β，当 β 较小时，I_{C2} 与 I_{REF} 的差别不能忽略。因此，派生了其他类型的电流源电路。

3. 改进型电流源

图 3.9 所示是改进型的电流源电路，与基本镜像电流源不同之处，在于它增加了三极管 VT_3，其目的是减少三极管 VT_1、三极管 VT_2 的 I_B 对 I_{REF} 的分流作用，提高镜像精度。三极管 VT_1、VT_2、VT_3 参数完全相同，可以得到：

$$I_o = I_{C2} = \frac{I_{REF}}{1 + \dfrac{2}{\beta(\beta+1)}} \approx I_{REF}$$

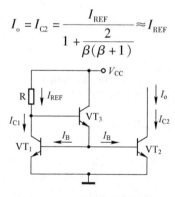

图 3.9 改进型电流源电路

此时镜像成立的条件为 $\beta(\beta+1) \gg 2$，该条件比较容易满足。或者说，要保持同样的镜像精度，允许三极管的 β 值相对低些。

电流源电路具有输出的电流恒定不变、直流等效电阻很小、交流等效电阻很大等特点，使其广泛应用于各种功能电路中。

技能训练 12　互补对称功率放大电路仿真测试

完成本任务所需仪器仪表及材料如表 3-2 所示。

表 3-2

序号	名称	型号	数量	备注
1	电脑	安装 Multisim10.0 仿真软件	1 台	

任务书 3-2

任务名称	互补对称功率放大电路仿真测试
测试电路图	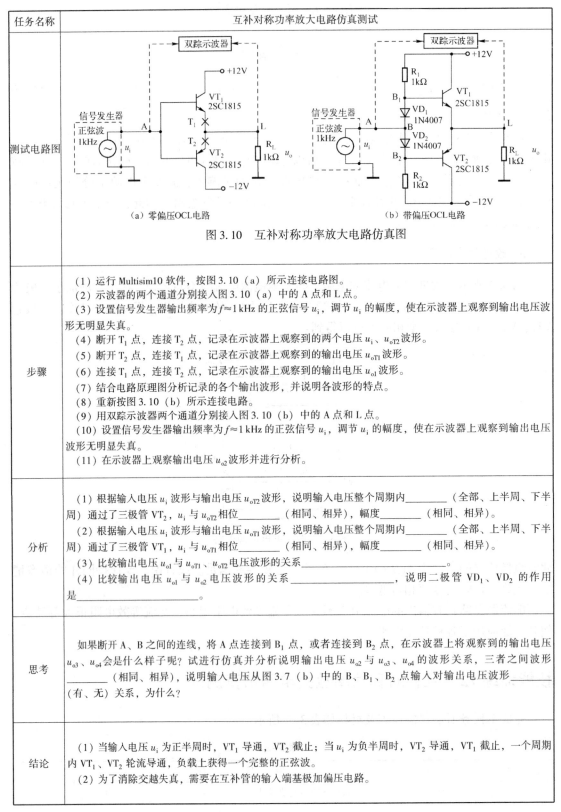 （a）零偏压OCL电路　　　（b）带偏压OCL电路 图 3.10　互补对称功率放大电路仿真图
步骤	（1）运行 Multisim10 软件，按图 3.10（a）所示连接电路图。 （2）示波器的两个通道分别接入图 3.10（a）中的 A 点和 L 点。 （3）设置信号发生器输出频率为 $f \approx 1\text{kHz}$ 的正弦信号 u_i，调节 u_i 的幅度，使在示波器上观察到输出电压波形无明显失真。 （4）断开 T_1 点，连接 T_2 点，记录在示波器上观察到的两个电压 u_i、u_{oT2} 波形。 （5）断开 T_2 点，连接 T_1 点，记录在示波器上观察到的输出电压 u_{oT1} 波形。 （6）连接 T_1 点，连接 T_2 点，记录在示波器上观察到的输出电压 u_{o1} 波形。 （7）结合电路原理图分析记录的各个输出波形，并说明各波形的特点。 （8）重新按图 3.10（b）所示连接电路。 （9）用双踪示波器两个通道分别接入图 3.10（b）中的 A 点和 L 点。 （10）设置信号发生器输出频率为 $f \approx 1\text{kHz}$ 的正弦信号 u_i，调节 u_i 的幅度，使在示波器上观察到输出电压波形无明显失真。 （11）在示波器上观察输出电压 u_{o2} 波形并进行分析。
分析	（1）根据输入电压 u_i 波形与输出电压 u_{oT2} 波形，说明输入电压整个周期内_____（全部、上半周、下半周）通过了三极管 VT_2，u_i 与 u_{oT2} 相位_____（相同、相异），幅度_____（相同、相异）。 （2）根据输入电压 u_i 波形与输出电压 u_{oT1} 波形，说明输入电压整个周期内_____（全部、上半周、下半周）通过了三极管 VT_1，u_i 与 u_{oT1} 相位_____（相同、相异），幅度_____（相同、相异）。 （3）比较输出电压 u_{o1} 与 u_{oT1}、u_{oT2} 电压波形的关系_____。 （4）比较输出电压 u_{o1} 与 u_{o2} 电压波形的关系_____，说明二极管 VD_1、VD_2 的作用是_____。
思考	如果断开 A、B 之间的连线，将 A 点连接到 B_1 点，或者连接到 B_2 点，在示波器上将观察到的输出电压 u_{o3}、u_{o4} 会是什么样子呢？试进行仿真并分析说明输出电压 u_{o2} 与 u_{o3}、u_{o4} 的波形关系，三者之间波形_____（相同、相异），说明输入电压从图 3.7（b）中的 B、B_1、B_2 点输入对输出电压波形_____（有、无）关系，为什么？
结论	（1）当输入电压 u_i 为正半周时，VT_1 导通，VT_2 截止；当 u_i 为负半周时，VT_2 导通，VT_1 截止，一个周期内 VT_1、VT_2 轮流导通，负载上获得一个完整的正弦波。 （2）为了消除交越失真，需要在互补管的输入端基极加偏压电路。

知识点　互补对称功率放大电路

功率放大器的主要功能是为负载提供不失真的足够大的输出功率，即同时要求输出大幅度的电压和大幅度的电流。功率放大设备常由多级放大器组成，包括输入级、中间级和末级等。而末级（输出级）即为功率放大器。

由于功率放大器在大信号下工作，因此对于功率放大器有一些特殊的要求，具体如下。

（1）输出尽可能大的功率。为了输出尽可能大的功率，即在负载上得到尽可能大的信号电压与信号电流，三极管需运行在放大区接近极限的工作状态；同时为了保证管子的安全，工作时集电极电流的最大值 I_C 应小于三极管集电极的最大允许电流 I_{CM}，集电极电压 U_{CE} 应小于三极管的集电极-发射极的击穿电压 $U_{(BR)CEO}$，集电极的功率损耗 P_C 应小于三极管的允许耗散功率 P_{CM}。

（2）转换效率尽可能高。放大电路实际上是一种能量转换电路。功率放大器的转换效率是指输出交流信号功率 P_o 与直流电源供给功率 P_E 之比，即

$$\eta = \frac{P_o}{P_E} \times 100\%$$

（3）非线性失真尽可能小。功率放大器由于是在大信号下工作，电压和电流的变化幅度大，可能超出三极管的特性曲线的线性范围，容易产生非线性失真，为了防止输入信号太大而出现限幅失真，通常功率放大器上配有指示幅度大小的幅度电平指示灯。

（4）三极管的散热问题。直流电源发出的功率中有一部分转换成有用的信号输出，其余部分则损耗在三极管集电结的发热上，效率越低，三极管的发热量越大，对管子安全的威胁越大，在实际应用中，除了选用较大的 P_{CM} 值的三极管外，还应在大功率管上安装散热器，或改善通风条件，如安装风扇等。

低频功率放大器根据工作状态的不同，可分为甲类、乙类和甲乙类三种。放大器的工作状态由三极管的静态工作点的设置决定。甲类功放的最高效率只有 50%，而乙类功放的效率则可达 78.5%。下面要讨论的是互补对称功率放大器。

图 3.11 所示为互补对称功放电路。由于三极管工作在乙类，故采用两个类型不同的三极管，一个为 NPN 型，另一个为 PNP 型，称为互补，要求两个管子的参数一致，即为对称。图 3.11（a）所示为无输出电容的互补对称功放电路（简称 OCL 电路），图 3.11（b）所示为无输出变压器的单电源互补对称功放电路（简称 OTL 电路）。

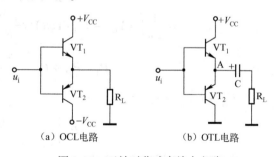

图 3.11　互补对称功率放大电路

1. OCL 电路

（1）工作原理。由图 3.12（a）、（b）、（c）可知，静态时，$u_i = 0$，因两只管子的基极都未加直流偏置电压，两只管子都不导通，静态电流为零，电源不消耗功率。

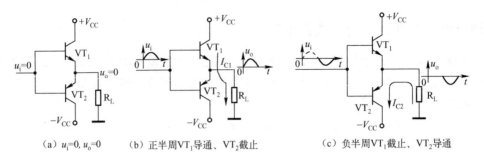

(a) $u_i=0, u_o=0$　　(b) 正半周VT_1导通、VT_2截止　　(c) 负半周VT_1截止、VT_2导通

图 3.12　OCL 电路工作过程示意图

输入正弦交流电时，当 u_i 为正半周时，VT_1 导通，VT_2 截止，负载有电流 i_{C1} 流过；当 u_i 为负半周时，VT_2 导通，VT_1 截止，负载有电流 i_{C2} 流过，也就是说，在一个周期内，VT_1、VT_2 轮流导通，负载上获得一个完整的正弦波。

电路不管是正半周 VT_1 工作还是负半周 VT_2 工作，在工作时均为电压跟随器，电路的输出电阻很小，能有效地向负载提供功率。

（2）有关参数计算。

输出功率 P_o：

$$P_o = U_o I_o = \frac{U_{oP}}{\sqrt{2}} \times \frac{I_{oP}}{\sqrt{2}} = \frac{1}{2} I_{oP} U_{oP} = \frac{1}{2} \times \frac{U_{oP}^2}{R_L}$$

式中，I_o、U_o 为有效值；

U_{oP}、I_{oP} 为正弦波的幅值。

当 $U_{oP} = U_{oPmax} \approx V_{CC}$ 时，

$$P_o = P_{oM} = \frac{1}{2} \times \frac{V_{CC}^2}{R_L}$$

管耗功率 P_T，对电路某一管子而言，在一个周期内，半个周期截止，管耗为 0，半个周期导通，导通时的管耗为：

$$P_{T1} = \frac{1}{2\pi} \int_0^\pi (V_{CC} - u_o) \frac{u_o}{R_L} d(\omega t)$$

$$= \frac{1}{2\pi} \int_0^\pi (V_{CC} - U_{oP}\sin\omega t) \frac{U_{oP}\sin\omega t}{R_L} d(\omega t) = \frac{1}{R_L} \left(\frac{V_{CC} U_{oP}}{\pi} - \frac{U_{oP}^2}{4} \right)$$

$$P_T = P_{T1} + P_{T2} = \frac{2}{R_L} \left(\frac{V_{CC} U_{oP}}{\pi} - \frac{U_{oP}^2}{4} \right),$$

当 $U_{oP} = U_{oPmax} \approx V_{CC}$ 时，

$$P_T \bigg|_{U_{oP} = V_{CC}} = \frac{(4 - \pi) V_{CC}^2}{2\pi R_L}$$

直流电源 $\pm V_{CC}$ 提供的功率为：

$$P_{DC} = P_o + P_T$$

当 $U_{oP} = U_{oPmax} \approx V_{CC}$ 时，

$$P_{DC} = \frac{2}{\pi} \times \frac{V_{CC}^2}{R_L}$$

在 $U_{oP} \approx V_{CC}$ 时，功放的效率为：

$$\eta = \frac{P_{\text{omax}}}{P_{\text{DCmax}}} = \frac{\frac{1}{2} \times \frac{V_{\text{CC}}^2}{R_L}}{\frac{2}{\pi} \times \frac{V_{\text{CC}}^2}{R_L}} = 78.5\%,$$

下面求管子的最大功耗 P_{TM}。

由 $P_T = \frac{2}{R_L} \times \left(\frac{V_{\text{CC}} U_{\text{oP}}}{\pi} - \frac{U_{\text{oP}}^2}{4} \right)$ 知 P_T 的最大值与 U_{oP} 有关，根据求极值的方法可求出当 $P_T = P_{\text{TM}}$ 时的 U_{oP} 的值。

令 $\dfrac{dP_T}{du_{\text{oP}}} = \dfrac{d\left(\dfrac{V_{\text{CC}} U_{\text{oP}}}{\pi} - \dfrac{U_{\text{oP}}^2}{4}\right)}{du_{\text{oP}}} = 0$，可求得 $u_{\text{oP}} = \dfrac{2V_{\text{CC}}}{\pi}$ 时，$P_T = P_{\text{TM}}$，所以

$$P_{\text{TM}} = \frac{1}{\pi^2} \times \frac{V_{\text{CC}}^2}{R_L}$$

由 $\dfrac{P_{\text{TM}}}{P_{\text{oM}}} = \dfrac{\dfrac{1}{\pi^2} \times \dfrac{V_{\text{CC}}^2}{R_L}}{\dfrac{1}{2} \times \dfrac{V_{\text{CC}}^2}{R_L}} \approx 0.2$ 知，当功放输出最大功率为 P_{oM} 时，最大管耗为 P_{oM} 的 0.2 倍。

(3) 零偏压状态下 OCL 的交越失真及消除方法。零偏压状态下的 OCL 电路及输入输出电压波形如图 3.13（a）、(b) 所示。

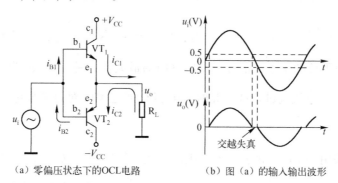

(a) 零偏压状态下的OCL电路　　(b) 图(a)的输入输出波形

图 3.13　零偏压状态下的 OCL 电路及交越失真

由图 3.13（a）知，静态时 $U_{\text{B1E1}} = U_{\text{B2E2}} = 0$，即 VT_1、VT_2 处于零偏压状态。

当 u_i 在 $0 \sim 0.5\,\text{V}$ 期间，$i_{B1} = 0$，$i_{C1} = 0$，所以 $u_o = 0$；

当 u_i 在 $0 \sim -0.5\,\text{V}$ 期间，$i_{B2} = 0$，$i_{C2} = 0$，所以 $u_o = 0$。

由此可知，当 u_i 为一个周期的标准正弦信号时，u_o 在由正到负交越时间轴处产生了失真，这种失真称为交越失真。

由于交越失真是因 VT_1、VT_2 零偏压造成的，消除方法就是让 VT_1、VT_2 在静态时给一个约 0.6 V 的偏压，使 VT_1、VT_2 在静态时处于微导通状态，这样 u_o 就会完全跟随 u_i 而变化，从而消除交越失真。图 3.14（a）、(b) 就是给 VT_1、VT_2 一个 0.6 V 左右偏压的具体电路。

2. OTL 电路

互补对称电路也可以采用单电源供电，如图 3.11（b）所示，但这时负载 R_L 必须采用

耦合电容 C，电容 C 的容量一般比较大，这除了有较好的低频特性外，由于两管的连接端 A 点的直流电位为 $\frac{V_{CC}}{2}$，电容 C 上也将充电至 $\frac{V_{CC}}{2}$，当信号使 VT_1 截止时，VT_2 的电流不能依靠 V_{CC} 供给，而是通过 C 的放电来提供，也就是说，C 既是耦合隔直电容，又是直流电源。

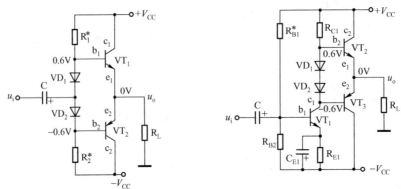

（a）由 R_1、VD_1、VD_2、R_2 通路给 VT_1、VT_2 偏压　　（b）由 VT_1 组成的共射电路给 VT_2、VT_3 提供偏压

图 3.14　消除交越失真的方法

静态时，由于电路上下对称，A 点电位为 $\frac{V_{CC}}{2}$，负载上无电流流过，电容被充电至 $\frac{V_{CC}}{2}$，极性为左正右负，而且因为 $u_i = 0$ 时，两管基极无直流偏置，$I_B = 0$，故电路工作于乙类状态。

输入正弦交流电时，当 u_i 为正半周时，VT_1 导通，VT_2 截止，负载上有电流 i_{C1} 流过，在负载上得到上正下负的正半周信号，输出电压的最大值为 $\frac{V_{CC}}{2}$；当 u_i 为负半周时，VT_1 截止，VT_2 导通，有 i_{C2} 电流流过负载，此时为电容 C 通过 VT_2 对负载放电，负载上获得的最大电压值也为 $\frac{V_{CC}}{2}$。

由此可见，采用一个电源的互补对称电路，其工作原理与双电源供电的 OCL 电路相似，只是由于每个管子的工作电压不是原来的 V_{CC}，而是 $\frac{V_{CC}}{2}$，所以前面导出的公式 P_{oM}、P_{DC}、η 和 P_{TM} 要加以修正，即把原来的 V_{CC} 改变为 $\frac{V_{CC}}{2}$；同样地，该电路也会产生交越失真，也可以通过加偏置电压的方法消除。

3. 用复合管组成的放大电路

在互补对称功率放大电路中，要找到两只性能完全一致的 NPN 和 PNP 两种型号大功率管是十分困难的，如果要找两只性能完全相同的同型号的大功率管则会容易得多。同时为了减小前级的驱动电路，功率放大电路一般采用复合管作为功放管。

复合管的连接原则是：各管的电流流向一致。图 3.15 所示是相同型号管子的复合。相同型号管子复合后的型号仍然是该型号，复合后管子的电流放大系数为：

$$\beta \approx \beta_1 \beta_2$$

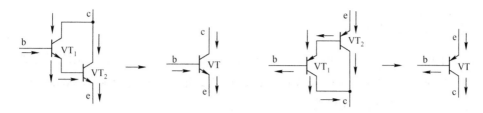

图 3.15　相同型号管子的复合

不同型号管子复合后,复合管的型号与第一只管子相同(这是因为第一只管子的基极也是复合管的基极,第一只管子基极电流的流向决定了该管是 NPN 型还是 PNP 型,因此在复合管中其电流流向也决定了复合管是 NPN 型还是 PNP 型)。如图 3.16 所示,复合管的电流放大系数 β 也近似等于两只管子电流放大系数的乘积。

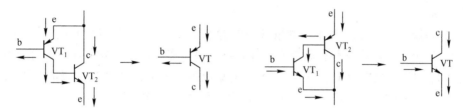

图 3.16　不同型号管子的复合

本项目图 3.1 所示就是利用复合管组成的功率放大电路,图中 VT_4、VT_5 和 VT_6、V_7 复合后分别等效成 NPN 型管和 PNP 型管,组成复合互补对称电路。

项目实施　功率放大电路制作

1. 常见中、大功率三极管

常见中功率三极管有 C2482、TIP41/42、C2073、C3807、A1668、D1499 等,大功率三极管有 D1710、D1651、C5296、C5297 等。它们的主要参数如表 3-3 所示。

表 3-3　常见中大功率三极管参数

名　称	封　装	极　性	耐压 $U_{(BR)CEO}$	集电极电流 I_{CM}	耗散功率 P_{CM}	特征频率 f_T	配对管
C2482	TO-92MOD	NPN	300 V	0.1 A	0.9 W		
TIP41/42	TO-220	NPN/PNP	100 V	6 A	65 W	3 MHz	TIP42/41
C2073	TO-220	NPN	150 V	1.5 A	25 W	4 MHz	A940
C3807	TO-126	NPN	30 V	2 A	1.2 W	260 MHz	
A1667/8	TO-220F	PNP	150 V/200 V	2 A	25 W	20 MHz	C4381/2
C4381/2	TO-220F	NPN	150 V/200 V	2 A	25 W	20 MHz	A1667/8
D1710	TO-3PML	NPN	1500 V	5 A	50 W	2 MHz	
D1651	TO-3PML	NPN	1500 V	5 A	60 W	3 MHz	
C5296/7	TO-3PML	NPN	1500 V	8 A	60 W	10 MHz	

2. 功率放大电路制作

如图 3.1 所示，VT_1、VT_2 组成差动放大电路，起抑制零点漂移的作用。VT_3 组成共射放大电路，作推动级。VT_4、VT_5 及 VT_6、VT_7 采用复合管组成的互补对称功率放大电路，输出足够大的功率以推动负载喇叭。

当输入 u_i 为正半周时，VT_1 集电极电压为负半周，经 VT_3 放大后又成为正半周，使 VT_4、VT_5 导通，正电源 +15 V 经过 R_L 和电源地形成通路；当 u_i 为负半周时，经 VT_3 放大后，VT_6、VT_7 导通，电源地经过 R_L 和负电源 −15 V 形成通路。所以，u_i 变化一周时，R_L 上可得到放大了的全波信号。输出端 K 点通过一个电阻 R_{27} 和差动放大器 VT_2 基极连接，不仅为 VT_2 提供合适的工作点，也引入了电压串联负反馈。整个电路的电压放大倍数 $A_{uf} = 1 + \dfrac{R_{27}}{R_{26}}$。

（1）静态调试。用万用表逐级测量各级的静态工作点。若测量值与计算值相差太远的话，应考虑是否该级偏置电路有虚焊或元件有错，要检查修正。用数字万用表测量各点静态电位值：VT_3 的集电极电位 $V_{C3} = 1.4\,V$；VT_1 的集电极电位 $V_{C1} = 14\,V$；各级的基极和发射极之间的压降 $U_{BE} = 0.7\,V$；输出端 $u_o = 0$，若偏离，可调 R_{22}、R_{23} 使其为零。

当 $u_i = 0$ 时，应通过调整静态工作点，得到 $u_o = 0$。

（2）动态测试。在输入端输入幅度约为 1 V 的 1 kHz 正弦波信号，用示波器观察输出信号波形，信号逐渐增大或降低，直至输出波形增大到恰好不失真为止。动态调试过程中若出现故障，应先排除。

① 观察输出波形有无交越失真，波形正、负半周是否对称，调 R_{P3} 可消除交越失真。

② 测量电压放大倍数，即用示波器（或交流毫伏表）测量输入输出信号电压的有效值 U_i 和 U_o，则

$$A_u = \dfrac{U_o}{U_i}$$

③ 测量最大不失真功率是否符合要求，最大不失真功率为：

$$P_o = \dfrac{U_o^2}{R_L} = \dfrac{1}{2} \times \dfrac{U_{oP}^2}{R_L}$$

④ 测量电路的转换效率为：

$$\eta = \dfrac{P_o}{P_E} \times 100\%$$

式中，P_o 为最大输出功率；

P_E 是电源提供的功率，$P_E = I_E V_{CC}$，测 I_E 时应将毫安表串入电源回路中测得。

完成本项目所需仪器仪表及材料如表 3-4 所示。

表 3–4

序 号	名 称	型 号	数 量	备 注
1	直流稳压电源	DF1731SD2A	1 台	
2	数字万用表/模拟万用表	DT9205/MF47	1 只	

续表

序 号	名 称	型 号	数 量	备 注
3	20 MHz 双踪示波器	YB4320A	1 台	
4	函数信号发生器	DF1641A	1 台	
5	电工工具箱	含电烙铁、斜口钳等	1 套	
6	已制作成品 PCB 或万能电路板	10 cm×5 cm	1 块	
7	R_{26}、R_{30}	330 Ω	2 只	
	R_{29}	5.1 kΩ	1 只	
	R_{28}	100 Ω	1 只	
	R_{20}	3 kΩ	1 只	
	R_{21}、R_{31}、R_{32}	200 Ω	3 只	
	R_{22}、R_{23}	510 Ω	2 只	
	R_{24}、R_{27}	47 kΩ	2 只	
	R_{25}	7.5 kΩ	1 只	
8	RP_3	330 Ω	1 只	
9	C_9、C_{12}	100 μF/16 V	2 只	
	C_{11}	47 μF/16 V	1 只	
	C_{10}、C_{13}、C_{14}	200 pF	3 只	
10	VD_1、VD_2	1N4148	2 只	
11	VT_1、VT_2	9011	2 只	
	VT_3、VT_6	9012	2 只	
	VT_4	9013	1 只	
	VT_5、VT_7	TIP41	2 只	
12	20 W 喇叭 R_L	8 Ω	1 只	
13	保险丝 F_1	1.5 A	1 只	
14	细导线			

习 题 3

3.1 单端输入、双端输出的差分放大电路如图 3.17 所示,设 $\beta_1=\beta_2=80$, $r_{BE1}=r_{BE2}=4.7\,\text{k}\Omega$,试求:

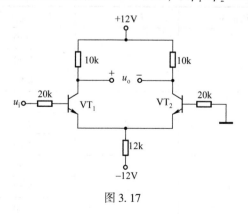

图 3.17

(1) 确定电路的静态工作点；
(2) 确定输出电压 u_o 与输入电压 u_i 的相位关系；
(3) 计算差模电压放大倍数 A_{ud}；
(4) 计算共模电压放大倍数 A_{uc} 及共模抑制比 K_{CMR}。

3.2 指出图 3.18 所示各种接法，哪些可以作复合管使用？等效的管型是 NPN 型还是 PNP 型？指出 A、B、C 三个管脚各是等效三极管的什么电极？

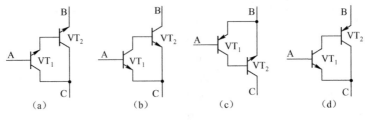

图 3.18

3.3 图 3.19 所示为复合互补对称功率放大电路，设 u_i 的幅值足够大，电源电压为 ±24 V，$R_L = 8\,\Omega$，可选用的功率管在表 3-5 中列出。

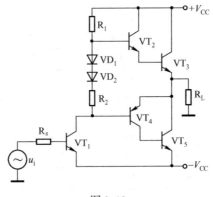

图 3.19

(1) 为了获得大于 25 W 的最大不失真输出功率，可选用哪几种晶体管？
(2) 如果电源改为 ±20 V，可输出多大功率？设 VT_3、VT_5 管的 u_{CE} 最小值为 3 V。
(3) 如果电源电压为 ±24 V，但负载改为 20 Ω，此时最大不失真输出功率是多少？

表 3-5

型 号	$P_{CM}(W)$	$I_{CM}(A)$	$U_{(BR)CEO}(V)$	$U_{CES}(V)$
3DD51A			≥30	
3DD51B	1	1	≥50	≤1
3DD51C			≥80	
3DD54A			≥30	
3DD54B	5	2	≥50	≤1
3DD54C			≥80	
3DD57A			≥30	
3DD57B	10	3	≥50	≤1
3DD57C			≥80	

3.4 如图 3.20 所示，静态时，$u_i = 0$，这时 VT_1 的集电极电位 u_{C1} 应调到多少？设各管的发射结和二极管的导通电压为 0.6 V。

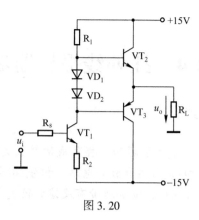

图 3.20

项目 4 红外线报警器制作

学习目标

通过本项目的制作训练，使学生了解和掌握集成运算放大器的基本知识和基本应用电路，掌握比例运算放大电路、加/减法运算放大电路、积分/微分运算电路、比较器电路的分析、制作和测试；了解反馈工作原理，能够对带有反馈的较复杂电路进行测试和电路调试。

工作任务

制作热释电红外线报警器，以非接触形式探测人体辐射的红外能量变化，当人体在几米至十几米检测范围内走动时，电路能发出报警信号。撰写项目制作测试报告。

红外线报警器电路原理图如图 4.1 所示。

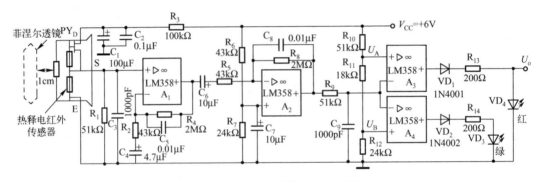

图 4.1 红外线报警器电路原理图

技能训练 13 运算放大电路功能测试

完成本任务所需仪器仪表及材料如表 4-1 所示。

表 4-1

序 号	名 称	型 号	数 量	备 注
1	直流稳压电源	DF1731SD2A	1 台	
2	数字万用表/模拟万用表	DT9205/MF47	1 只	
3	20 MHz 双踪示波器	YB4320A	1 台	
4	函数信号发生器	DF1641A	1 台	
5	电工工具箱	含电烙铁、斜口钳等	1 套	
6	万能电路板	5 cm×5 cm	1 块	
7	运算放大器	LF353	1 个	

续表

序号	名称	型号	数量	备注
8	集成电路插座	集成电路8脚插座	1个	
9	R_1、R_2	10 kΩ	4个	
		1 kΩ	1个	
11	R_f	51 kΩ	2个	
		100 kΩ	1个	
12	C_f	0.01 μF	1个	

任务书 4-1

任务名称	反相比例/积分运算放大电路测试
测试电路图	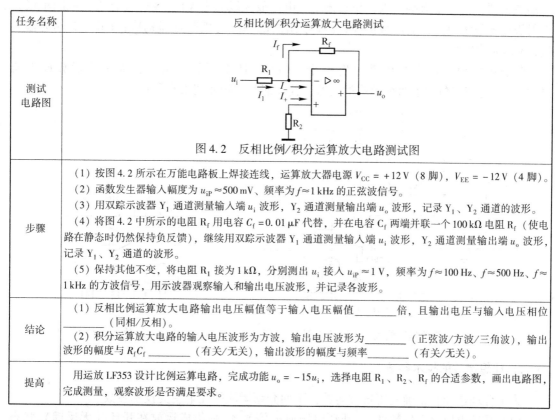 图 4.2 反相比例/积分运算放大电路测试图
步骤	(1) 按图 4.2 所示在万能电路板上焊接连线，运算放大器电源 V_{CC} = +12 V（8脚），V_{EE} = -12 V（4脚）。 (2) 函数发生器输入幅度为 $u_{iP} \approx 500$ mV、频率为 $f \approx 1$ kHz 的正弦波信号。 (3) 用双踪示波器 Y_1 通道测量输入端 u_i 波形，Y_2 通道测量输出端 u_o 波形，记录 Y_1、Y_2 通道的波形。 (4) 将图 4.2 中所示的电阻 R_f 用电容 C_f = 0.01 μF 代替，并在电容 C_f 两端并联一个 100 kΩ 电阻 R_f（使电路在静态时仍然保持负反馈），继续用双踪示波器 Y_1 通道测量输入端 u_i 波形，Y_2 通道测量输出端 u_o 波形，记录 Y_1、Y_2 通道的波形。 (5) 保持其他不变，将电阻 R_1 接为 1 kΩ，分别测出 u_i 接入 $u_{iP} \approx 1$ V，频率为 $f \approx 100$ Hz、$f \approx 500$ Hz、$f \approx 1$ kHz 的方波信号，用示波器观察输入和输出电压波形，并记录各波形。
结论	(1) 反相比例运算放大电路输出电压幅值等于输入电压幅值_____倍，且输出电压与输入电压相位_____（同相/反相）。 (2) 积分运算放大电路的输入电压波形为方波，输出电压波形为_____（正弦波/方波/三角波），输出波形的幅度与 $R_f C_f$ _____（有关/无关），输出波形的幅度与频率_____（有关/无关）。
提高	用运放 LF353 设计比例运算电路，完成功能 $u_o = -15 u_i$，选择电阻 R_1、R_2、R_f 的合适参数，画出电路图，完成测量，观察波形是否满足要求。

知识点 1　集成运算放大器

运算放大器电路的符号如图 4.3（a）所示，图 4.3（b）所示是经常用到的简单画法，它有两个输入端，"-"端叫反相输入端，"+"端叫同相输入端，输出端的电压与同相输入端同相，而与反相输入端反相。此外，运算放大器工作所需要的电源有 +V_{CC} 端、-V_{EE} 端和接地端，一般情况下不画出。

（a）符号　　（b）常用简单符号

图 4.3　运算放大器符号

1. 运算放大电路的组成

运算放大电路的类型很多，电路也不尽一样，但内部结构上差别不大，主要由输入级、中间放大级和输出级组成,如图4.4所示,其中输入级一般是由三极管或场效应管组成的差动放大电路,差动放大电路的两个输入端即是运算放大电路的同相输入端和反相输入端;中间级由单级或多级电压放大电路组成,主要是提高运算放大电路的开环增益;输出级一般由射极跟随器或互补射极跟随器构成,以提高输出功率。

图4.4 运算放大电路内部组成框图

一个简单的运算放大器内部电路原理图如图4.5所示,图中VT_1、VT_2组成了带恒流源差动放大器,信号由双端输入,单端输出;电压放大级为由VT_3、VT_4复合管组成的单级共发射极电压放大电路,输出级由VT_5、VT_6组成的两级射极跟随器构成;1端、2端为输入端,3端为输出端。

集成运算放大器芯片内部常有一个、两个、四个运算放大器,如集成运算放大器LF353,其内部就包含了两个运算放大器,其外部的引脚如图4.6所示。

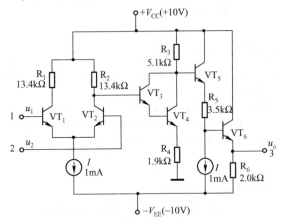

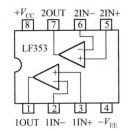

图4.5 简单运算放大器电路原理图　　图4.6 集成运算放大器LF353引脚图

2. 理想运放的技术参数

为了合理选择和正确使用集成运放,下面介绍运放的几个主要技术参数。

(1) 开环电压放大倍数A_{uo}。开环电压放大倍数A_{uo}是集成运放在开环(无反馈)状态下,输出电压u_o与差模输入信号($u_{i+} - u_{i-}$)之比,即

$$A_{uo} = \frac{u_o}{u_{i+} - u_{i-}}$$

A_{uo}越高,构成的运放运算精度越高,工作也越稳定。实际运放的A_{uo}都很高,如集成运放D508,开环增益高达140dB(10^7),HA2900的开环增益高达160dB(10^8)。理想运放认为$A_{uo} = \infty$。

(2) 输入失调电压U_{io}。输入电压为零时,输出电压一般不为零,为使输出电压为零,要在输入端加一个补偿电压,此电压即为输入失调电压U_{io},一般为几毫伏,此值越小越好,如集成运放F007的失调电压为2~10mV。理想运放的失调电压为零。

(3) 输入失调电流I_{io}。当输入信号为零时,两个输入端静态输入电流之差$I_{io} = I_{B+} - I_{B-}$为运放的输入失调电流,一般为1~100nA。高质量的运放I_{io}小于1nA,理想运放输入失调电流为零。

(4) 输入偏置电流 I_{iB}。若输入信号为零时,两个输入端静态基极电流的平均值 $I_{iB} = \frac{1}{2}(I_{B1} + I_{B2})$,输入偏置电流 I_{iB} 一般在 1 μA 以下。I_{iB} 越小,I_{io} 也越小,因而零漂也就越小,如 F007 的 I_{iB} 为 200 nA。理想运放的 I_{iB} 为零。

(5) 最大共模输入电压 U_{iCM}。运放对共模信号有抑制能力,但共模信号必须在规定的范围内,如超出了这个范围,运放的抑制能力会显著下降。U_{iCM} 表示了集成运放所承受的共模干扰信号的能力。U_{iCM} 越大越好,高质量的运放 U_{iCM} 可达十几伏。

(6) 最大输出电压 U_{oppm}。在电源电压为额定值时,使输出电压和输入电压保持不失真关系的最大输出电压,称为运放的最大输出电压。如 F007 的电源电压为 ±15 V 时,U_{oppm} 约为 ±13 V。

(7) 共模抑制比 K_{CMRR}。运放对差模信号的放大倍数与它对共模信号放大倍数之比称为运放的共模抑制比。这个参数越大则运放的质量越好,一般在 65 ~ 160 dB 之间,如 F007 的 K_{CMRR} 为 80 ~ 86 dB。理想运放的 K_{CMRR} 为 ∞。另外理想运放的输入电阻 $R_i = \infty$,输出电阻 $R_o = 0$,开环带宽 $f_{BW} = \infty$,而且不存在零点漂移。

3. 理想运放的"虚断"和"虚短"

对于工作在线性区域的理想运放,通过它的理想参数可以推导出下面两条重要的分析法则:

(1) 虚短。理想运放的两输入端之间的电压为零,即 $U_+ = U_-$,相当于两输入端之间短路,即"虚短"。这是因为运放工作在线性区,输出电压为有限值,而理想运放的 $A_{uo} = \infty$,则输入端之间的电压($u_{i+} - u_{i-}$)应为零。

(2) 虚断。理想运放的两输入端不吸取电流,即 $I_+ = I_- = 0$,相当于两输入端之间是开路的,即"虚断"。这是因为 $u_{i+} = u_{i-}$,即差模输入电压 $u_{id} = u_{i+} - u_{i-} = 0$,而差模输入电阻 $R_{id} = \infty$ 的缘故。

利用"虚短"和"虚断"的概念,将使各种运放电路的分析十分简便。

知识点 2 比例运算放大电路

1. 反相比例运算放大电路及倒相器

图 4.7 所示为反相比例运算放大电路,输入信号 u_i 通过 R_1 加到反相输入端,输出信号通过 R_f 送回反相输入端,构成深度电压并联负反馈放大电路(有关负反馈电路分析将在下面讨论),在同相输入端接一电阻 R_2,因集成运放毕竟不是理想的,总存在偏置电流、输入失调电压 U_{io},并存在零漂,所以要求集成运放的两个输入端的等效电阻相等,R_2 就是起平衡作用的,称为平衡电阻,$R_2 = R_1 /\!/ R_f$。由图 4.7 知 $u_{i+} = 0$,而 $u_{i-} = u_{i+} = 0$,又 $I_+ = I_- = 0$,则有 $i_1 = i_f$,即

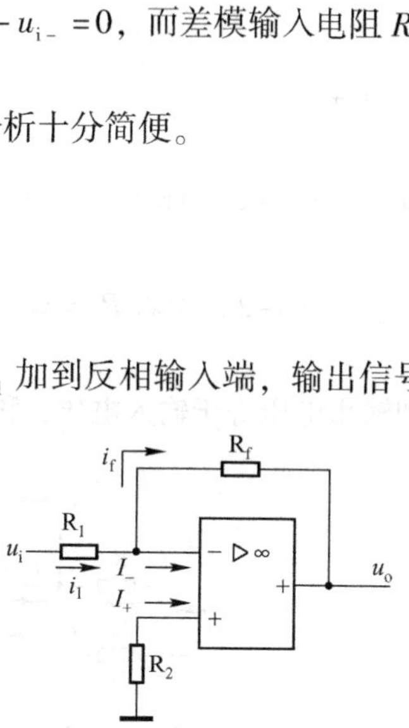

图 4.7 反相比例运算放大电路

$$(u_i - 0)/R_1 = (0 - u_o)/R_f$$
$$u_o = -(R_f/R_1) u_i$$
$$A_{uf} = -R_f/R_1 \qquad (4-1)$$

由式（4-1）（A_{uf}表示负反馈放大电路的电压放大倍数）知，该电路实现了输出与输入信号之间的反相比例运算，故称为反相比例运算放大电路。当$R_1 = R_f$时，$u_o = -u_i$，实现了输出对输入信号的倒相，大小并没有改变，构成了倒相器。

反相比例运算电路有如下特点：

（1）由于反相比例运算电路接成"虚地"，即$u_+ = u_- = 0$，它的共模输入电压为零，因此对运放的共模抑制比要求低，这是它的突出优点。

（2）输入电阻低，$R_i = R_1$，所以要求输入信号源有较强的带负载能力。

例4.1 电路如图4.7所示，设$R_1 = 10\,k\Omega$，$R_f = 50\,k\Omega$，求A_{uf}、R_2。若$u_i = 0.5\,V$时，$u_o = ?$

解：反相比例运算电路放大倍数为：

$$A_{uf} = u_o/u_i = -R_f/R_1 = -50/10 = -5$$

平衡电阻为：

$$R_2 = R_1 /\!/ R_f = 10 /\!/ 50 = 8.3\,k\Omega$$

$$u_o = u_i \times A_{uf} = 0.5 \times (-5) = -2.5\,V$$

2. 同相比例运算放大电路及电压跟随器

图4.8所示为同相比例运算放大电路，它是在理想运放的输出和反相输入端之间连接了一反馈电阻R_f，构成了深度电压串联负反馈放大电路，电路的输入信号通过R_2加到运放的同相输入端，反相输入端则通过电阻R_1接地。R_2是平衡电阻，应满足$R_2 = R_1 /\!/ R_f$。由"虚断"$I_+ = I_- = 0$及"虚短"$U_+ = U_-$的概念得：

$$U_{R2} = 0, U_+ = u_i, U_- = U_+ = u_i, i_1 = i_f$$

即

$$(0 - U_-)/R_1 = (U_- - u_o)/R_f$$

$$(0 - u_i)/R_1 = (u_i - u_o)/R_f$$

整理得：

$$u_o = (1 + R_f/R_1)\,u_i$$

可见，u_o与u_i同相位且成比例，其比例系数即闭环电压放大倍数A_{uf}为：

$$A_{uf} = u_o/u_i = 1 + R_f/R_1 \tag{4-2}$$

式（4-2）中若$R_1 = \infty$（断开），$R_f = 0$，则可得：

$$A_{uf} = 1$$

即输出电压等于输入电压，称为电压跟随器。电路如图4.9所示。

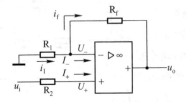

图4.8 同相比例运算放大电路

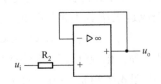

图4.9 电压跟随器

同相比例运算放大电路有如下特点：

（1）输入电阻高，可达$100\,M\Omega$以上。

（2）由于$U_+ = U_- = u_i$，即同相比例运算放大电路存在共模输入信号，大小为u_i，对集成运算放大电路的共模抑制比要求比较高,这是它的缺点,限制了它的应用场合。

知识点 3　加/减运算放大电路

1. 加法运算电路

图 4.10 所示为一同相加法运算电路,电路中的电阻应满足 $R_1 /\!/ R_f = R_2 /\!/ R_3 /\!/ R_4$ 的关系,由"虚断"和"虚短"的概念并应用叠加原理推导出:

$$u_o = U_+ \times \left(1 + \frac{R_f}{R_1}\right) \quad (4-3)$$

其中,

$$U_+ = \frac{u_{i1}}{R_2 + R_3 /\!/ R_4} \times R_3 /\!/ R_4 + \frac{u_{i2}}{R_3 + R_2 /\!/ R_4} \times R_2 /\!/ R_4$$

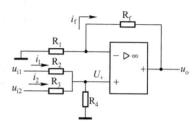

图 4.10　同相加法运算电路

例 4.2　运放电路的输出电压 u_o 与输入信号电压 (u_{i1}、u_{i2}、u_{i3}) 的关系为 $u_o = 2u_{i1} + 0.5u_{i2} + 4u_{i3}$,若取 $R_f = 100\,\text{k}\Omega$,试画出运放电路,并求出相关电阻值。

解:欲求几个信号之和,且输出与输入同相,可以采用单级同相加法器实现,但调试麻烦,尽可能不用,而采用两级运放即由 A_1 反相加法运放和 A_2 倒相器构成,电路如图 4.11 所示,有

$$u_{o1} = -\left[(R_f/R_{11})u_{i1} + (R_f/R_{12})u_{i2} + (R_f/R_{13})u_{i3}\right]$$

由 $R_f = 100\,\text{k}\Omega$ 得:

$$R_{11} = 50\,\text{k}\Omega, \quad R_{12} = 200\,\text{k}\Omega, \quad R_{13} = 25\,\text{k}\Omega$$

平衡电阻:

$$R_1 = R_f /\!/ R_{11} /\!/ R_{12} /\!/ R_{13} = 100 /\!/ 50 /\!/ 200 /\!/ 25 = 13.3\,\text{k}\Omega$$

第二级为倒相器,取 $R_{21} = R_f = 100\,\text{k}\Omega$,平衡电阻为:

$$R_2 = R_{21} /\!/ R_f = 100 /\!/ 100 = 50\,\text{k}\Omega$$

2. 减法运算电路

图 4.12 所示为一减法运算电路,输入信号 u_{i1} 和 u_{i2} 分别加至反相输入端和同相输入端,在线性工作区内,它相当于同相比例与反相比例的叠加,也可直接应用"虚断"和"虚短"的概念来分析,结果是相同的。即

$$u_o = -\frac{R_f}{R_1}u_{i1} + \left(1 + \frac{R_f}{R_1}\right)U_+ \quad (4-4)$$

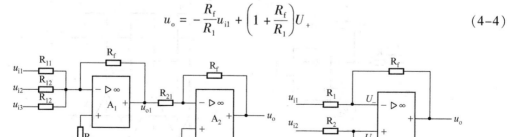

图 4.11　用两级运放实现求和的电路　　　图 4.12　减法运算电路

其中，

$$U_+ = \frac{u_{i2}}{R_2 + R_3} \times R_3$$

例 4.3 电路如图 4.13 所示，$R_1 = R_2 = R_3 = 10\,\text{k}\Omega$，$R_{f1} = 51\,\text{k}\Omega$，$R_{f2} = 100\,\text{k}\Omega$，$u_{i1} = 0.1\,\text{V}$，$u_{i2} = 0.3\,\text{V}$，求 u_{o1} 和 u_o。

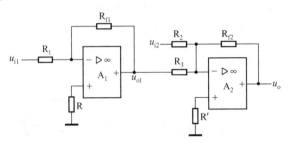

图 4.13 减法运算电路

解：本题用反相比例运算放大电路和反相加法运算电路构成减法器，第一级为反相比例运算放大电路，因此根据式（4-1）得：

$$u_{o1} = -R_{f1} u_{i1}/R_1 = -(51 \times 0.1/10) = -0.51\,\text{V}$$

第二级为反相加法运算电路，根据式（4-3）得：

$$u_o = -R_{f2}/R_2 \times u_{i2} - R_{f2}/R_3 \times u_{o1} = -100/10 \times 0.3 - 100/10 \times (-0.51) = 2.1\,\text{V}$$

知识点 4　积分/微分运算电路

1. 积分运算电路

将反相比例运放中的 R_f 用适当的 C_f 代替即可得积分电路，如图 4.14（a）所示，其中平衡电阻 R_2 应满足 $R_2 = R_1$。假设电容电压初值为 0，由图知：

$$U_- = U_+ = 0$$

$$i_1 = u_i/R_1 = i_f$$

$$u_{Cf} = U_- - u_o = -u_o = 1/C_f \int i_f dt = 1/C_f \int u_i/R_1 dt = 1/(R_1 C_f) \int u_i dt$$

$$u_o = -u_{Cf} = -1/(R_1 C_f) \int u_i dt \tag{4-5}$$

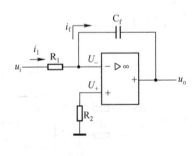
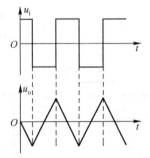

（a）积分电路　　　　　（b）积分电路的输入输出电压波形

图 4.14　积分电路及输入输出电压波形

由式（4-5）可知 u_o 与 u_i 之间构成了积分关系，实现了积分运算。式中 R_1C_f 为积分电路的时间常数。

当 u_i 为矩形波输入时，设 C_f 两端电压初值为 0，u_i 为正时，因为电压恒定，则电容被恒流充电，u_{Cf} 与时间成正比，直线下降；而 u_i 为负时，电容放电，u_{Cf} 直线上升，波形如图 4.14（b）所示，u_o 为三角波。

2. 微分运算电路

将反相比例运放中的 R_1 用 C_1 代替即可构成一微分电路，如图 4.15（a）所示，其中平衡电阻 $R_2 = R_f$，因为，

$$U_+ = U_- = 0, \quad i_f = i_1$$

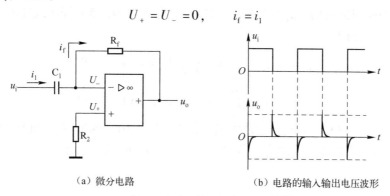

（a）微分电路　　　　　　（b）电路的输入输出电压波形

图 4.15　微分电路及输入输出电压波形图

即

$$-\frac{u_o}{R_f} = \frac{dq_{C1}}{dt} = C_1 \frac{du_{C1}}{dt} = C_1 \frac{d(u_i - U_-)}{dt} = C_1 \frac{du_i}{dt}$$

所以，

$$u_o = -R_f C_1 \frac{du_i}{dt} \tag{4-6}$$

当 u_i 为矩形波输入时，微分电路的输入输出波形如图 4.15（b）所示，其中 $R_f C_1$ 为电路的时间常数。由波形图可以看出，只要输入信号 u_i 有变化，输出 u_o 就不为零，由于是反相输入，u_i 增加时 u_o 为负，u_i 减小时 u_o 为正，u_o 的波形反映了 u_i 的变化情况。

例 4.4　基本积分电路如图 4.16（a）所示，输入信号 u_i 为一方波，波形如图 4.16（b）所

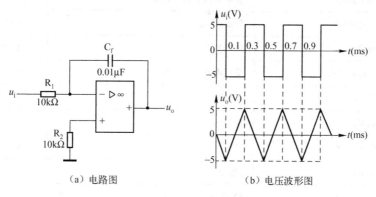

（a）电路图　　　　　　　（b）电压波形图

图 4.16　例 4.4 的电路图及输入输出电压波形图

示,运放最大输出电压为 ±10 V,设 $t=0$ 时电容电压为零,试画出理想情况下的输出电压波形。

解:由图 4.16 (a) 可求出电路的充放电时间常数为:

$$\tau = R_1 C_f = 10 \times 10^3 \times 0.01 \times 10^{-6} = 0.1 \text{ ms}$$

运放输入端为虚地,输出电压等于电容两端的电压,即 $u_o = -u_c$,$u_o(0) = 0$,在 $0 \sim 0.1$ ms 时间段内,输入电压 $u_{iP} = 5$ V,u_o 将从 0 开始线性减小,$t = 0.1$ ms 时达负最大值,其值由积分求得为:

$$U_{oP} = u_o \big|_{t=0.1\text{ms}} = -\frac{1}{R_1 C_f} \int_0^t u_i dt + u_o(0) = -1/0.1 \int_0^{0.1} 5 dt = -5 \text{V}$$

而在 $0.1 \sim 0.3$ ms 时间段内,u_{iP} 为 -5 V,所以输出电压 u_o 从 -5 V 开始线性增大,$t = 0.3$ ms 时达到正峰值,其值为:

$$U_{oP} = u_o \big|_{t=0.3\text{ms}} = -\frac{1}{R_1 C_f} \int_{0.1}^{0.3} u_i dt + u_o \times 0.1$$

$$= -1/0.1 \int_{0.1}^{0.3} (-5) dt + (-5 \text{V}) = 5 \text{V}$$

u_o 的最大输出 ±5 V 没有超出运放的最大输出电压 ±10 V 的范围,所以输出与输入为线性积分关系,输入为方波,输出为三角波,波形如图 4.16 (b) 所示。

技能训练 14　迟滞电压比较器电路功能测试

完成本任务所需仪器仪表及材料如表 4-2 所示。

表 4-2

序 号	名　称	型　号	数　量	备 注
1	直流稳压电源	DF1731SD2A	1 台	
2	数字万用表/模拟万用表	DT9205/MF47	1 只	
3	20 MHz 双踪示波器	YB4320A	1 台	
4	函数信号发生器	DF1641A	1 台	
5	电工工具箱	含电烙铁、斜口钳等	1 套	
6	万能电路板	5 cm × 5 cm	1 块	
7	运算放大器	LF353	1 个	
8	集成电路插座	集成电路 8 脚插座	1 个	
9	电阻 R_1	10 kΩ	1 个	
10	电阻 R_2	10 kΩ	1 个	
11	电阻 R_f	33 kΩ	1 个	
12	电阻 R_3	330 Ω	1 个	
13	稳压二极管	1N4740	2 个	

任务书 4-2

任务名称	迟滞电压比较器电路功能测试
测量电路图	![电路图] 图 4.17　迟滞电压比较器电路功能测试
步骤	（1）按图 4.17 所示在万能电路板上焊接连线，运算放大器电源为 $V_{CC}=+12\text{ V}$（8 脚），$V_{EE}=-12\text{ V}$（4 脚）。 （2）接入 $u_i=U_{REF}=0\text{ V}$，用万用表测量输出电压 $u_o=$ ＿＿＿＿ V，为输出 ＿＿＿＿（高电平/低电平）。 （3）接入 $U_{REF}=0\text{ V}$，输入端 u_i 为幅度 $U_{ip}=1\text{ V}$、频率 $f=1\text{ kHz}$ 的正弦波，用示波器同时观察输入和输出电压波形，记录波形，u_o ＿＿＿＿（无变化/产生翻转）。 （4）接入 $U_{REF}=0\text{ V}$，输入端 u_i 为幅度逐步增加、频率不变的正弦波，用示波器同时观察输入和输出电压波形，记录波形和画出传输特性曲线。 （5）接入 $U_{REF}=2\text{ V}$，输入端 u_i 为幅度 $U_{ip}=1\text{ V}$、频率 $f=1\text{ kHz}$ 的正弦波，用示波器观察输入和输出电压波形，记录波形。 （6）接入 $U_{REF}=2\text{ V}$，输入端 u_i 为幅度逐步增加、频率不变的正弦波，用示波器同时观察输入和输出电压波形，记录波形和画出传输特性曲线。
结论	该电路 ＿＿＿＿（能/不能）实现电压比较作用，且阈值电压有 ＿＿＿＿（1 个/2 个）。
提高	用运放 LF353 设计电路，完成功能：当输入电压大于 2 V 时输出为 5 V；当输入电压小于 0 V 时输出为 -5 V。选择合适元器件，画出电路图。

知识点 1　电压比较器

1. 过零电压比较器

电压比较器是对工作在非线性状态下的理想运放的两个输入电压进行比较，根据比较结果，输出高电平或低电平的一种电路。图 4.18（a）所示为最简单的电压比较器——过零电压比较器电路，u_i 为输入电压，它与同相输入端的参考电压 $U_{REF}=0$ 相比较，由于运放工作

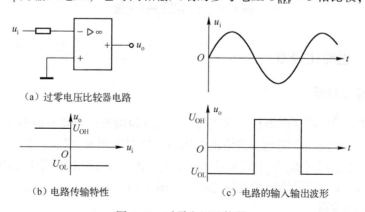

(a) 过零电压比较器电路

(b) 电路传输特性

(c) 电路的输入输出波形

图 4.18　过零电压比较器

在开环状态，当反相输入电压 $u_i > 0$ 时，$u_o = U_{oL}$，当 $u_i < 0$ 时，$u_o = U_{oH}$，其传输特性如图 4.18（b）所示。由于输入电压和 0V 电压比较，故称为过零电压比较器。图 4.18（c）所示为输入正弦波时的输出电压波形。被比较的电压称为电压比较器的阈值电压或门限电压。

图 4.19（a）、(b) 所示为有输入、输出限幅保护的过零电压比较器，VD_1、VD_2 用来防止输入信号过大损坏集成运放，输出端并联稳压管既限制了输出电压幅度，又加快了工作速度。图 4.19（b）中所示的 VD_3（锗管）是为了使负向输出电压接近于零。

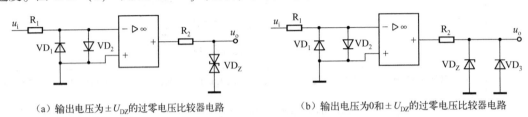

（a）输出电压为 $\pm U_{DZ}$ 的过零电压比较器电路　　（b）输出电压为 0 和 $\pm U_{DZ}$ 的过零电压比较器电路

图 4.19　有输入输出限幅保护的过零比较器

2. 单门限电压比较器

若在同相输入端接比较电压 $U_{REF} \neq 0$ 时，则构成了单门限电压比较器，如图 4.20（a）所示，其工作原理类似于过零比较器，只是被比较电压等于 U_{REF} 而不是零，这里不再赘述。其传输特性和输入输出波形如图 4.20（b）、(c) 所示，当 u_i 为三角波时，输出波形为矩形波，如图 4.20（c）所示，改变参考电压值即可改变矩形波的占空比。

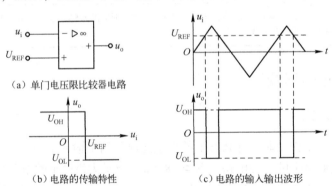

（a）单门电压限比较器电路

（b）电路的传输特性　　　　（c）电路的输入输出波形

图 4.20　单门限电压比较器

知识点 2　迟滞比较器

1. 反相迟滞比较器

过零比较器和单门限比较器抗干扰能力差，在阈值附近，只要有很小的干扰信号都可能使电路误动作，为解决这个问题，将输出电压通过反馈电阻 R_f 引向同相输入端，形成正反馈，将参考电压 U_{REF} 通过 R_2 接于同相输入端，输入信号通过 R_1 接于反相输入端，这样就构成了如图 4.21（a）所示的反相迟滞比较器。图 4.21（b）、(c) 所示分别是它的传输特性曲线和输入输出波形。

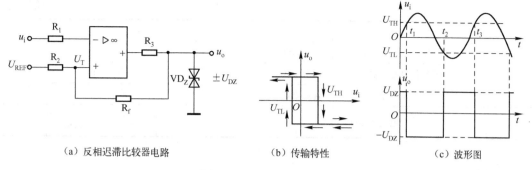

(a) 反相迟滞比较器电路　　(b) 传输特性　　(c) 波形图

图 4.21　反相迟滞比较器

反相迟滞比较器的特点是被比较电路的电压有两个，当 $u_o = U_{DZ}$ 时，被比较电压用 U_{TH} 表示，根据叠加原理，可求得 $U_{TH} = \dfrac{U_{REF}R_f}{R_f + R_2} + \dfrac{U_{DZ}R_2}{R_f + R_2}$，当 $u_o = -U_{DZ}$ 时，被比较电压用 U_{TL} 表示，$U_{TL} = \dfrac{U_{REF}R_f}{R_f + R_2} - \dfrac{U_{DZ}R_2}{R_f + R_2}$，其中 $U_{TH} - U_{TL} = \Delta U_T$ 称为回差。回差越大，抗干扰能力就越强，但回差越大，将使灵敏度越低。

2. 同相迟滞比较器

同相迟滞比较器的电路与传输特性如图 4.22（a）、(b) 所示，同相迟滞比较器和反相迟滞比较器的区别在于同相迟滞比较器被比较的电压只有一个，即从反相端输入的 U_{REF}，电路输出有两个不同值。

当 $u_o = -U_{DZ}$ 时，使 $U_P = U_{REF}$ 的 u_i 用 U_{TH} 表示，$U_{TH} = \dfrac{R_f + R_2}{R_f} U_{REF} + \dfrac{R_2}{R_f} U_{DZ}$

当 $u_o = U_{DZ}$ 时，使 $U_P = U_{REF}$ 的 u_i 用 U_{TL} 表示，$U_{TL} = \dfrac{R_f + R_2}{R_f} U_{REF} - \dfrac{R_2}{R_f} U_{DZ}$

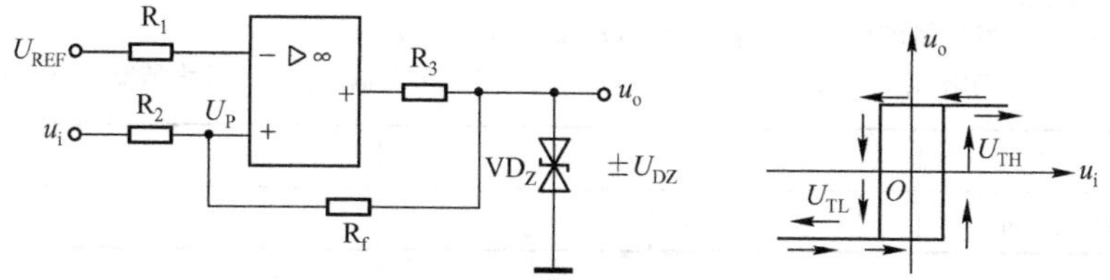

(a) 同相迟滞比较器电路　　(b) 传输特性

图 4.22　同相迟滞比较器

技能训练 15　负反馈放大电路测试

完成本任务所需仪器仪表及材料如表 4-3 所示。

表 4-3

序　号	名　　称	型　　号	数　量	备　注
1	直流稳压电源	DF1731SD2A	1 台	
2	数字万用表/模拟万用表	DT9205/MF47	1 只	

续表

序 号	名 称	型 号	数 量	备 注
3	20 MHz 双踪示波器	YB4320A	1 台	
4	函数信号发生器	DF1641A	1 台	
5	电工工具箱	含电烙铁、斜口钳等	1 套	
6	音频前置放大电路成品件		1 件	项目2中制作完成的产品

任务书 4-3

任务名称	电压串联负反馈电路测试
测试电路图	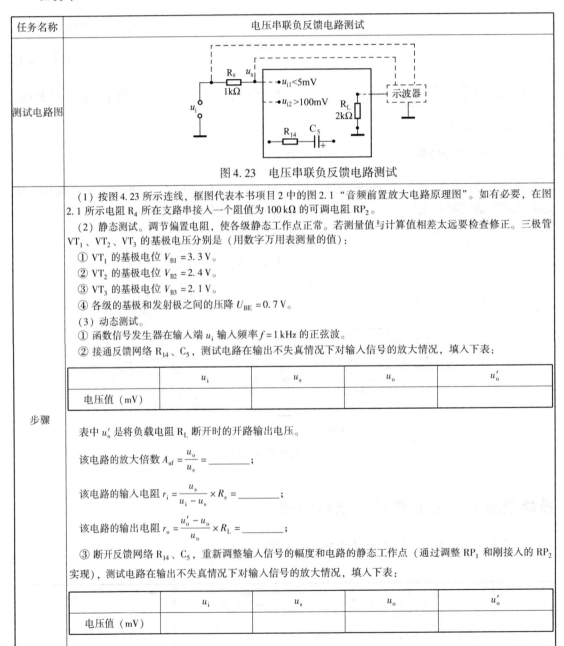 图 4.23 电压串联负反馈电路测试
步骤	(1) 按图4.23所示连线，框图代表本书项目2中的图2.1"音频前置放大电路原理图"。如有必要，在图2.1所示电阻 R_4 所在支路串接入一个阻值为 $100\,\mathrm{k\Omega}$ 的可调电阻 RP_2。 (2) 静态测试。调节偏置电阻，使各级静态工作点正常。若测量值与计算值相差太远要检查修正。三极管 VT_1、VT_2、VT_3 的基极电压分别是（用数字万用表测量的值）： ① VT_1 的基极电位 $V_{B1} = 3.3\,\mathrm{V}$。 ② VT_2 的基极电位 $V_{B2} = 2.4\,\mathrm{V}$。 ③ VT_3 的基极电位 $V_{B3} = 2.1\,\mathrm{V}$。 ④ 各级的基极和发射极之间的压降 $U_{BE} = 0.7\,\mathrm{V}$。 (3) 动态测试。 ① 函数信号发生器在输入端 u_i 输入频率 $f = 1\,\mathrm{kHz}$ 的正弦波。 ② 接通反馈网络 R_{14}、C_5，测试电路在输出不失真情况下对输入信号的放大情况，填入下表： 		u_i	u_s	u_o	u_o'
---	---	---	---	---
电压值（mV）				| 表中 u_o' 是将负载电阻 R_L 断开时的开路输出电压。 该电路的放大倍数 $A_{uf} = \dfrac{u_o}{u_s} = \underline{\qquad}$； 该电路的输入电阻 $r_i = \dfrac{u_s}{u_i - u_s} \times R_s = \underline{\qquad}$； 该电路的输出电阻 $r_o = \dfrac{u_o' - u_o}{u_o} \times R_L = \underline{\qquad}$； ③ 断开反馈网络 R_{14}、C_5，重新调整输入信号的幅度和电路的静态工作点（通过调整 RP_1 和刚接入的 RP_2 实现），测试电路在输出不失真情况下对输入信号的放大情况，填入下表： |	u_i	u_s	u_o	u_o'
---	---	---	---	---
电压值（mV）					

续表

任务名称	电压串联负反馈电路测试
步骤	该电路的放大倍数 $A_u = \dfrac{u_o}{u_s} =$ _____ ； 该电路的输入电阻 $r_i = \dfrac{u_s}{u_i - u_s} \times R_s =$ _____ ； 该电路的输出电阻 $r_o = \dfrac{u'_o - u_o}{u_o} \times R_L =$ _____ ； （4）通过观察，比较两表中的数据，分析负反馈对电路放大倍数、输入电阻、输出电阻的影响。 （5）通频带的测试。以上面测出的电压放大倍数 A_u、A_{uf} 为中频电压放大倍数，调节输入频率，分别测量反馈网络 R_{14}、C_5 接通和不接通时电路上限频率 f_H 和下限频率 f_L，填入下表，分析说明负反馈对电路通频带的影响。 测量方法：保持输入信号的幅度不变，调节输入信号的频率，升高频率直到输出电压降到 $0.707u_o$ 时的频率为 f_H；降低频率，直到输出电压降到 $0.707u_o$ 时的频率为 f_L，则带宽为 $f_{BW} = f_H - f_L$。 |	f_L	f_H	f_{BW}（计算得到）
---	---	---	---
接反馈网络 R_{14}、C_5			
不接反馈网络 R_{14}、C_5				
结论	电压串联负反馈能够提高放大电路的输入电阻，减少输出电阻，减少放大电路引起的非线性失真和扩展通频带，提高增益的稳定性。

知识点　负反馈放大电路

在放大电路中，输入信号由输入端加入，经放大后从输出端输出，这是信号正向传输通道。如果通过一个网络将输出信号（电压或电流）的一部分或全部反方向送回到放大电路的输入回路，并与输入信号相合成，这个过程称为反馈。

1. 反馈放大电路组成及有关参数定义

反馈放大电路由无反馈的基本放大电路和反馈网络组成，如图 4.24 所示。

反馈网络可以是电阻、电容、电感、变压器、二极管等单个元件及其组合，也可以是较为复杂的电路。放大电路可以是分立元件组成的放大电路，也可以是运放。带有反馈的放大电路称为闭环放大电路，而无反馈的放大电路称为开环放大电路。图 4.24 为反馈放大电路框图，其中 $\dot{X}_i$ 是放大电路的输入信号，$\dot{X}_o$ 为输出信号，$\dot{X}_f$ 为反馈信号，$\dot{X}_d$ 为真正输入到基本放大电路的净输入信号。$\dot{A}$ 为开环放大倍数，$\dot{F}$ 为反馈系数，$\dot{A}_f$ 为引入反馈后的广义闭环放大倍数。参数之间的关系为 $\dot{A} = \dfrac{\dot{X}_o}{\dot{X}_d}$，$\dot{F} = \dfrac{\dot{X}_f}{\dot{X}_o}$，$\dot{X}_d = \dot{X}_i + \dot{X}_f$，$\dot{A}_f = \dfrac{\dot{X}_o}{\dot{X}_i} = \dfrac{\dot{A}}{1 + \dot{A}\dot{F}}$。在分析放大电路时，我们常用正弦信号的响应来分析，因此在用框图表示时，其信号和相关量均用复数表示。但是对于具体电路及其框图或不需考虑相位时均可不用复数表示。

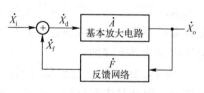

图 4.24　反馈放大电路框图

2. 反馈的分类

（1）正反馈和负反馈。当反馈信号 $\dot{X}_f$ 起消弱 $\dot{X}_i$ 的作用，使净输入信号 $\dot{X}_d$ 减小，使放大电路放大倍数降低，则所引入的反馈为负反馈；相反，$\dot{X}_f$ 起增强输入信号 $\dot{X}_i$ 的作用，使净输入信号 $\dot{X}_d$ 变大，放大倍数升高，所引入的反馈称为正反馈。放大电路中常引入负反馈以稳定放大电路的静态工作点，改善放大电路的动态性能，而不引入正反馈，因为正反馈很容易引起自激振荡，造成放大电路工作不稳定。但在振荡电路中必须引入正反馈，这将在后面的内容中详细讨论。

（2）直流反馈和交流反馈。图 4.25（a）所示电路是分压式偏置共射放大电路，它在前面的放大电路中已经讨论过，其静态工作点比较稳定，就是因为电路中引入了直流负反馈。为判断是交流反馈还是直流反馈，只要画出放大电路的直流通路和交流通路即可，从图 4.25（b）、（c）所示可以看出，R_{E1}、R_{E2} 既在输入回路中又在输出回路中，构成了反馈电路。电阻 R_{E1} 和 R_{E2} 均出现在直流通路中，因而引入了直流反馈，R_{E2} 也出现在交流通路中，对交流信号有反馈作用，因而 R_{E2} 既引入直流反馈，也引入了交流反馈，R_{E1} 被旁路电容 C_E 短路了，它没有引入交流反馈。

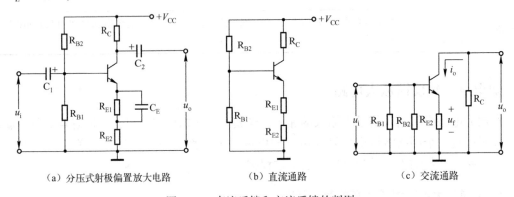

图 4.25　直流反馈和交流反馈的判别

（3）串联反馈和并联反馈。反馈的串、并联类型是指反馈信号影响输入信号的方式即在输入端的连接方式。串联反馈是指净输入电压和反馈电压在输入回路中的连接形式为串联，即以电压串联的形式叠加；而并联反馈是指净输入电流和反馈电流在输入回路中并联，即以电压串联的形式叠加。

如图 4.26 所示，反馈信号是以电压的形式出现在输入回路中的，反馈信号与输入信号相串联，因此是串联反馈。由此可知，图 4.25 所示 R_{E1}、R_{E2} 引入的反馈是串联反馈。

如图 4.27 所示，反馈信号是以电流的形式出现在输入回路中的，反馈信号与输入信号相并联，因此是并联反馈。显然，图 4.28 中 R_f 引入了并联反馈。

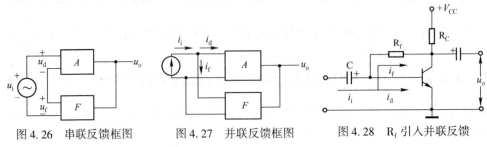

图 4.26　串联反馈框图　　图 4.27　并联反馈框图　　图 4.28　R_f 引入并联反馈

(4) 电流反馈和电压反馈。电压反馈和电流反馈是指反馈信号取自输出信号的形式。反馈信号取自于输出电压,是电压反馈,电压反馈中反馈量与放大电路输出电压成正比;反馈信号取自于输出电流,是电流反馈,其反馈量与输出电流成正比。通常,采用将负载电阻短路的方法来判别电压反馈和电流反馈,具体方法是:若将负载电阻短路,如果反馈作用消失,则为电压反馈;如果反馈作用存在,则为电流反馈。

如图 4.29 所示,反馈信号取自输出电流并与之成正比,是电流反馈;在前述图 4.25(c) 中,u_f 取自输出电流并与之成正比,因而是电流反馈。

如图 4.30 所示,反馈信号取自输出电压并与之成正比,是电压反馈;在图 4.31 中,因为 $u_f = u_o$,所以是电压反馈。

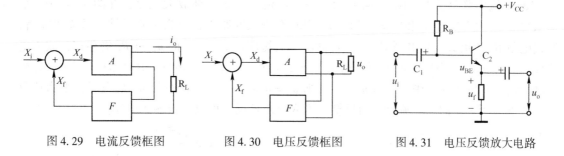

图 4.29 电流反馈框图　　图 4.30 电压反馈框图　　图 4.31 电压反馈放大电路

3. 负反馈四种基本组态及判断

在放大电路中负反馈主要分为四种基本组态:即电压串联负反馈、电压并联负反馈、电流串联负反馈和电流并联负反馈。对这四种组态的简单判断方法是:

(1) 反馈电路直接从输出端引出的,是电压反馈;从负载电阻靠近地端引出的,是电流反馈。

(2) 输入信号和反馈信号分别加在两个输入端(同相和反相)上的是串联反馈;加在同一个输入端(同相或反相)上的是并联反馈。即:输入信号与反馈信号不在同一电极是串联反馈,输入信号与反馈信号在同一电极是并联反馈。下面通过具体电路进行分析。

① 电压串联负反馈。如图 4.32 所示的电路是电压串联负反馈电路,其中基本放大电路是一个集成运放,由电阻 R_1、R_2 组成的分压器就是反馈网络。判别反馈极性采用瞬时极性法,即假设在同相输入端接入一电压信号 u_i,设其瞬时极性为正(对地),因为输出端与同相输入端极性一致也为正,u_o 经 R_1、R_2 分压后 N 点电位仍为正,而在输入回路中有 $u_i = u_d + u_f$,则 $u_d = u_i - u_f$,由于 u_f 的存在使 u_d 减小了,因而所引入的反馈为负反馈;由于反馈信号在输入回路中与输入信号串联,故为串联反馈;从输出端看,R_1、R_2 组成分压器,将输出电压的一部分取出作为反馈信号

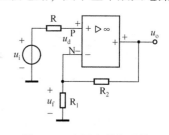

图 4.32 电压串联负反馈
　　　　放大电路

$u_f = \dfrac{R_1}{R_1 + R_2} u_o$,所以为电压反馈。综合上面的三点可知,图 4.32 所示电路中引入的反馈为电压串联负反馈。

再如由分立元件构成的反馈放大电路,如图 4.31 所示,设放大管基极电位为正,射极电位为正,则 $u_i = u_{BE} + u_f$,而 $u_{BE} = u_i - u_f$,因为 u_f 的存在使 u_{BE} 比 u_i 小了,因而为负反馈。

又因为电路中 $u_f = u_o$，故为电压负反馈；反馈信号以电压形式出现在输入回路中并与输入电压 u_i 相串联，所以是串联反馈。由此可知图 4.31 所示所引入的反馈也为电压串联负反馈。引入电压负反馈可以稳定放大电路的输出电压。

② 电压并联负反馈。图 4.33 所示是一个电压并联负反馈放大电路，从图 4.33 输入端看，反馈信号 i_f 与输入信号 i_d 相并联，所以为并联反馈；从输出端看，反馈电路（由 R_f 构成）与基本放大电路和负载 R_L 相并联，若将输出端短路，反馈信号就消失了，这说明反馈信号与输出电压成正比，因而为电压反馈。设某一瞬间输入 u_i 为正，则 u_o 为负，i_f 和 i_d 的方向如图 4.33 中所标，可见净输入电流 $i_d = i_i - i_f$，由于 i_f 的存在，i_d 变小了，故为负反馈。由上述分析可知，电路所引反馈为电压并联负反馈。

③ 电流串联负反馈。图 4.34 所示是一个电流串联负反馈放大电路，在图 4.34 中，反馈信号 u_f 与输入信号 u_i 和净输入信号 u_d 串联在输入回路中，故为串联反馈；从输出端看，反馈电阻 R_f 和负载电阻 R_L 相串联，若输出端被短路即 $u_o = 0$，而 $u_f = i_o R_f$ 仍存在，故为电流反馈；设 u_i 瞬时极性对地为正，输出电压 u_o 对地也为正，i_o 流向如图 4.34 中所示，u_f 极性已标出，在输入回路中有 $u_i = u_d + u_f$，则 $u_d = u_i - u_f$，u_f 的存在使 u_d 减小了，则为负反馈。故电路所引反馈为电流串联负反馈，引入电流负反馈可以稳定输出电流。

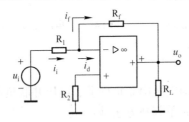 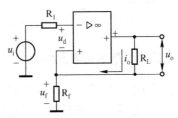

图 4.33 电压并联负反馈放大电路　　图 4.34 电流串联负反馈放大电路

④ 电流并联负反馈。图 4.35 所示是一个电流并联负反馈放大电路，在图 4.35 中，反馈信号与净输入信号相并联，故为并联反馈；若将 R_L 短路，则 $u_o = 0$，而反馈信号 i_f 仍存在，故为电流反馈；设 u_i 瞬时极性为正，输出电压 u_o 为负，则 i_f 及 i_i 方向如图 4.35 中所标，$i_d = i_i - i_f$，故为负反馈。由此分析可知，电路所引反馈为电流并联负反馈。

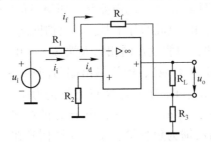

图 4.35 电流并联负反馈放大电路

项目实施　红外线报警器制作

1. 集成运算放大器分类和使用原则

（1）常用集成运算放大器。见表 4-4 所示。

表4-4 常用集成运算放大器

型号	功能简介	型号	功能简介
LM386-1/3/4	音频放大器	LF351	BI-FET单运算放大器
LM380	音频功率放大器	LF353	BI-FET双运算放大器
LM3886	音频大功率放大器	LF356	BI-FET单运算放大器
MC34119	小功率音频放大器	LF357	BI-FET单运算放大器
TBA820M	小功率音频放大器	LF411	BI-FET单运算放大器
LM741	通用型运算放大器	TL061	BI-FET单运算放大器
LM301	通用型运算放大器	TL081	BI-FET单运算放大器
LM308	通用型运算放大器	TL062	BI-FET双运算放大器
LM358	通用型双运算放大器	TL072	BI-FET双运算放大器
LM124/224/324	通用型四运算放大器（军用档/工业档/民用档）	TL082	BI-FET双运算放大器
LM148	四运算放大器	LF412	BI-FET双运算放大器
LM2902	四运算放大器	TL064	BI-FET四运算放大器
LM348	四运算放大器	TL074	BI-FET四运算放大器
LM3900	四运算放大器	TL084	BI-FET四运算放大器
CD4573	四可编程运算放大器	CA3130	高输入阻抗运算放大器
LM1458	双运算放大器	CA3140	高输入阻抗运算放大器
LM2904	双运算放大器	LM725	高精度运算放大器
NE592	视频放大器	LM733	带宽运算放大器
OP07-CP/DP	精密运算放大器	LF347	带宽四运算放大器
LM318	高速运算放大器	LF398	采样保持放大器
NE5532	高速低噪声双运算放大器	ICL7650	斩波稳零放大器
NE5534	高速低噪声单运算放大器	TL022	双组低功率通用型运放

集成运算放大器按照参数分类，常用的有：

① 通用型运算放大器。通用型运算放大器是以通用为目的而设计的，这类器件的主要特点是价格低廉、产品量大面广，其性能指标能适合于一般性使用。目前应用最为广泛的有 μA741/LM741（单运放）、LM358（双运放，可单电源供电）、LM324（四运放，可单电源供电）、LF356（单运放，场效应管为输入级）。

② 高阻型运算放大器。这类集成运算放大器的特点是差模输入阻抗非常高，输入偏置电流非常小，但输入失调电压较大。常见的器件有 LF355（单运放）、LF356（单运放）、LF347（四运放）及更高输入阻抗的 CA3130（单运放）、CA3140（单运放）等。

③ 低温漂型运算放大器。低温漂型运算放大器的失调电压小，且不随温度的变化而变化，在精密仪器、弱信号检测等自动控制仪表中，该类运算放大器得到广泛采用。目前常用的低温漂型运算放大器有 OP-07、OP-27、AD508 等。

④ 精密型运算放大器。运算放大器有很好的精确度，特别是输入失调电压、输入偏置电流、温度漂移系数、共模抑制比等参数较好。其典型产品有 TLC4501/TLC4502、

TLE2027/TLE2037、TLE2022、TLC2201、TLC2254 等。

⑤ 低噪声型运算放大器。低噪声型运算放大器也属于精密型运算放大器,常用产品有 TLE2027/TLE2037、TLE2227/TLE2237、TLC2201、TLV2362/TLV2262 等。

⑥ 高速型运算放大器。高速型运算放大器主要特点是具有高的转换速率和宽的频率响应,主要应用在快速 A/D 和 D/A 转换器、视频放大器中。常见的运放有 LM318、μA715、TLE2037/TLE2237、TLV2362、TLE2141/TLE2142/TLE2144、TLLE20171、TLE2072/TLE2074 等。

⑦ 低电压、低功耗型运算放大器。这类运算放大器使用低电源电压供电,消耗功率低,适用便携式仪器应用场合。常用的运算放大器有 TL022、TL060、TLV2211、TLV2262、TLV2264、TLE2021、TLC2254、TLV2442、TLV2341 等。目前有的产品功耗已达 mW 级,如 ICL7600 的供电电源为 1.5 V,功耗为 10 mW,可采用单节电池供电。

⑧ 高压大功率型运算放大器。在普通的运算放大器中,输出电压的最大值一般仅几十伏,输出电流仅几十毫安,若要提高输出电压或增大输出电流,集成运算放大器外部必须要加辅助电路。高压大电流集成运算放大器外部不需附加任何电路,即可输出高电压和大电流。例如 μA791 集成运算放大器的输出电流可达 1 A;3583 的电源电压达 ±150 V,输出电压可达 ±140 V;LM12CL 输出电流 ±10 A,功率可达 80 W。

(2) 集成运算放大器的电源供给方式。通常,集成运算放大器有两个电源接线端:$+V_{CC}$ 和 $-V_{EE}$,但有不同的电源供给方式。对于不同的电源供给方式,对输入信号的要求是不同的,运算放大器的输出电压也要受供电电源的限制,应用时要考虑电源供给方式。

① 对称双电源供电方式。大部分的运算放大器采用这种方式供电。相对于公共端(地)的正电源与负电源分别接于运放的 $+V_{CC}$ 和 $-V_{EE}$ 管脚上。在这种方式下,可把信号源直接接到运放的输入脚上,输出电压的幅度最大可达正、负对称电源电压。

② 单电源供电方式。单电源供电是将运放的 $-V_{EE}$ 管脚连接到地上,为了保证运放内部单元电路在单电源时具有合适的静态工作点,在运放输入端一定要加入一直流电位。此时运放的输出是在某一直流电位基础上随输入信号变化。单电源供电的运算放大器的最大输出电压近似为 $V_{CC}/2$。

大部分运算放大器要求双电源供电,只有少部分运算放大器,如 LM358、LM324、CA3140 等,可以在单电源供电状态下工作。对于单电源供电的运算放大器,不仅可以在单电源条件下工作,也可在双电源供电状态下工作。例如 LM324,可以在 +5 ~ +12 V 单电源供电状态下工作,也可以在 ±5 ~ ±12 V 双电源供电状态下工作。在仅需用作放大交流信号的线性应用电路中,为简化电路,可将双电源供电的集成运算放大器改成单电源供电。

(3) 集成运算放大器外接电阻的选择。

① 平衡电阻。应使集成运算放大器的反相和同相输入端外接直流通路等效电阻平衡。图 4.36 为运算放大器 μA741 的引脚图和反相比例运算电路接线图,在 μA741 的同相输入端,如图 4.36(b)所示,应取 $R_2 = R_1 // R_f$。

② 反馈电阻取值范围。一般集成运算放大器的最大输出电流 $I_{oM} \approx (5 \sim 10)$ mA,如图 4.36(b)所示,用运算放大器 μA741 构成的反相比例放大电路,流过反馈电阻 R_f 的电流 i_f 应满足下列要求:$i_f = \left| \dfrac{u_o}{R_f} \right| \leq I_{oM}$。输出电压 u_o 一般为伏级,故 R_f 至少取 kΩ 以上的数量级。

R_f 和 R_1 取值太小，会增加信号源的负载。如果取用 MΩ 级，也不合适，其原因有二：一方面，电阻值越大，绝对误差越大，且电阻会随温度和时间变化产生误差，使阻值不稳定，影响精度；另一方面，集成运算放大器失调电流会在外接高阻值电阻时引起较大的误差。所以，集成运算放大器的外接电阻值尽可能选用几千欧至几百千欧。

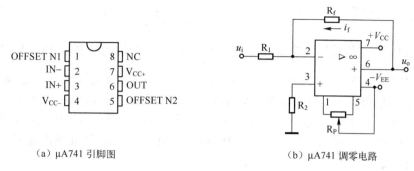

(a) μA741 引脚图　　　　(b) μA741 调零电路

图 4.36　μA741 电路

（4）集成运算放大器的调零问题。由于集成运算放大器的输入失调电压和输入失调电流的影响，当运算放大器组成的线性电路输入信号为零时，输出往往不等于零。为了提高电路的运算精度，要求对失调电压和失调电流造成的误差进行补偿，这就是运算放大器的调零。常用的调零方法有内部调零和外部调零，对于没有内部调零端子的集成运算放大器，要采用外部调零方法。

① 内部调零。对有外接调零端的集成运算放大器（通常是单运算放大器），可通过外接调零元件进行调零，如图 4.36（a）所示，μA741 具有内部调零引脚端 OFFSET N1 和 OFFSET N2，将 OFFSET N1 和 OFFSET N2 引脚端外接调零电阻 R_P，如图 4.36（b）所示，调节 R_P 使输出为零，即可实现内部调零，其中电位器 R_P 宜选择温度系数小的线绕电位器。

② 外部调零。当集成运算放大器没有调零引脚端时（通常是多运算放大器芯片），为了减小输出失调电压特别是运放用在直流放大时的影响，可选失调电压更低的运算放大器，也可采用外加补偿电压的方法进行调零。补偿调零的基本原理是：在集成运算放大器输入端施加一个补偿电压，以抵消失调电压和失调电流的影响，使输出为零，如图 4.37 所示。

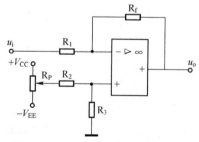

图 4.37　外部调零电路

2. 红外线报警器制作

如图 4.1 所示，电路由传感器电路、放大电路、比较器、基准电压和指示电路组成。传感器电路由 SD02 型热释电人体红外传感器、R_1 及 C_3 组成，放大电路由运放 A_1、A_2 及外围元件组成，比较器电路由运放 A_3、A_4 及外围元件组成，指示电路由发光二极管等组成，基准电压由电阻 R_{10}、R_{11} 及 R_{12} 组成。

当人体进入传感器监测范围时，传感器产生一个交流信号（约 1 mV），频率与人体移动速度有关（正常行走速度，频率约为 6 Hz），传感器信号送到运算放大器 A_1 同相输入端，

放大倍数为 $A_{uf1} = 1 + \dfrac{R_4}{R_2}$，输出信号经过电容 C_6 耦合到运算放大器 A_2 的反相输入端，其放大倍数为 $A_{uf2} = -\dfrac{R_8}{R_5}$，因此两级运算放大电路的总电压放大倍数为 $A_{uf} = A_{uf1} \cdot A_{uf2}$。$A_3$ 和 A_4 构成双限电压比较器，A_3 参考电位为 $U_A = \dfrac{R_{11} + R_{12}}{R_{10} + R_{11} + R_{12}} V_{CC}$，$A_4$ 参考电位为 $U_B = \dfrac{R_{12}}{R_{10} + R_{11} + R_{12}} V_{CC}$。在传感器无输出信号时，运放 A_1 静态输出电压在 0.4~1 V 之间，A_2 直流输出电压为 2.1 V 左右，由于 $U_B < 2.1 \text{ V} < U_A$，故运放 A_3 输出低电平，A_4 输出高电平，二极管 VD_3、VD_4 均不亮。当人体进入监测范围内，传感器信号经运放 A_1 和 A_2 放大后输出电压 $U_{o2} > 2.7 \text{ V}$，A_3 输出高电平，二极管 VD_4 点亮、VD_3 不亮；当人体退出监测范围，输出电压 $U_{o2} < 1.5 \text{ V}$，二极管 VD_3 点亮、VD_4 不亮。当人体在监测范围内走动时，二极管 VD_3、VD_4 交替点亮。

完成本项目所需仪器仪表及材料如表 4-5 所示。

表 4–5

序号	名称	型号	数量	备注
1	直流稳压电源	DF1731SD2A	1 台	
2	数字万用表/模拟万用表	DT9205/MF47	1 只	
3	电工工具箱	含电烙铁、斜口钳等	1 套	
4	万能电路板	10 cm × 5 cm	1 块	
5	集成运算放大器	LM358	2 只	
6	集成电路插座	集成电路 8 脚插座	2 只	
7	二极管	1N4001	2 只	
8	发光二极管	φ3.5 绿色、红色	各 1 只	
9	热释电人体红外传感器 PY	SD02	1 只	
10	电阻	51 kΩ 43 kΩ 100 kΩ 2 MΩ 24 kΩ 18 kΩ 200 Ω	3 只 3 只 1 只 2 只 2 只 1 只 2 只	
11	电容	100 μF 0.1 μF 1000 pF 4.7 μF 0.01 μF 10 μF	1 只 1 只 2 只 1 只 2 只 2 只	

习 题 4

4.1 理想运放的主要参数 A_{uo}、R_o、R_i、f_{BW} 各为多少？

4.2 集成运放应用于信号运算时工作在什么区域?用于比较器时工作在什么区域?

4.3 理想运放工作在线性区和非线性区各有什么特点?各有什么重要关系式?

4.4 反相比例电路如图4.38所示 $R_1 = 10\text{ k}\Omega$, $R_f = 30\text{ k}\Omega$,试估算它的电压放大倍数和平衡电阻 R_2 的值。

4.5 电路如图4.39所示,理想运放的最大输出电压为 ±10 V, $R_1 = 10\text{ k}\Omega$, $R_f = 390\text{ k}\Omega$, $R_2 = R_1 // R_f$,当输入电压等于0.2 V时,求各种情况的输出电压值:(1)正常情况;(2)电阻 R_1 开路;(3)电阻 R_f 开路。

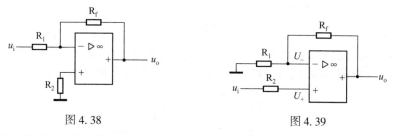

图4.38　　　　　　　　图4.39

4.6 试比较反相输入比例运算电路和同相输入比例运算电路的特点（A_{uf}、R_i、共模输入信号、负反馈组态等）。

4.7 为什么集成运放组成多输入运算电路时一般多采用反相输入形式,而较少采用同相输入形式?

4.8 分别用一级和两级运放,设计满足关系式 $u_o = 2.5 u_i$ 的运算电路,画出电路图,算出电路中所有电阻值（反相输入电阻不小于10 kΩ）。

4.9 试用集成运放实现求和运算:(1) $u_o = -(u_{i1} + 2u_{iu})$;(2) $u_o = u_{i1} + 5u_{i2}$。要求对各个输入信号输入电阻不小于5 kΩ,请画出电路的结构形式并确定电路参数。

4.10 在分析工作在线性区的集成运放时运用"虚短"、"虚断"和"虚地"的概念,它们的实质是什么?

4.11 设图4.40所示各电路中的集成运放是理想的,试分别求出它们的输出电压与输入电压的函数关系式,并指出哪个电路对运放的共模抑制比要求不高?为什么?

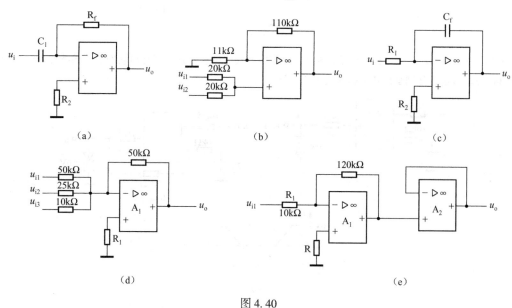

图4.40

4.12 基本积分电路及输入波形 u_i 如图4.41所示, u_i 的重复周期 $T = 4\text{ s}$,幅度为 ±2V,当电阻、电容分别为下列数值时:(1) $R_1 = 1\text{ M}\Omega$, $C = 1\text{ μF}$;(2) $R_1 = 1\text{ M}\Omega$, $C = 0.5\text{ μF}$。试画出相应的输出电压波形。

已知集成运放的最大输出电压 $U_{oPP} = \pm 12\,\text{V}$，假设 $t = 0$ 时积分电容上的电压等于零。

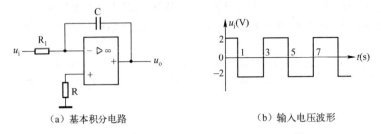

（a）基本积分电路 　　　　　　（b）输入电压波形

图 4.41

4.13　电压比较器电路如图 4.42 所示，指出电路属于何种类型的比较器（过零、单门限、迟滞），画出它的传输特性。设集成运放的 $U_{oH} = +12\,\text{V}$，$U_{oL} = -12\,\text{V}$，各稳压管的稳压值 $U_{DZ} = \pm 6\,\text{V}$。

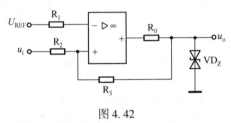

图 4.42

4.14　图 4.43 所示为单门限电压比较器，当 u_i 为正弦波时，试分别画出如图所示不同参考电压 U_{R1}、U_{R2} 下的输出电压波形。

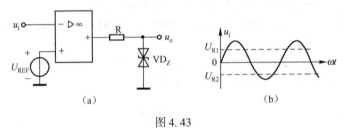

图 4.43

4.15　求图 4.44（a）、(b) 中所示各电压比较器的阈值电压，并分别画出它们的传输特性。u_i 波形如图 4.44（c）所示，分别画出各电路输出电压的波形。

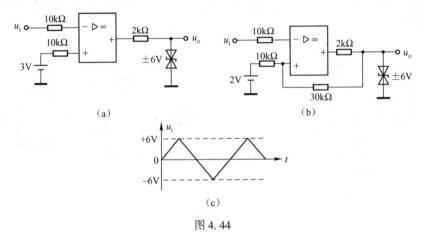

图 4.44

4.16 迟滞比较器电路框图如图4.45所示,试计算其阈值电压 U_{T+} 和 U_{T-} 及其回差电压,画出其传输特性;当 $u_i = 6\sin\omega t$ V 时,试画出输出电压 u_o 的波形。

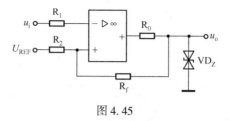

图 4.45

4.17 判断图4.46中所示各电路引入的反馈类型。

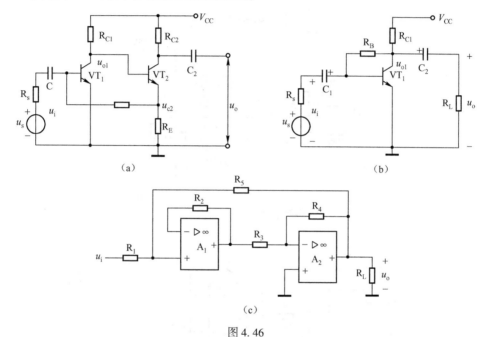

图 4.46

4.18 图4.46(c)中,A_1、A_2 为理想集成运放。问:
(1) 第一级与第二级在反馈接法上分别是什么组态?
(2) 从输出端引回到输入端的级间反馈是什么组态?

4.19 负反馈对放大电路性能有哪些主要影响?要提高某放大电路的输入电阻稳定输出电压应引入什么组态的负反馈?

4.20 反相比例运算电路中引入深度负反馈,其电压放大倍数 $A_{uf} = -R_f/R_1$,而与运放的开环放大倍数无关,所以有人说可以把运放用任何基本放大电路代替,A_{uf} 不变,这种说法对吗?

4.21 设图4.47所示电路满足深度负反馈条件,试估算闭环电压增益 $A_{uf} = ?$

4.22 在图4.48所示电路中,R_f 和 C_f 均为反馈元件,$R_L = 8\Omega$,设三极管饱和管压降为 0 V。
(1) 为稳定输出电压 u_o,需正确引入负反馈,试画出 R_f、C_f 接入电路的连线,并说明反馈类型;
(2) 若使闭环电压增益 $A_{uf} = 10$,确定 $R_f = ?$

4.23 如图4.49所示电路,已知:$U_{i1} = 4$ V,$U_{i2} = 1$ V,问:
(1) 当开关 S 打开时,写出 U_{o3} 和 U_{o1} 之间的关系式;
(2) 写出 U_{o4} 与 U_{o2} 和 U_{o3} 之间的关系式;
(3) 当开关 S 闭合时,分别求 U_{o1}、U_{o2}、U_{o3}、U_{o4} 值(对地的电位);

(4) 设 $t=0$ 时将 S 打开,问经过多长时间 $U_{o4}=0$?

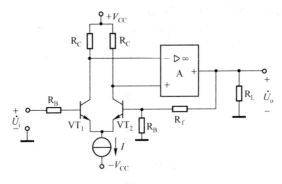

图 4.47

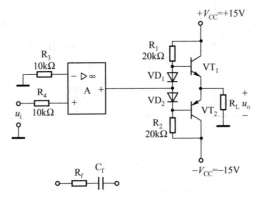

图 4.48

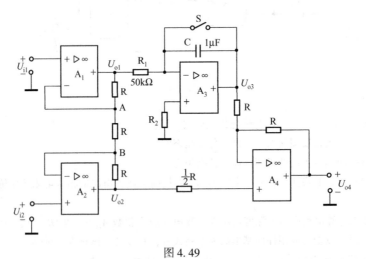

图 4.49

项目5　简易函数信号发生器制作

学习目标

通过本项目的制作训练，使学生掌握集成运算放大器的基本知识和基本应用电路，掌握正弦波产生电路、三角波产生电路、方波产生电路和矩形波产生电路的分析、制作和测试，能够按照工艺要求进行简单电子产品电路装配焊接，并利用仪器仪表进行元器件检测和电路调试。

工作任务

采用集成运算放大器制作简易函数信号发生器电路，撰写项目制作报告。

简易函数信号发生器电原理图如图 5.1 所示。

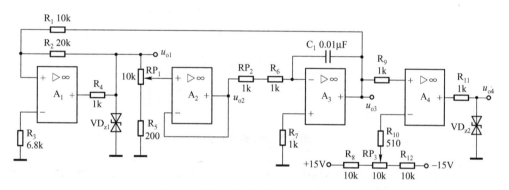

图 5.1　简易函数信号发生器电原理图

技能训练 16　正弦波产生电路制作与测试

完成本任务所需仪器仪表及材料如表 5-1 所示。

表 5-1

序　号	名　　称	型　号	数量	备注
1	直流稳压电源	DF1731SD2A	1 台	
2	数字万用表/模拟万用表	DT9205/MF47	1 只	
3	20MHz 双踪示波器	YB4320A	1 台	
4	函数信号发生器	DF1641A	1 台	
5	电工工具箱	含电烙铁、斜口钳等	1 套	

续表

序号	名 称	型 号	数 量	备 注
6	万能电路板	10 cm×5 cm	1 块	
7	电阻 电阻 电容	10 kΩ 1 kΩ 0.01 μF	2 只 2 只 2 只	
8	电位器	10 kΩ	1 只	
9	二极管	1N4003	2 只	
10	运算放大器	LF353	1 只	
11	集成电路插座	集成电路 8 脚插座	1 只	

任务书 5-1

任务名称	正弦波产生电路制作与测试
测量电路图	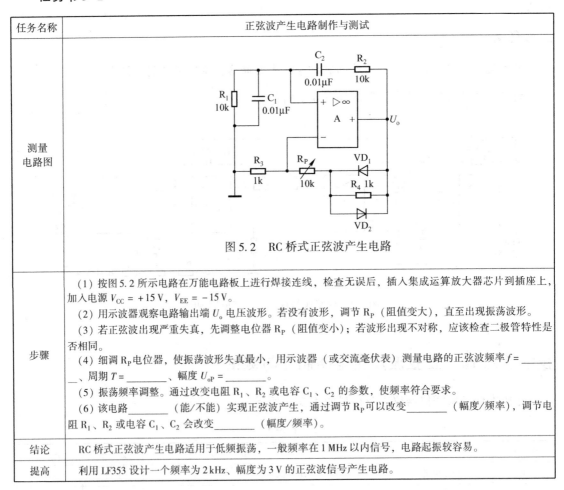 图 5.2 RC 桥式正弦波产生电路
步骤	（1）按图 5.2 所示电路在万能电路板上进行焊接连线，检查无误后，插入集成运算放大器芯片到插座上，加入电源 V_{CC} = +15 V，V_{EE} = -15 V。 （2）用示波器观察电路输出端 U_o 电压波形。若没有波形，调节 R_P（阻值变大），直至出现振荡波形。 （3）若正弦波出现严重失真，先调整电位器 R_P（阻值变小）；若波形出现不对称，应该检查二极管特性是否相同。 （4）细调 R_P 电位器，使振荡波形失真最小，用示波器（或交流毫伏表）测量电路的正弦波频率 f = _____、周期 T = _____、幅度 U_{oP} = _____。 （5）振荡频率调整。通过改变电阻 R_1、R_2 或电容 C_1、C_2 的参数，使频率符合要求。 （6）该电路_____（能/不能）实现正弦波产生，通过调节 R_P 可以改变_____（幅度/频率），调节电阻 R_1、R_2 或电容 C_1、C_2 会改变_____（幅度/频率）。
结论	RC 桥式正弦波产生电路适用于低频振荡，一般频率在 1 MHz 以内信号，电路起振较容易。
提高	利用 LF353 设计一个频率为 2 kHz、幅度为 3 V 的正弦波信号产生电路。

知识点　正弦波振荡电路

正弦波振荡电路是一种基本模拟电子电路，是常用的一种信号源，在测量、自动控制、通信和热处理等许多技术领域中都有着广泛的应用。

1. 产生正弦振荡的条件

正弦振荡电路由基本放大电路、正反馈支路、选频网络和稳幅电路四部分组成。正反馈放大电路框图如图 5.3 所示,其中 $\dot{A}$ 为放大倍数,$\dot{F}$ 为反馈系数。若在放大器的输入端有一个瞬时干扰信号 u_i,u_i 经放大电路和反馈电路后,在输入端得到一个反馈信号 u_f,若 u_f 比 u_i 大,且同相位,这样 u_i 就会在放大、反馈和再放大、再反馈中逐渐增大,最后由于电路的限幅而在电路的输出端得到一个稳定的输出信号,这种情况称电路产生了自激振荡。可见,电路产生自激振荡的条件为:$\dot{A}\dot{F} = 1$。

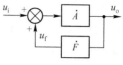

图 5.3　正反馈放大电路

正弦振荡电路就是满足一定条件的没有输入信号却有稳定输出信号的正反馈选频放大电路。包括以下两个条件:

(1) 幅值平衡条件。$AF = 1$,表示反馈信号与输入信号的大小相等。

(2) 相位条件。要求反馈信号与输入信号的相位相同,即必须是正反馈。

2. RC 正弦振荡电路

由电阻、电容元件组成选频网络的正弦波振荡电路称为 RC 正弦振荡电路。常见的 RC 振荡电路为 RC 桥式振荡电路,又称文氏电桥正弦波振荡电路,如图 5.4 所示。

RC 桥式振荡电路由基本放大器和带选频网络的正反馈支路构成,基本放大电路为集成运放组成的电压串联负反馈放大器。Z_1、Z_2 组成兼做选频的正反馈支路。图中 Z_1、Z_2、R_1、R_f 正好形成一个四臂电桥,其对角线两顶点接到运放的两个输入端,因而得名为桥式正弦振荡电路。电路起振的条件为:

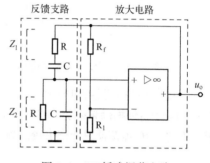

图 5.4　RC 桥式振荡电路

$$A_u = 1 + \frac{R_f}{R_1} > 3$$

电路的振荡频率为:

$$f = \frac{1}{2\pi RC}$$

在 RC 桥式振荡电路中,为了顺利起振,电压放大倍数应满足 $A_u > 3$,但只有在 A_u 略大于 3 时,其输出波形为正弦波。如果 A_u 远大于 3,则因振幅的增长,致使运算放大器工作在非线性区域,波形将产生严重的非线性失真。为了改善输出电压幅度的稳定问题,可以在放大电路的负反馈回路里采用非线性元件来自动调整反馈的强弱,以维持输出电压的稳定。例如,在图 5.4 所示电路中,R_1 可用一个具有正温度系数的热敏电阻代替,或者 R_f 用一个具有负温度系数的热敏电阻代替,当输出电压 u_o 的幅度增加时,流过 R_1 和 R_f 上的电流增大,R_1 和 R_f 上的功耗随之增大,导致温度升高,因此,放大倍数 A_u 减小,u_o 也随之减小;反之,当 u_o 下降时,由于热敏电阻的自动调节作用,将使 u_o 回升,维持输出电压基本稳定。

利用二极管进行稳幅的 RC 桥式振荡电路如图 5.5 所示,图中 VD_1、VD_2 的作用是,当

u_o 幅值很小时，二极管 VD_1、VD_2 相当于开路，由 VD_1、R_{f1}、VD_2 组成的并联支路的等效电阻近似为 R_{f1}，电压放大倍数 $A_u = \dfrac{R_{f1} + R_{f2}}{R_1}$，有利于起振；当 u_o 幅值较大时，二极管 VD_1、VD_2 导通，由 VD_1、R_{f1}、VD_2 组成的并联支路的等效电阻减小，电压放大倍数 A_u 随之下降，u_o 幅值趋于稳定。

组成频率可调的 RC 桥式振荡电路如图 5.6 所示。在实际电路中，反馈支路电容可以是并联有若干个不同容量的电容 C_{11}、C_{12}、C_{13}、C_{14} 和 C_{21}、C_{22}、C_{23}、C_{24}，通过双联多位开关切换，可以改变振荡频率的范围，实现粗调；电阻 R_{P1}、R_{P2} 是双联同轴电位器，可以对振荡频率进行细调。R_{Pf} 为调节振荡幅度用电位器。

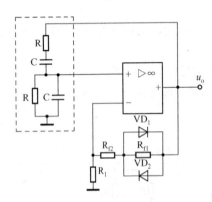

图 5.5 稳幅 RC 桥式振荡电路

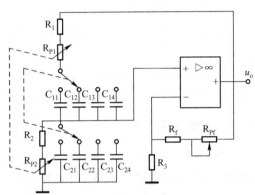

图 5.6 频率可调 RC 桥式振荡电路

当提高 RC 振荡器的振荡频率时，势必减少 R、C 的值，R 的减少会使放大电路的负载加重，而 C 的减少将使振荡频率受电路的寄生电容影响。同时，对运算放大器的带宽也提出了更高的要求。因此，RC 振荡器只能产生较低频率的正弦波，一般适用于振荡频率不超过 1MHz 的场合。

3. LC 正弦振荡器

采用 LC 选频网络构成的正弦振荡电路称为 LC 正弦振荡电路，与 RC 正弦振荡电路相比，它可以产生 1MHz 以上的高频正弦信号。电路的基本形式仍然是一个没有输入信号的正反馈选频放大器。常见电路形式有：变压器反馈式、电感三点式、电容三点式和改进型电容三点式。上述四种电路分别如图 5.7、图 5.8、图 5.9 和图 5.10 所示。四种 LC 振荡器的共同特点是选频网络均是 LC 并联谐振回路，基本放大电路均是分压式偏置的共射电路，LC 振荡器的频率稳定度在 $10^{-4} \sim 10^{-5}$ 之间，振荡频率均为 LC 并联谐振频率。

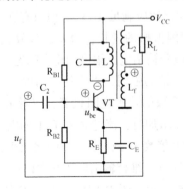

图 5.7 变压器反馈式正弦振荡电路

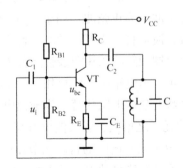

图 5.8 电感三点式正弦振荡电路

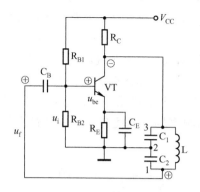
图 5.9 电容三点式正弦振荡电路

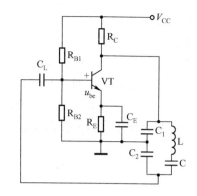
图 5.10 改进型电容三点式正弦振荡电路

4. 石英晶体振荡器

一些要求振荡频率十分稳定的标准信号发生器，如脉冲计数器和计算机中的时钟信号发生器等，一般的 LC 振荡器很难满足要求，往往采用石英晶体振荡器。石英晶体振荡器就是用石英晶体取代 LC 振荡器中的 L、C 元件组成的正弦波振荡器，它的频率稳定度很高。

（1）石英晶体的特性。石英晶体的主要化学成份是 SiO_2，化学和物理性能十分稳定，在晶片的两表面涂敷银层作为电极并引出接线，当对晶片施加交流电压时，晶片会产生机械振动。当对晶片施加周期性的机械压力使它振动时，则在晶片两极会出现周期性交流电，这种现象称为石英晶体的压电效应。当加在石英晶片两极之间的交流电压频率等于晶片的固有频率（与晶片外形尺寸及切割方式有关）时，其振动幅度最大，产生共振，称之为石英晶体的压电谐振。这与 LC 回路的谐振现象非常相似，因此可以把石英晶片等效为一个 LC 谐振电路。石英谐振器的结构、等效电路、符号如图 5.11 所示，等效电路有两个谐振频率，一个是串联谐振频率 f_s，另一个是并联谐振频率 f_p，分别为：

$$f_s = 1/(2\pi \sqrt{LC})$$

$$f_p = 1 / \left(2\pi \sqrt{L\frac{CC_0}{C+C_0}} \right) = f_s \sqrt{1 + \frac{C}{C_0}}$$

其中 $C_0 \gg C$，所以 f_s 和 f_p 很接近。

图 5.12 所示为石英晶体电抗的频率特性曲线，由图可知，当频率在 f_s 和 f_p 之间时，电抗呈感性，由于 f_s 和 f_p 十分接近，因此石英晶体振荡器的频率稳定性非常好，可达 $10^{-7} \sim 10^{-11}$ Hz。

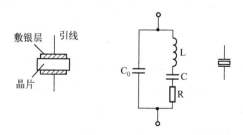
图 5.11 石英谐振器的结构、等效电路、符号

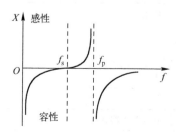
图 5.12 石英晶体振荡器的频率特性曲线

(2)石英晶体振荡器电路形式。石英晶体振荡器分为并联型和串联型两类,图 5.13(a)所示为串联型晶体振荡器,晶体接在 VT_1、VT_2 之间,组成正反馈电路。当信号频率等于石英晶体振荡器的串联谐振频率 f_s 时,晶体呈纯阻性,阻抗最小,这时正反馈作用最强,电路满足自激振荡条件。对其他频率的信号,晶体阻抗增大,且不为纯阻性,不满足自激振荡条件,很快被抑制衰减掉。图 5.13(b)所示为并联型石英晶体振荡器,当信号频率在 f_s 和 f_p 之间时,石英晶体谐振器呈感性,此时晶体等效为一个电感元件,它与 C_1、C_2 构成三点式振荡电路,振荡频率接近 f_p,而在 f_s 和 f_p 之外的频率均不能使晶体呈电感性而被抑制衰减掉。

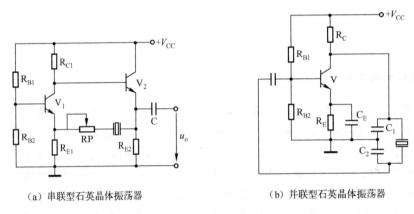

(a)串联型石英晶体振荡器 　　　　(b)并联型石英晶体振荡器

图 5.13　晶体振荡电路

技能训练 17　方波产生电路制作与测试

完成本任务所需仪器仪表及材料如表 5-2 所示。

表 5-2

序　号	名　　称	型　　号	数量	备　注
1	直流稳压电源	DF1731SD2A	1 台	
2	数字万用表/模拟万用表	DT9205/MF47	1 只	
3	20MHz 双踪示波器	YB4320A	1 台	
4	函数信号发生器	DF1641A	1 台	
5	电工工具箱	含电烙铁、斜口钳等	1 套	
6	万能电路板	10 cm × 5 cm	1 块	
7	电阻	1 kΩ 43 kΩ 51 kΩ 10 kΩ	各 1 只	
8	电容	0.1 μF	1 只	
9	双向稳压二极管	DW231	1 只	
10	运算放大器 A	LF353	1 片	
11	集成电路插座	集成电路 8 脚插座	1 只	

任务书 5-2

任务名称	方波产生电路制作与测试
测量电路图	![图5.14 方波产生电路] 图 5.14　方波产生电路
步骤	（1）按图 5.14 所示电路在万能电路板上进行焊接连线，检查无误后，插入集成运算放大器芯片到插座上，加入电源 $V_{CC} = +15\,V$，$V_{EE} = -15\,V$。 （2）用示波器观察电路输出端 u_o 电压波形。若无波形，仔细检查电路连线和焊接，排除电路故障，直至出现波形。 （3）待电路稳定后，用示波器仔细观察波形的前后沿陡度，记录波形。 （4）用示波器（或高频毫伏表）测出方波的频率 f = _____、周期 T = _____、幅度 U_{op} = _____。 （5）该电路_____（能/不能）实现方波产生，通过调节_____可以改变_____（幅度/频率）。
小结	用运算放大器组成的方波产生电路能够产生低频的方波信号，输出方波的前后沿陡度取决于运算放大器的转换速率。
提高	1. 利用运放 LF353 设计一个频率为 1.2 kHz、幅度为 6.5 V 的方波信号产生电路。 2. 利用运放 LF353 设计一个矩形波信号产生电路。

知识点　方波产生电路

图 5.15（a）所示电路为由迟滞比较器构成的方波产生电路，它是在迟滞比较器的基础上增加了一个由 R_f、C 组成的积分电路。迟滞比较器的 U_{TH}、U_{TL} 分别为：

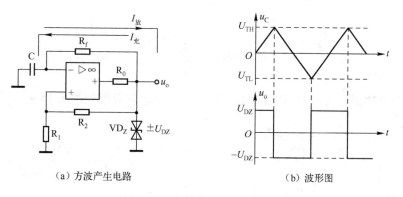

（a）方波产生电路　　　　　　（b）波形图

图 5.15　方波产生电路及波形

$$U_{TH} = \frac{R_1}{R_1 + R_2} U_{DZ}$$

$$U_{TL} = -\frac{R_1}{R_1 + R_2} U_{DZ}$$

其工作过程是：当通电源瞬间，电容 C 两端电压为零，输出高电平 $u_o = U_{DZ}$，此时 $u_o = U_{DZ}$ 的高电平通过 R_f 向 C 充电，u_C 逐渐上升，当 u_C 上升到 U_{TH} 并稍超过后，电路发生转换，$u_o = -U_{DZ}$，当 $u_o = -U_{DZ}$ 后，U_{TH} 要通过 R_f 向 $u_o = -U_{DZ}$ 放电，u_C 由 U_{TH} 逐渐下降，当 u_C 下降到 U_{TL} 并稍小时，电路再次发生转换，周而复始，形成振荡，输出对称方波，如图 5.15（b）所示。可以证明电路的振荡周期和频率为：

$$T = 2R_f C \times \ln\left(1 + \frac{2R_1}{R_2}\right)$$

$$f = \frac{1}{T} = \frac{1}{2R_f C \times \ln\left(1 + \frac{2R_1}{R_2}\right)}$$

改变 R_f 和 C 可改变振荡频率。

为了获得不对称方波，在图 5.15 的基础上稍加改进即成，如图 5.16（a）所示，图中利用二极管的单向导电特性使充放电时间常数不同而得到不对称方波，其中充电回路为 $VD_1 \to R \to C$，充电时间常数 $\tau_{充} = RC$（忽略二极管正向电阻），而放电时间常数 $\tau_{放} = R'C$，u_o 处于高电平，向 C 充电的时间为：

$$T_{充} = RC \times \ln\left(1 + \frac{2R_1}{R_2}\right)$$

u_o 为低电平，u_C 通过 VD_2 放电的时间为：

$$T_{放} = R'C \times \ln\left(1 + \frac{2R_1}{R_2}\right)$$

输出波形的周期为：

$$T = T_{充} + T_{放}$$

占空比为：

$$\frac{T_{充}}{T} = \frac{RC\ln\left(1 + \frac{2R_1}{R_2}\right)}{(R+R')C\ln\left(1 + \frac{2R_1}{R_2}\right)} = \frac{R}{R+R'} = \frac{1}{1 + \frac{R'}{R}}$$

上式表明，改变比值 $\frac{R'}{R}$ 可以调节电路的占空比，u_C 和 u_o 的波形如图 5.16（b）所示。

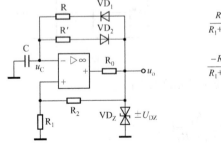

(a) 占空比可调的方波产生电路

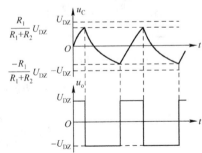

(b) 图(a)所示电路的 u_C 和 u_o 的波形

图 5.16 占空比不对称方波产生电路及波形

技能训练 18　三角波产生电路制作与测试

完成本任务所需仪器仪表及材料如表 5-3 所示。

表 5-3

序号	名称	型号	数量	备注
1	直流稳压电源	DF1731SD2A	1 台	
2	数字万用表/模拟万用表	DT9205/MF47	1 只	
3	20 MHz 双踪示波器	YB4320A	1 台	
4	函数信号发生器	DF1641A	1 台	
5	电工工具箱	含电烙铁、斜口钳等	1 套	
6	万能电路板	10 cm × 5 cm	1 块	
7	电阻	20 kΩ 10 kΩ 1 kΩ	1 只 4 只 1 只	
8	电容	0.022 μf	1 只	
9	双向稳压二极管	DW231	1 只	
10	运算放大器 A	LF353	1 片	
11	集成电路插座	集成电路 8 脚插座	1 只	

任务书 5-3

任务名称	三角波产生电路制作与测试
测量电路图	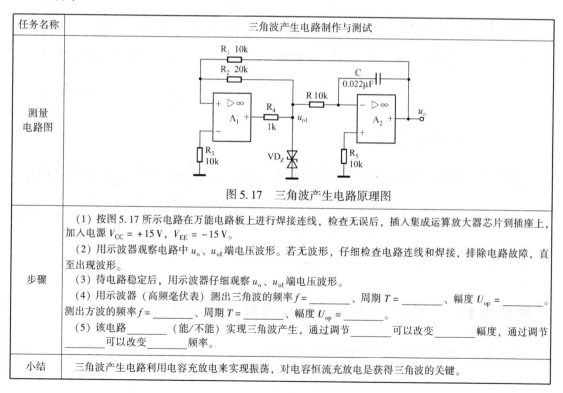 图 5.17　三角波产生电路原理图
步骤	(1) 按图 5.17 所示电路在万能电路板上进行焊接连线，检查无误后，插入集成运算放大器芯片到插座上，加入电源 $V_{CC} = +15$ V，$V_{EE} = -15$ V。 (2) 用示波器观察电路中 u_o、u_{o1} 端电压波形。若无波形，仔细检查电路连线和焊接，排除电路故障，直至出现波形。 (3) 待电路稳定后，用示波器仔细观察 u_o、u_{o1} 端电压波形。 (4) 用示波器（高频毫伏表）测出三角波的频率 $f = $ ＿＿＿＿、周期 $T = $ ＿＿＿＿、幅度 $U_{op} = $ ＿＿＿＿。测出方波的频率 $f = $ ＿＿＿＿、周期 $T = $ ＿＿＿＿、幅度 $U_{op} = $ ＿＿＿＿。 (5) 该电路＿＿＿＿（能/不能）实现三角波产生，通过调节＿＿＿＿可以改变＿＿＿＿幅度，通过调节＿＿＿＿可以改变＿＿＿＿频率。
小结	三角波产生电路利用电容充放电来实现振荡，对电容恒流充放电是获得三角波的关键。

知识点　三角波产生电路

由运放组成的线性积分电路如图5.18（a）所示。运放均采用f_H较高的LF353，其中A_1构成同相输入的迟滞比较器，A_2构成恒流积分电路，A_1输出电压u_{o1}为方波、幅值为U_{DZ}，A_2输出三角波，其电压由比较器A_1的门限电压U_{T+}和U_{T-}决定，u_{o1}和u_o的波形如图5.18（b）所示。

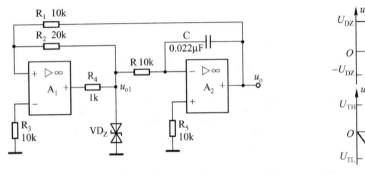

(a) 电路原理图　　　　　　　　(b) 波形图

图 5.18　三角波产生电路及波形

由同相输入迟滞比较器知：

$$U_{TH} = \frac{R_1}{R_2} U_{DZ}, \quad U_{TL} = -\frac{R_1}{R_2} U_{DZ}$$

工作过程为：当刚接上电源时，若$u_C = 0$，$u_{o1} = +U_{DZ}$，u_{o1}通过R向C充电，u_o逐渐线性下降，当u_o下降到$U_{TL} = -\frac{R_1}{R_2} U_{DZ}$时，电路发生转换，$u_{o1} = -U_{DZ}$，此时C通过R反向充电，$u_o$线性上升，当$u_o$上升到$U_{TH} = \frac{R_1}{R_2} U_{DZ}$时，电路再次发生转换，周而复始形成振荡。其中，$u_{o1} = U_{DZ}$，$u_o = U_{TH} = \frac{R_1}{R_2} U_{DZ}$。

振荡周期的计算：根据$u_C(t) = \frac{q(t)}{C}$的公式，得$u_C(t) = \frac{1}{C} it$，其中在$\frac{T}{2}$时间内（即$t_2 - t_1$时间内）$u_{Cp} = U_{TH} - U_{TL} = 2\frac{R_1}{R_2} U_{DZ}$，$i = \frac{u_{o1}}{R}$，$t = t_2 - t_1 = \frac{T}{2}$，有$2\frac{R_1}{R_2} U_{DZ} = \frac{1}{C} \times \frac{u_{o1}}{R} \times \frac{T}{2}$，所以$T = \frac{2R_1}{R_2} \times \frac{U_{DZ}}{u_{o1}} \times 2RC = \frac{4R_1}{R_2} \times RC$，$f = \frac{1}{T} = \frac{R_2}{4R_1 RC}$。

技能训练19　三角波-矩形波转换电路测试与仿真

完成本任务所需仪器仪表及材料如表5-4所示。

表 5-4

序号	名称	型号	数量	备注
1	电脑	安装 Multisim10.0 仿真软件	1 台	
2	直流稳压电源	DF1731SD2A	1 台	
3	数字万用表/模拟万用表	DT9205/MF47	1 只	
4	20MHz 双踪示波器	YB4320A	1 台	
5	函数信号发生器	DF1641A	1 台	
6	电工工具箱	含电烙铁、斜口钳等	1 套	
7	万能电路板	10 cm × 5 cm	1 块	
8	电阻	10 kΩ 1 kΩ 510 Ω	2 只 2 只 1 只	
9	电调电阻	10 kΩ	1 只	
10	电容	0.022 μF	1 只	
11	双向稳压二极管	DW231	1 只	
12	稳压管二极管	1N4755	2 只	
13	运算放大器 A	LF353	1 片	
14	集成电路插座	集成电路 8 脚插座	1 只	

任务书 5-4

任务名称	三角波 – 矩形波转换电路测试与仿真
测量电路图	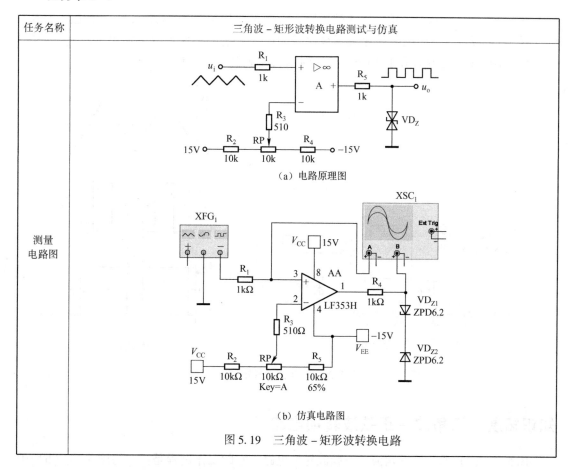 (a) 电路原理图 (b) 仿真电路图 图 5.19 三角波 – 矩形波转换电路

续表

任务名称	三角波-矩形波转换电路测试与仿真
步骤	（1）按图5.19（a）所示电路在万能电路板上进行焊接连线，检查无误后，插入集成运算放大器芯片到插座上，加入电源 $V_{CC}=+15\text{ V}$，$V_{EE}=-15\text{ V}$。 （2）在输入端 u_i 加入三角波信号（幅度5 V、频率1 kHz），调节电位器 R_P 在中间位置，用示波器观察输出端 u_o 电压波形。若无波形，仔细检查电路连线和焊接，调节电位器 R_P，排除电路故障，直至出现波形。 （3）待电路稳定后，用示波器仔细观察 U_o、u_i 端电压波形。 （4）用示波器（高频毫伏表）测出三角波的频率 $f=$ _____、周期 $T=$ _____、幅度 $U_{op}=$ _____。 测出矩形波的频率 $f=$ _____、周期 $T=$ _____、幅度 $U_{op}=$ _____。 （5）调节电位器 R_P，用示波器测量矩形波周期内的高电平时间 $t_2=$ _____ 和低电平时间 $t_1=$ _____，计算占空比 $D=$ _____%。 （6）该电路_____（能/不能）实现三角波向矩形波转换，通过调节电位器 RP 可以改变输出端电压波形的_____（频率/幅度/占空比）。 （7）电路的仿真。 ① 运行 Multisim10 软件，在窗口按图5.19（b）所示绘制电路。设置信号发生器为幅值5 V、1 kHz 三角波，电位器 R_P 置中间。 ② 运行仿真电路，观察示波器 XSC_1 的电压波形。 ③ 改变电位器 R_P 的阻值，运行仿真电路，观察示波器 XSC_1 的电压波形。 ④ 通过电路的仿真，知道调节电位器 R_P 可以改变输出端电压波形的_____（频率/幅度/占空比）。
结论	三角波-矩形波转换电路中，通过调节电位器 R_P 来改变比较器的参考电平，达到改变矩形波的占空比。

知识点　三角波-矩形波转换电路

图5.20（a）所示是用单门限比较器把三角波变成占空比可调的方波的变换电路。调节电位器 RP 可以改变单门限电压比较器被比较的电压 U_{REF}，从而可改变输出方波 u_o 的占空比，图5.20（b）是 U_{REF} 等于2 V 和 -2 V 时输入和输出电压波形图。

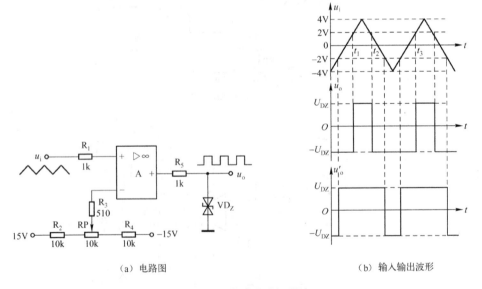

（a）电路图　　　　（b）输入输出波形

图5.20　三角波变成矩形波

知识拓展　三角波-正弦波转换电路

图5.21（a）所示为三角波-正弦波转换电路，它的工作过程是：u_i 为图5.21（b）中

折线 Oab 所示的三角波（只画出了正半周的情况），而下面的曲线为正弦波，可用折线 Ocdefb（b 点与 O 点对称，f 点与 c 点对称）来近似，折线的分段越多，就越接近正弦波。由波形图知三角波输入 u_i 从 0 开始上升，当电压低于 E_1 和 E_2，则 VD_1、VD_2 截止，这时 u_o 上升的斜率由 R 和 R_L 决定且最大（与 VD_1 或 VD_1、VD_2 导通时相比），得图中折线 Oc 段。当 u_i 继续上升，使 u_o 超过 c 点，如果 $E_1 < u_i < E_2$，VD_1 导通，VD_2 仍然截止，将电阻 R_1 接入电路，此时 u_o 上升的斜率取决于 R 和 $R_1 /\!/ R_L$，得 cd 段折线，其上升斜率降低了，u_i 继续上升，$u_i > E_2$ 后 VD_1、VD_2 都导通了，R_2 也被接入，u_o 为斜率更小的 de 段（此时折线斜率由 R 与 $R_1 /\!/ R_2 /\!/ R_L$ 决定）。当 u_i 下降时与上升时类同，可以画出正弦波中 ef 和 fb 段，负半周时 u_i 为负，则二极管和直流电源的极性都应改变，原理同正半周，可得由折线构成的正弦波的负半周，这里不在重复。

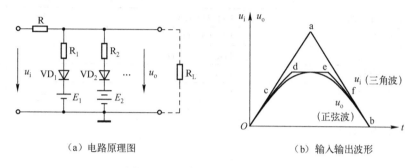

（a）电路原理图　　　　　　　（b）输入输出波形

图 5.21　三角波 – 正弦波转换器

实用三角波 – 正弦波转换电路如图 5.22 所示，输入为三角波，通过同相比例放大器和电阻 R_{12} 输送到三角波 – 正弦波转换器，经变换后的正弦波又通过 R_{32} 和 L_1 相并联的低通滤波电路送给电压跟随器后输出 u_{o5}。工作过程是：当输入三角波电压从 0 开始上升时，$u_i > 0$，随 u_i 的上升，二极管 VD_6、VD_5、VD_2、VD_1 依次导通，将相应电阻 R_{26}、R_{25}、R_{19}、R_{27}、R_{21} 和 R_{20} 依次接入，而当 u_i 下降时 VD_1、VD_2、VD_5、VD_6 又依次截止，电阻 R_{20}、R_{21}、R_{27}、R_{19}、R_{25} 和 R_{26} 又依次被切断，每接入或切断一个电阻，输出波形的折线斜率就改变一次，输出正弦波电压 u_o 的正半周是由 9 段折线组成的。负半周时二极管 VD_8、VD_7、VD_4、VD_3 依次导通，将相应电阻接入又依次切断，9 条折线构成了正弦波输出电压的负半周，经 R_{32} 和 L_1 组成的低通滤波电路滤波后送给电压跟随器，这样就可得正弦波输出电压 u_{o5}。

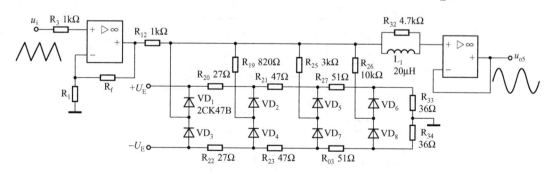

图 5.22　实用三角波 – 正弦波转换电路

项目实施　简易函数信号发生器制作

如图 5.1 所示，电路由集成运算放大器 LF353 为核心器件组成，运放 A_1 组成迟滞比较器的方波产生电路，u_{o1} 端输出方波电压信号；运放 A_2 组成电压跟随器电路，u_{o2} 端输出大小可调的方波电压信号；运放 A_3 组成线性积分电路，u_{o3} 端输出三角波电压信号；运放 A_4 组成参考电压可变的比较器电路，u_{o4} 端输出占空比可调的矩形波电压信号。

完成本项目所需仪器仪表及材料如表 5-5 所示。

表 5-5

序号	名称	型号	数量	备注
1	直流稳压电源	DF1731SD2A	1 台	
2	数字万用表/模拟万用表	DT9205/MF47	1 只	
3	电工工具箱	含电烙铁、斜口钳等	1 套	
4	万能电路板	10 cm × 5 cm	1 块	
5	集成运算放大器	LF353	2 只	
6	集成电路插座	集成电路 8 脚插座	2 只	
7	双向稳压二极管	DW231（±6.2 V）	2 只	
8	电阻	10 kΩ 20 kΩ 6.8 kΩ 1 kΩ 200 kΩ 510 kΩ	3 只 1 只 1 只 5 只 1 只 1 只	
9	可调电阻	10 kΩ 1 kΩ	2 只 1 只	
10	电容	0.01 μF 0.22 μF	1 只 1 只	

习　题　5

5.1　正弦波振荡电路由哪些部分组成？为什么必须有选频网络？

5.2　如图 5.23 所示，已知运算放大器 μA741 的最大输出电压约为 ±14V。

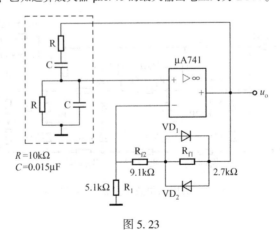

图 5.23

（1）图中用二极管 VD_1、VD_2 作为自动稳幅元件，试分析它的稳幅原理。

（2）设电路已产生稳幅正弦振荡，当输出电压达到正弦波峰值 U_{om} 时，二极管的正向压降约为 0.7V，试粗略估计输出电压的峰值 U_{om}。

（3）试说明当 R_2 不慎短路时，输出电压的数值。

（4）当 R_2 开路时，试定性画出输出的波形，并标明振幅。

5.3 试用相位平衡条件判断图 5.24 所示各电路：

（1）哪些电路可能产生振荡？哪些电路不能产生振荡？

（2）能振荡的电路，求出其振荡频率。

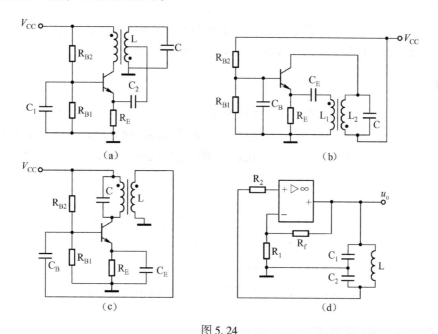

图 5.24

5.4 石英晶体振荡器有哪些主要优点？

5.5 方波产生电路如图 5.25 所示，图中二极管 VD_1、VD_2 相同，电位器 R_P 用来调节输出方波的占空比，试分析它的工作原理并定性画出 $R'=R''$、$R'>R''$、$R'<R''$ 时振荡波形 u_o 及 u_C。

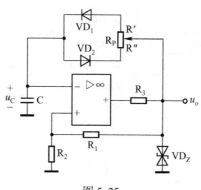

图 5.25

项目6 车载12 V/24 V 转5 V 开关稳压集成电源制作

学习目标

通过本项目的学习，会分析串联稳压电源的工作原理和各元件的作用，掌握三端稳压器件的使用，能够根据参数要求设计与制作直流稳压电源。

工作任务

查阅 LM2754 芯片数据手册，设计电路原理图，将汽车电瓶上的 12 V 或 24 V 电压，转换成 5 V/0.5 A 的电压输出，供给其他设备使用。制作电路并进行测试，撰写项目制作报告。

车载 12 V/24 V 转 5 V 开关稳压集成电源参考电路如图 6.1 所示。

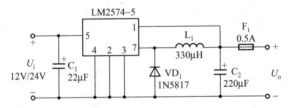

图 6.1 车载 12 V/24 V 转 5 V 开关稳压集成电源电路

技能训练 20 串联稳压电路制作

完成本任务所需仪器仪表及材料如表 6-1 所示。

表 6-1

序号	名 称	型 号	数 量	备 注
1	直流稳压电源	DF1731SD2A	1台	
2	数字万用表/模拟万用表	DT9205/MF47	1只	
3	电工工具箱	含电烙铁、斜口钳等	1套	
4	万能电路板	10 cm×5 cm	1块	
5	三极管	2SD882	1只	
6	稳压二极管	1N4732	1只	
7	集成运放	LM741	1片	
8	电阻	470 Ω	1只	
9	电阻	1 kΩ	2只	
10	可调电阻	4.7 kΩ	1只	
11	负载电阻（2 W）	10 Ω 100 Ω 1 kΩ	各1只	

任务书 6-1

任务名称	串联稳压电路制作
电路图	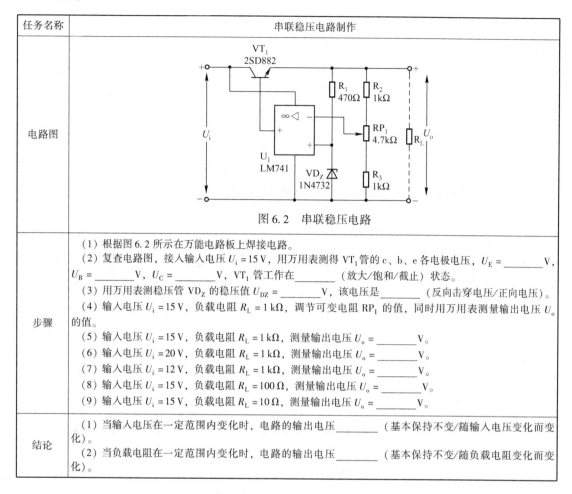 图 6.2　串联稳压电路
步骤	(1) 根据图 6.2 所示在万能电路板上焊接电路。 (2) 复查电路图，接入输入电压 $U_i = 15\text{ V}$，用万用表测得 VT_1 管的 c、b、e 各电极电压，$U_E =$ _____ V，$U_B =$ _____ V，$U_C =$ _____ V，VT_1 管工作在 _____（放大/饱和/截止）状态。 (3) 用万用表测稳压管 VD_Z 的稳压值 $U_{DZ} =$ _____ V，该电压是 _____（反向击穿电压/正向电压）。 (4) 输入电压 $U_i = 15\text{ V}$，负载电阻 $R_L = 1\text{ k}\Omega$，调节可变电阻 RP_1 的值，同时用万用表测量输出电压 U_o 的值。 (5) 输入电压 $U_i = 15\text{ V}$，负载电阻 $R_L = 1\text{ k}\Omega$，测量输出电压 $U_o =$ _____ V。 (6) 输入电压 $U_i = 20\text{ V}$，负载电阻 $R_L = 1\text{ k}\Omega$，测量输出电压 $U_o =$ _____ V。 (7) 输入电压 $U_i = 12\text{ V}$，负载电阻 $R_L = 1\text{ k}\Omega$，测量输出电压 $U_o =$ _____ V。 (8) 输入电压 $U_i = 15\text{ V}$，负载电阻 $R_L = 100\text{ }\Omega$，测量输出电压 $U_o =$ _____ V。 (9) 输入电压 $U_i = 15\text{ V}$，负载电阻 $R_L = 10\text{ }\Omega$，测量输出电压 $U_o =$ _____ V。
结论	(1) 当输入电压在一定范围内变化时，电路的输出电压 _____（基本保持不变/随输入电压变化而变化）。 (2) 当负载电阻在一定范围内变化时，电路的输出电压 _____（基本保持不变/随负载电阻变化而变化）。

知识点　串联稳压电路

串联稳压电路包含基准电压、取样电路、比较放大电路和电压调整器件，组成框图如图 6.3 所示。

由晶体管组成比较放大电路的串联稳压电路如图 6.4 所示，R_2、VD_Z 组成了基准电压电路，VD_Z 为稳压管，R_2 是限流电阻，由 VD_Z 稳压管稳压的 U_{DZ} 为基准电压。R_3、R_4 为采样电阻，通过 R_3、R_4 可以把输出电压 U_o 的变化反映到 VT_2 的基极，VT_2 是晶体管采样信号放大管，R_1 是 VT_2 的集电极电阻，VT_1 是调整管，VT_1 的 U_{CE1} 变化会引起输出电压 U_o 的变化。

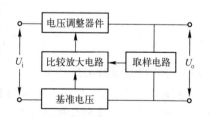

图 6.3　串联稳压电路组成框图

串联稳压电路的作用是在输入电压 U_i 变化或负载的电流 I_L 变化时，保持输出电压 U_o 稳定。图 6.4 所示的串联型稳压电路的工作原理如下：

U_i 变大，输出电压 U_o 变大，取样后的 U_{B2} 变大，由于稳压管的稳压值 U_{DZ} 恒定，则 U_{BE2} 增大，导致 I_{B2}、I_{C2} 增大，使 U_{C2} 即 U_{B1} 下降，于是 U_{BE1} 下降，U_{CE1} 增大，因为 $U_o = U_i - U_{CE1}$，

U_{CE1} 增大导致 U_o 下降,从而保持了 U_o 的稳定,这一过程可表示为:

$$U_i\uparrow \to U_o\uparrow \to U_{B2}\uparrow \to U_{BE2}\uparrow \to I_{B2}\uparrow \to I_{C2}\uparrow \to U_{B1}\downarrow \to U_{BE1}\downarrow \to U_{CE1}\uparrow \to U_o\downarrow$$

U_i 变小时,其过程与上述相反,同样起到调整稳压的作用。当由于 R_L 变化,致使 U_o 变化时,电路调整稳压的过程和上述相同。

串联型稳压电源输出电压的计算如下:

$$\frac{U_{B2}}{R_4} = \frac{U_o}{R_3 + R_4}$$

其中 $U_{B2} = 0.7\,\text{V} + U_{DZ}$,所以,

$$U_o = \frac{(U_{DZ} + 0.7\,\text{V})(R_3 + R_4)}{R_4} \tag{6-1}$$

若 R_3、R_4 可以改变,则可得输出电压可调的稳压电源电路,如图 6.5 所示。

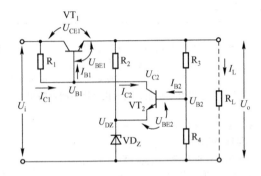

图 6.4 串联稳压电路

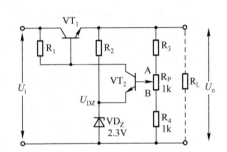

图 6.5 输出电压可调的稳压电路

在图 6.5 中,若 $R_3 = 1\,\text{k}\Omega$,$R_P = 1\,\text{k}\Omega$,$U_{DZ} = 2.3\,\text{V}$,则 U_o 的可调电压范围计算如下:
当 R_P 调到 A 点时,有

$$\frac{0.7\,\text{V} + 2.3\,\text{V}}{R_4 + R_P} = \frac{U_{omin}}{R_3 + R_P + R_4}$$

$$U_{omin} = 3\,\text{V} \times \frac{3\,\text{k}\Omega}{2\,\text{k}\Omega} = 4.5\,\text{V}$$

当 R_P 调到 B 点时,有

$$\frac{0.7\,\text{V} + 2.3\,\text{V}}{R_4} = \frac{U_{omin}}{R_3 + R_P + R_4}$$

$$U_{omin} = 3\,\text{V} \times \frac{3\,\text{k}\Omega}{1\,\text{k}\Omega} = 9\,\text{V}$$

即 U_o 的可调范围为 4.5~9 V。

例 6.1 如图 6.4 所示,$R_3 = 5\,\text{k}\Omega$,$R_4 = 7\,\text{k}\Omega$,$R_1 = 200\,\Omega$,$U_i = 16\,\text{V}$,$U_{DZ} = 6.3\,\text{V}$,VT_1、VT_2 为硅三极管,求额定输出电压。

解:根据式 (6-1) 有

$$U_o = (U_{DZ} + 0.7\,\text{V}) \times (R_3 + R_4)/R_4 = 7\,\text{V} \times 12\,\text{k}\Omega/7\,\text{k}\Omega = 12\,\text{V}$$

为了提高稳压电源的稳定度,可采用有很高放大倍数的运放来构成比较放大电路,如图 6.6 所示。

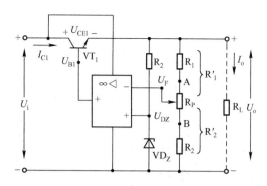

图 6.6 运放组成比较放大电路的串联型稳压电路

与图 6.5 相比较,图 6.6 所示电路的输出电压更稳定了。因为只要 U_o 有微小的变化,其采样信号经具有很大放大倍数的运放比较放大电路后,能更灵敏地调整放大管 VT_1 的 U_{CE1} 电压,从而提高稳压电源的精度,图 6.6 所示电路的输出电压为:

$$U_o = U_{DZ} \times \frac{R'_1 + R'_2}{R'_2} = U_{DZ} \times \left(1 + \frac{R'_1}{R'_2}\right)$$

技能训练 21　线性三端稳压集成电源制作

完成本任务所需仪器仪表及材料如表 6-2 所示。

表 6-2

序号	名称	型号	数量	备注
1	直流稳压电源	DF1731SD2A	1 台	
2	数字万用表/模拟万用表	DT9205/MF47	1 只	
3	电工工具箱	含电烙铁、斜口钳等	1 套	
4	万能电路板	10 cm×5 cm	1 块	
5	10 W 电源变压器	9 V 单端输出	1 只	
6	二极管	1N5407	4 只	
7	电容	10000 μF/16 V	2 只	
8	线性稳压集成器(带散热片)	7805	1 只	
9	三极管	TIP42 9012	1 只 1 只	
10	电阻	3 Ω/1 W 0.22 Ω/2 W	1 只 1 只	
11	电容	0.33 μF 0.1 μF	1 只 1 只	
12	负载电阻	100 Ω/1 W 10 Ω/5 W	1 只 4 只	

任务书 6-2

任务名称	5V/1A 直流稳压电源设计与制作
任务要求	设计并制作一个输出电压为 5V，最大输出电流为 1A 的直流稳压电源。画出设计电路原理图，分析说明每个元件的作用，利用万能电路板制作并测试电路，编写制作测试报告。
参考电路原理图	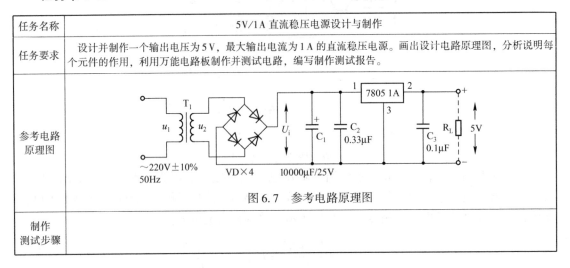 图 6.7 参考电路原理图
制作测试步骤	

知识点 1　常用线性集成稳压器

线性集成稳压器就是将调整管、取样电路、比较放大器、基准电压、启动和保护电路等，全部集成在一块半导体芯片上形成的一种集成稳压电路。三端集成稳压器由于所组成的电路简单，得到了广泛的应用。

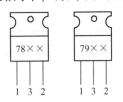

图 6.8　78、79 系列外形及管脚排列图

1. 78/79 系列三端集成稳压器

常用的 CW78×× 系列（其中 ×× 表示输出电压 U_o 的值，单位为伏特）是输出固定正电压的稳压器，CW79×× 系列是输出固定负电压的集成稳压器，它们都只有三个引出端：输入、输出和公共接地端，外形很像三极管，使用和安装与三极管一样简便。CW78××、CW79×× 的外形及管脚排列如图 6.8 所示。其中 CW78L×× 系列的输出电流为 100 mA；CW78M×× 系列的输出电流为 500 mA；CW78×× 系列的输出电流为 1~1.5 A。

图 6.9 和图 6.10 所示是分别由 CW78×× 和 CW79×× 组成的固定输出正负电压的典型接线图，对于 CW78××，1、3 为输入端，2、3 为输出端；对于 CW79××，3、1 为输入端，2、1 为输出端。

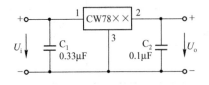

图 6.9　固定输出正电压稳压器

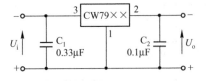

图 6.10　固定输出负电压稳压器

2. 用 CW78×× 系列组成固定电压输出的集成稳压电源的设计

由 CW78×× 系列组成固定输出电压的稳压电源电路结构十分简单。图 6.11 所示是一个

输出电压为 12 V、最大输出电流为 1 A 的稳压电源,只要根据电路原理图,合适选取其中部分元件参数即可轻易制作完成。

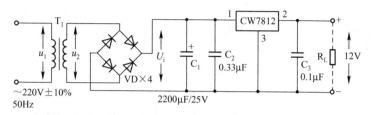

图 6.11　用 CW78×× 系列组成稳压电源电路

（1）三端稳压块根据输出电压和输出电流选定。本电源要求输出 12 V、1 A,所以选择三端集成稳压器 CW7812,两端的电容 C_2、C_3 一般取 $0.1 \sim 0.33\ \mu F$。

（2）变压器初、次级匝数比的计算。变压器的次级电压为：

$$u_{2min} \geq \frac{12\ V + 4\ V}{1.2} = 13.3\ V$$

其中,12 V 是输出电压,4 V 电压是保证三端集成稳压器 CW7812 正常工作时 1、2 脚之间的最小电压。

电源变压器 T_1 的初、次级匝数比为：$n_1/n_2 = 198\ V/13.3\ V = 14.88 \approx 15$

（3）变压器次级功率 $P_次$ 的计算。当 $U_1 = U_{1max} = 242\ V$ 时,$U_{2max} = 242/15 = 16.2\ V$,所以

$$P_次 = 16.2\ V \times 1\ A = 16.2\ W$$

当考虑留有余量时,可取 $P_次 = 20\ W$。

（4）滤波电容 C_1 的计算。为了保证 $U_i = 1.2U_2$,应使 $R_{min}C_1 \geq (3 \sim 5)T/2$,其中 $R_{min} = 16\ V/1\ A = 16\ \Omega$,$T/2 = 10\ ms = 0.01\ s$,按 $R_{min}C_1 = 4T/2$ 计算,则 $C_1 \approx 0.04/16 = 2500\ \mu F$,取 C_1 为 $2200\ \mu F/50\ V$。

（5）整流二极管参数的计算。流过二极管的平均电流为 $I_{VD} = \frac{1}{2}I_L = 0.5\ A$,考虑到电容滤波时的瞬态电流,取 $I_{VDmax} = 1\ A$,整流二极管的反向耐压 $U_{RM} = U_{2max} \times \sqrt{2} \approx 16.2 \times 1.4 \approx 23\ V$。考虑到应留有余量,实际选用整流二极管时要求 $I_{VD} \geq 1\ A$,$U_{RB} \geq 50\ V$（U_{RB} 是二极管的反向击穿电压）。

3. 用 CW78×× 和 CW79×× 系列组成输出正负固定电压的集成稳压电源

用 CW78×× 和 CW79×× 系列组成 ±15 V 固定电压输出的稳压电源电路如图 6.12 所示,有关元件的参数标在电路图中,整流二极管的选择及变压器的功率计算与前面相同。

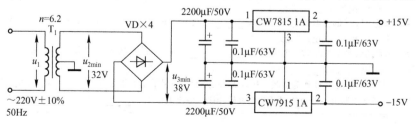

图 6.12　由 CW78××、CW79×× 系列组成输出正负固定电压电源电路及参数

4. 三端可调输出电压集成稳压器

三端正输出电压可调集成稳压器的典型产品有 CW117、CW217、CW317；三端负输出电压可调集成稳压器的典型产品有 CW137、CW237 和 CW337，图 6.13（a）是 CW317 的外形及管脚引线图，图 6.13（b）所示是由 CW317 组成的正输出电压可调的稳压电源电路。

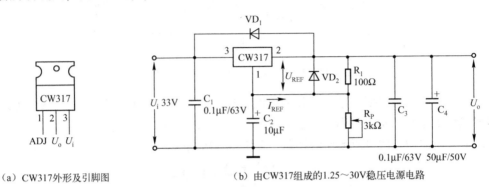

(a) CW317外形及引脚图　　　　(b) 由CW317组成的1.25～30V稳压电源电路

图 6.13　CW317 组成输出电压可调集成稳压电源电路

图 6.13 中，CW317 的 1、2 脚之间是由 CW317 内部给出的基准电压 $U_{REF} = 1.25\text{ V}$，$U_o = U_{REF}\left(1 + \dfrac{R_P}{R_1}\right)$，输出电流有三种规格，CW317 芯片若标有 L，则 $I_o \leqslant 0.1\text{ A}$；标有 M，则 $I_o \leqslant 0.5\text{ A}$；既无 M 又无 L，$I_o \leqslant 1.5\text{ A}$。$VD_1$、$VD_2$ 是电路的保护二极管，用 1N4004 即可。

任务书 6-3

任务名称	集成三端稳压器扩流电源制作
电路图	图 6.14　集成三端稳压器扩流电源电路
步骤	(1) 根据图 6.14 在万能电路板上焊接电路，注意 VT_1 要安装散热片。 (2) 复查电路图，接入负载电阻 $R_L = 100\text{ Ω}$，用万用表测得输出电压 $U_o = $ _____ V。 (3) 测量 VT_1 管的各电极电压，$U_{E1} = $ _____ V，$U_{B1} = $ _____ V，$U_{C1} = $ _____ V，VT_1 管工作在 _____（放大/饱和/截止）状态。 (4) 测量 VT_2 管的各电极电压，$U_{E2} = $ _____ V，$U_{B2} = $ _____ V，$U_{C2} = $ _____ V，VT_2 管工作在 _____（放大/饱和/截止）状态。 (5) 用万用表测量 VT_1 管集电极电流 $I_{oVT1} = $ _____ mA，测量 7805 输出电流 $I_{o7805} = $ _____ mA，流经负载 R_L 上的电流 $I_o = $ _____ mA。 (6) 4 只 10 Ω 电阻并联作为负载，接入 $R_L = 2.5\text{ Ω}$，测量输出电压 $U_o = $ _____ V，输出电流 $I_o = $ _____ mA；与负载电阻 $R_L = 100\text{ Ω}$ 时的输出电压相比，输出电压 U_o _____（有、无）明显变化。
结论	

知识点 2 集成三端稳压器扩流技术

三端稳压器件的输出电流有时不能满足电路电流需求,需要扩大三端稳压器的输出电流值,可采用并联晶体三极管的方法进行扩流。如图 6.15 所示,在三端稳压器 7805 的输入输出端并接一个大功率晶体三管 VT_1,借助其分流作用来扩展输出电流。负载上获得的电流 $I_o = I_{oVT1} + I_{o7805}$,并且 I_{oVT1} 远远大于 I_{o7805}。

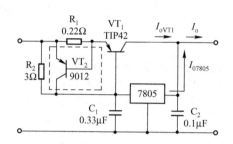

图 6.15 三端稳压器扩流电路

图 6.15 中采用三极管 VT_2 作限流保护,正常工作时 VT_2 截止,当流过取样电阻 R_1 上的电流大于 U_{BE2}/R_1(对于 9012,$U_{BE2} = 0.7\text{ V}$)时,VT_2 导通,VT_1 的发射极与基极电压差 U_{BE1} 下降,VT_1 集电极电流减少,防止电流过大烧毁 VT_1。电阻 R_2 的作用是为三端稳压器 7805 提供偏置电流。

由于 VT_1 的并联接入,最小输入输出电压差要由原先的电压差再增加 $U_{R1} + U_{BE1}$(其中 U_{R1} 是电阻 R_1 两端的电压,U_{BE1} 是三极管 VT_1 发射极与基级间的电压)。

技能训练 22 开关稳压集成电源测试

完成本任务所需仪器仪表及材料如表 6-3 所示。

表 6-3

序 号	名 称	型 号	数 量	备 注
1	直流稳压电源	DF1731SD2A	1 台	
2	数字万用表/模拟万用表	DT9205/MF47	1 只	
3	电工工具箱	含电烙铁、斜口钳等	1 套	
4	多功能万能 PCB 板	5 cm × 5 cm	1 张	
5	开关集成稳压器	LM2575 – 5	1 只	
6	肖特基二极管	1N5819	1 只	
7	电感	330 μH	1 只	
8	电容	100 μF/50 V 470 μF/16 V	1 只 1 只	
9	负载电阻(5 W)	10 Ω	2 只	

任务书 6-4

任务名称	开关稳压集成电源测试
电路图	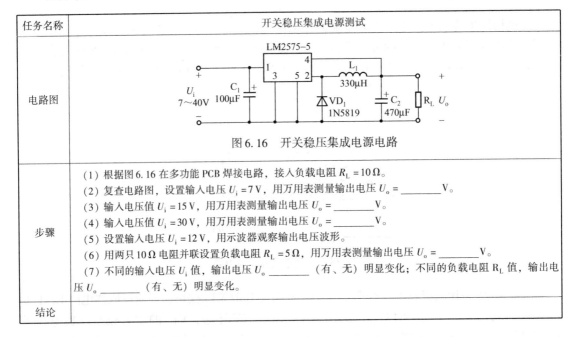 图 6.16 开关稳压集成电源电路
步骤	(1) 根据图 6.16 在多功能 PCB 焊接电路，接入负载电阻 $R_L = 10\,\Omega$。 (2) 复查电路图，设置输入电压 $U_i = 7\,V$，用万用表测量输出电压 $U_o = _____$ V。 (3) 输入电压值 $U_i = 15\,V$，用万用表测量输出电压 $U_o = _____$ V。 (4) 输入电压值 $U_i = 30\,V$，用万用表测量输出电压 $U_o = _____$ V。 (5) 设置输入电压 $U_i = 12\,V$，用示波器观察输出电压波形。 (6) 用两只 $10\,\Omega$ 电阻并联设置负载电阻 $R_L = 5\,\Omega$，用万用表测量输出电压 $U_o = _____$ V。 (7) 不同的输入电压 U_i 值，输出电压 U_o _____ （有、无）明显变化；不同的负载电阻 R_L 值，输出电压 U_o _____ （有、无）明显变化。
结论	

知识点　开关集成稳压器

线性集成稳压器在电压调整工作中会有较大的"热损失"，而开关集成稳压器工作在开关状态，可以有效地减少这些热损失，提高电源的效率。开关集成稳压器在越来越多的场合得到了广泛的应用。

与线性集成稳压器不同，开关集成稳压电路需要电感器件作为能量转换元件，电路工作在开关状态，如图 6.17 所示。

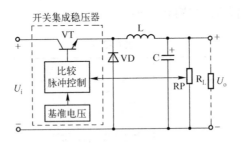

图 6.17　开关集成稳压电路工作原理图

输出电压 U_o 经过电阻 R_P 采样后与基准电压比较，脉冲控制电路根据比较结果产生可控的脉冲信号控制开关管 VT 的导通与截止，通过电感 L 的储能，经电容 C 滤波后得到输出电压 U_o，二极管 VD 在开关管 VT 截止时为电感 L 提供了续流通路。

常用的降压式开关集成稳压器有 LM2574/LM2575/LM2576 系列等，能输出 3.3 V、5 V、12 V、15 V、可调等多种电压，其中 LM2574 系列能驱动 0.5 A 的负载，其外形封装采用 8 脚双列直插式，如图 6.18 (a) 所示；LM2575 系列能驱动 1 A 的负载，LM2576 系列能驱动 3 A 的负载，它们的外形均采用 TO-220 封装，如图 6.18 (b) 所示。

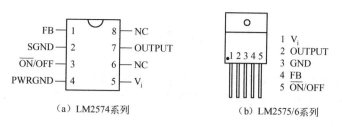

(a) LM2574系列　　　　(b) LM2575/6系列

图 6.18　LM257X 系列开关集成稳压器外形

各引脚功能如下：

V_i：7~40 V 电源输入。

OUTPUT：输出端。

$\overline{ON/OFF}$：TTL 电平低功耗/正常两种模式控制。

SGND：TTL 电平地。

GND（PWRGND）：电源地。

FB：电压反馈输入。

用 LM2576-5 组成的 5V/3A 输出电路原理如图 6.19 所示。

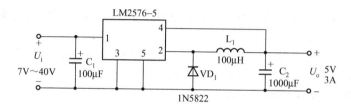

图 6.19　LM2576 输出 5V 电压电路原理图

项目实施　车载 12V/24V 转 5V 开关稳压集成电源制作

本项目电路如图 6-1 所示。完成本项目所需仪器仪表及材料如表 6-4 所示。

表 6-4

序号	名　称	型　号	数　量	备　注
1	直流稳压电源	DF1731SD2A	1台	
2	数字万用表/模拟万用表	DT9205/MF47	1只	
3	电工工具箱	含电烙铁、斜口钳等	1套	
4	万能电路板	5 cm×5 cm	1块	
5	开关集成稳压器	LM2574-5	1只	
6	肖特基二极管	1N5817	1只	
7	电感	330 μH	1只	
8	电容	22 μF/50 V 220 μF/16 V	1只 1只	
9	保险丝	0.5 A	1只	

习 题 6

6.1 串联稳压电路主要由哪几部分组成？各部分的作用是什么？

6.2 如图 6.20 所示电路中，稳压管 VD_Z 稳定电压为 5.3 V，$R_1 = 500\,\Omega$，$U_i = 12\,V$，取样电路中 $R_3 = 2\,k\Omega$，$R_4 = 4\,k\Omega$，试求：

(1) $U_o = ?$

(2) 若要求输出电流为 500 mA，调整管 VT_1 的 β 应为多大？

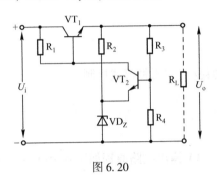

图 6.20

6.3 画出用 CW78、CW79 系列组成输出正负固定电压的变压、整流、电容滤波的集成稳压电路并标出参数。

6.4 试用 CW79×× 系列设计简单稳压电源，要求画出电路的变压、整流、滤波及稳压部分，并合理选择参数标于电路中（写出设计内容及步骤）。要求指标：

(1) 输入交流电压：220 V ± 10%，50 Hz；

(2) 输出直流电压：-15 V；

(3) 输出电流：0 ~ 500 mA。

项目 7 全加器设计与制作

学习目标

通过本项目的学习，了解数字电路基本概念，熟悉逻辑门电路的逻辑功能，了解集成逻辑门的常用产品，掌握集成逻辑门的正确使用。了解组合逻辑电路的设计步骤，初步掌握用小规模集成电路设计组合逻辑电路的方法。

工作任务

设计一位二进制加法器，输入项包括：两个一位二进制加数 A_i、B_i，来自低位的进位 C_{i-1}；输出项包括：和数 S，向高位的进位 C_i。在数字逻辑实验箱上制作并测试，撰写项目设计制作报告。

技能训练 23 常用集成门电路逻辑功能测试

完成本任务所需仪器仪表及材料如表 7-1 所示。

表 7-1

序 号	名 称	型 号	数 量	备 注
1	数字万用表/模拟万用表	DT9205/MF47	1只	
2	数字逻辑实验箱	THDL-1型	1台	
3	集成2输入四与门	74HC08	1片	
4	集成2输入四或门	74HC32	1片	
5	集成六非门	74HC04	1片	
6	集成2输入四与非门	74HC00	1片	

任务书 7-1

任务名称	常用集成门电路逻辑功能测试
测试电路图	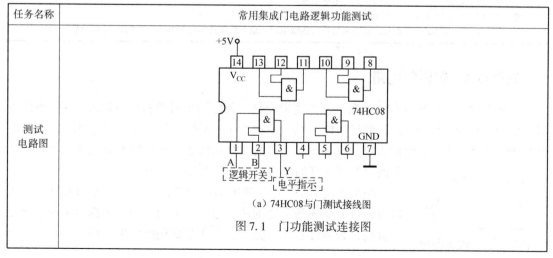 (a) 74HC08与门测试接线图 图 7.1 门功能测试连接图

任务名称	常用集成门电路逻辑功能测试
测试电路图	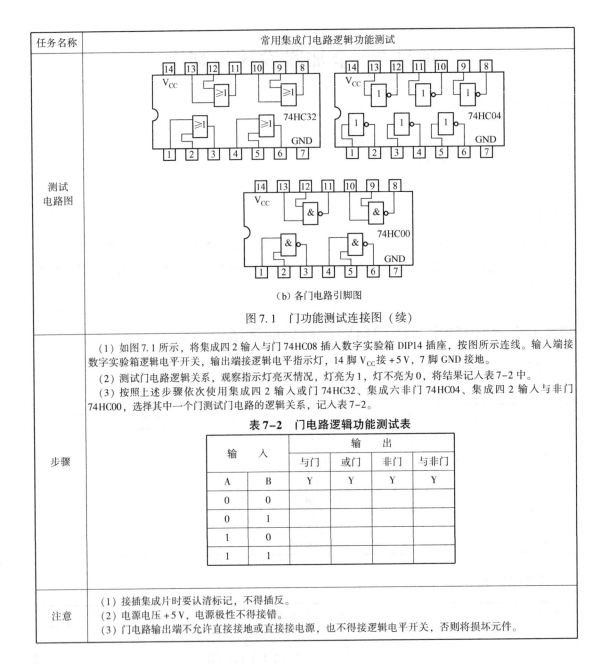 (b) 各门电路引脚图 图 7.1 门功能测试连接图（续）
步骤	（1）如图 7.1 所示，将集成四 2 输入与门 74HC08 插入数字实验箱 DIP14 插座，按图所示连线。输入端接数字实验箱逻辑电平开关，输出端接逻辑电平指示灯，14 脚 V_{CC} 接 +5 V，7 脚 GND 接地。 （2）测试门电路逻辑关系，观察指示灯亮灭情况，灯亮为 1，灯不亮为 0，将结果记入表 7-2 中。 （3）按照上述步骤依次使用集成四 2 输入或门 74HC32、集成六非门 74HC04、集成四 2 输入与非门 74HC00，选择其中一个门测试门电路的逻辑关系，记入表 7-2。 表 7-2 门电路逻辑功能测试表 | 输 入		输 出			
---	---	---	---	---	---
A	B	与门 Y	或门 Y	非门 Y	与非门 Y
0	0				
0	1				
1	0				
1	1					
注意	（1）接插集成片时要认清标记，不得插反。 （2）电源电压 +5 V，电源极性不得接错。 （3）门电路输出端不允许直接接地或直接接电源，也不得接逻辑电平开关，否则将损坏元件。

知识点 1 逻辑门电路

通常把决定逻辑事件的几个条件称为逻辑变量，条件满足时逻辑变量取值为 1，条件不满足时逻辑变量取值为 0；事件发生时，结果取值为 1；事件不发生时，结果为 0。这里的"0"和"1"不表示数量的大小，只表示事物的两种对立状态，即两种逻辑关系，例如，开关的合与开，灯的亮与灭，电位的高与低等。

图 7.2 所示是一个逻辑电路的例子，其中开关 A 和 B 是决定逻辑事件灯 L 亮还是不亮的两个条件，只有当 A、B 都合上时，灯 L 才会亮，否则灯 L 就不亮。表 7-3 是此例的因果关系表。

图 7.2 逻辑电路举例

若表 7-3 所示中开关断开用 0 表示，开关闭合用 1 表示，灯灭用 0 表示，灯亮用 1 表示，可得表 7-4 所示逻辑电路真值表。真值表表示二值逻辑变量所有可能取值所对应的逻辑事件的状态，其中逻辑变量所有可能取值情况列在表格左侧，对应逻辑事件的状态列在表格右侧。

表 7-3 逻辑举例的因果关系表

A	B	L
断	断	灭
断	合	灭
合	断	灭
合	合	亮

表 7-4 逻辑真值表

A	B	L
0	0	0
0	1	0
1	0	0
1	1	1

逻辑门电路是指能实现一些基本逻辑关系的电路，简称"门电路"，是数字电路的最基本元件。门电路有一个或多个输入端，只有一个输出端，输入与输出之间满足一定的逻辑关系。

1. 基本逻辑门

最基本的逻辑关系有三种，即与逻辑、或逻辑和非逻辑。数字电路中实现这三种逻辑的电路分别称为与门电路、或门电路和非门电路。在数字电路中，采用逻辑图形符号来表示其逻辑关系，同一逻辑关系还可以用逻辑表达式和真值表来表示。

与逻辑、或逻辑和非逻辑三种基本逻辑关系的逻辑功能、逻辑符号、逻辑真值表表示如表 7-5 所示。

表 7-5 三种基本逻辑门

逻辑关系	逻辑表达式	逻辑功能	逻辑符号	逻辑真值表
与	$L = A \cdot B$	一个逻辑事件的发生决定于几个条件，当这几个条件都满足时，事件就发生，否则就不发生的一种因果关系	A—&—L B	A B L / 0 0 0 / 0 1 0 / 1 0 0 / 1 1 1
或	$L = A + B$	一个逻辑事件的发生决定于几个条件，只要这几个条件中有任何一个条件满足时，事件就发生，只有所有条件都不满足时，这个逻辑事件才不会发生的一种因果关系	A—≥1—L B	A B L / 0 0 0 / 0 1 1 / 1 0 1 / 1 1 1
非	$L = \overline{A}$	逻辑事件的条件满足了，逻辑事件就不发生，而条件不满足时，逻辑事件反而发生的因果关系	A—1○—L	A L / 0 1 / 1 0

2. 由三种基本逻辑门导出的其他逻辑门及其表示

常用的逻辑门除与门、或门、非门以外，还有与非门、或非门、与或非门、异或门和同或门等，这些门都可以用三种基本门的组合来实现，当然这些门都有它们自己的三种表示。

与非、或非、与或非门电路分别是与、或、非三种门电路的组合，异或门是实现异或运算的数字单元电路，所谓异或运算是指在只有两个输入变量 A、B 的电路中，当 A 和 B 取值不同时输出为 1，否则输出为 0。同或门是实现同或运算的数字单元电路，所谓同或运算是指在只有两个输入变量 A、B 的电路中，当 A 和 B 取值相同时输出为 1，否则输出为 0。它们的逻辑电路、逻辑表达式、逻辑符号如表 7-6 所示。

表 7-6 几种常见导出逻辑门

逻辑关系	逻辑表达式	逻辑电路	逻辑符号
与非	$L = \overline{A \cdot B}$		
或非	$L = \overline{A + B}$		
与或非	$L = \overline{A \cdot B + C \cdot D}$		
异或	$L = A \oplus B = A\overline{B} + \overline{A}B$		
同或	$L = A \odot B = AB + \overline{A}\,\overline{B} = \overline{A \oplus B}$		

3. 三态门

三态门（Three State）简称 TS 门，它是可控与非门，图 7.3（a）、（b）是三态门的符号和内部电路原理图，$\overline{EN}$ 是三态门的控制信号输入端。$\overline{EN} = 0$ 时，相当于内部的开关闭合，此时的三态门就是一个普通的二输入与非门；$\overline{EN} = 1$ 时，相当于内部的开关断开，输出 L 和门电路不通，称为高阻状态（理解为电阻无穷大），此时在电路上可以把三态门当作不存在。表 7-7 是三态门的真值表，从表中可以看出，三态门有三种输出状态：高电平 1、低电平 0、高阻态。

表 7-7 三态门真值表

$\overline{EN}$	A	B	L
1	×	×	高阻
0	0	0	1
0	0	1	1
0	1	0	1
0	1	1	0

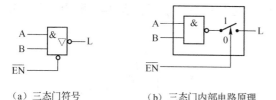

(a) 三态门符号　　　(b) 三态门内部电路原理

图 7.3　三态门

任何两个或多个普通门的输出是不能连接在一起的（下面提到的 OC 门除外），而要把输出连接在一起，只能使用具有三态输出的三态门。如图 7.4（a）所示，有两个三态门通过一条线连接在一起（这根线一般称作总线），假设在某个时刻三态门 T_1 要向这根线输出高电平 1，但如果此时三态门 T_2 输出低电平 0，则三态门 T_1 的输出就不能实现，此时只要设置三态门 T_2 的 $\overline{EN}=1$，相当于把三态门 T_2 从这根线上断开，T_1 就可以向这根线输出高电平 1 了，如图 7.4（b）所示。

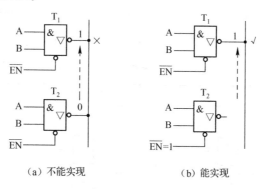

(a) 不能实现　　　　　　(b) 能实现

图 7.4　三态门的应用

4. OC 门（集电极开路与非门，Open Collecter Gate）

OC 门也称集电极开路与非门，图 7.5 给出了 OC 门的逻辑符号，OC 门与普通门的区别在于其内部没有接上拉电阻到电源，如图 7.6（a）、（b）所示。在使用时，普通门输出高电平是真正的高电平，因为内部有电阻上拉到门电路的电源，如图 7.6（c）所示；而 OC 门输出高电平实际上就是输出引脚 L 悬空，如图 7.6（d）所示。这个高电平是"假"的，不能与外电路形成回路，因此在应用时若需要输出真正的高电平就要在外部接一个电阻到电源，如图 7.6（e）所示。OC 门的这种结构可以实现"线与"的功能，即用一条线可以实现两个或多个 OC 门输出的"与"功能。

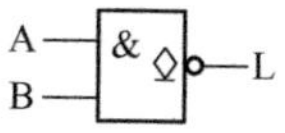

图 7.5　OC 门逻辑符号

若将普通门内部的上拉电阻改成三极管，如图 7.6（f）所示，就形成了上、下两个三极管进行推挽相连输出，这种输出结构叫做图腾柱式输出，图腾柱式输出增加了门的驱动能力。

前面所给出的各种门的逻辑符号是指国家标准符号，但是在很多书籍中也会经常看到过去曾经用过的符号和国外的符号，读者对三种形式的符号都应掌握，表 7-8 即为三种逻辑符号的对照表。

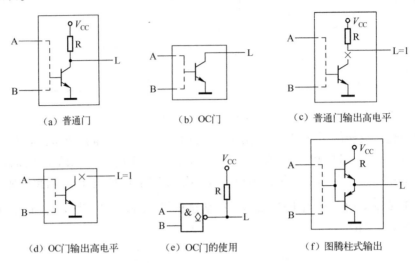

图 7.6 OC 门与普通门的区别

表 7-8 三种逻辑符号对照表

名　称	逻辑符号		
	国标	曾用符号	国外符号
与门	&	+	⊃
或门	≥1	+	⊃
非门	1		▷
与非门	&		⊃
或非门	≥1	+	⊃
与或非门	& / ≥1	+	
异或门	=1	⊕	⊃
同或门	=1	⊙	⊃
OC 门	& ◇		

续表

名 称	逻 辑 符 号		
	国标	曾用符号	国外符号
三态与非门	![&▽]		
三态非门	![1▽]		![三角]

知识点 2　TTL 门和 CMOS 门

1. 逻辑门电路简介

实现门逻辑的电路主要分两类：TTL（晶体管 - 晶体管逻辑，Transistor - Transistor - Logic）电路构成的门和 CMOS（互补对称金属氧化物半导体，Complement Metal - Oxide - Semiconductor）电路构成的门。集成门电路芯片的名称大都以 54 或 74 开始，后加不同系列缩写字母及数字表示，如具有四个与非门的芯片 54/74LS00、54/74HC00。74 系列为民用品，可工作于商用温度范围 0℃ ~ 70℃；54 系列为军用品，可工作于军用温度范围 -55℃ 至 125℃，用于具有特殊工作需求的地方。

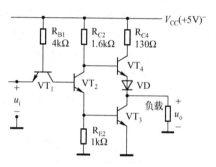

图 7.7　TTL 非门电路结构

TTL 逻辑门电路是应用最早、技术比较成熟的集成电路，电路内部由电阻、晶体管、二极管构成的偏置电路组合构成，TTL 逻辑非门电路结构如图 7.7 所示。输入级由 VT_1 和电阻 R_{B1} 组成，用于提高电路的开关速度。VT_2 的集电极和发射极同时输出两个相位相反的信号，作为 VT_3 和 VT_4 输出级的驱动信号。当输入为低电平 $u_i \approx 0.2$ V 时，VT_1 深度饱和，$V_{B1} = 0.9$ V，要使 VT_2、VT_3 导通，则要求 $V_{B1} = 2.1$ V。VT_2、VT_3 截止，VT_4、VD 导通，$u_o = u_{B4} - u_{BE4} - u_D = (5 - 0.7 - 0.7)$ V $= 3.6$ V；当输入为高电平 $u_i \approx 3.6$ V 时，VT_1 处于倒置的放大状态，VT_2、VT_3 饱和导通，VT_4 和 VD 截止，使输出为低电平，$u_o = u_{C3} = u_{CE3} = 0.2$ V。实现电路输入与、输出非的功能。

TTL 门具有速度快、传输延迟时间短等优点，曾被广泛使用。所有 TTL 系列电路的供电电源都是 +5 V。常用的 TTL 门电路是 74LS 系列，品种和生产厂家都非常多，性能价格比比较高，在中小规模电路中应用非常普遍。此外，还有一些其他的 74 系列，如：74××（标准型）、74S××（肖特基）、74AS××（先进肖特基）、74ALS××（先进低功耗肖特基）、74F××（高速），其发展历程如图 7.8 所示。由于 TTL 门电路结构复杂、功耗偏大，目前的使用在逐渐减少。

图 7.8　TTL 系列发展历程

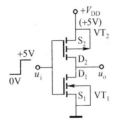

(a) 电路结构

u_i	u_{GS1}	u_{GS2}	VT_1	VT_2	u_o
0V	0V	−5V	截止	导通	5V
5V	5V	0V	导通	截止	0V

(b) 输入/输出关系

图7.9 CMOS非门电路结构

随着制造工艺的不断改进，CMOS电路的集成度、工作速度、功耗和抗干扰能力都远大于TTL电路。现在几乎所有的CPU、存储器和可编程器件、专用集成电路都采用CMOS工艺制造，且费用较低。CMOS逻辑门电路是目前使用最广泛、占主导地位的集成电路。CMOS逻辑非门电路结构如图7.9（a）所示，输入/输出的内部关系如图7.9（b）所示。无论u_i是高电平还是低电平，VT_1和VT_2中总是一个导通而另一个截止，CMOS反相器的静态功耗几乎为零。

常用的CMOS门电路是HC/HCT系列和LVC、LV－A、VHC系列。与TTL门电路的工作电源电压只能是+5 V不同，CMOS门电路74HC系列的电源电压范围是2~6 V，74HCT系列的电源工作范围是4.5~5.5 V，74LVC系列的电源电压范围是1.65~3.6 V。其中HC/HCT系列与TTL兼容，工作电源电压典型为5V，LVC系列的典型工作电源电压为3.3V。LVC、LV－A、VHC系列都还有一个共同的特点，就是允许输入超过电源电压，这点在多电源系统中非常有用。近年来，随着笔记本电脑、手机等便携式设备的发展，更低电压的ALVC（电源电压2.5 V）、AUC/AUP（电源电压1.8 V）系列也先后推出。发展历程如图7.10所示。

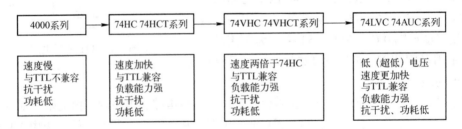

图7.10 CMOS系列芯片发展历程

集成门电路代表性芯片有：

与非门（NAND）：7400、7410、7412、7420、7430

或非门（NOR）：7402、7427

非门（NOT）：7404、7414

与门（AND）：7408、7411、7421

或门（OR）：7432

异或门（XOR）：7486

同或门（XNOR）：74266

上述各个门，如与非门7400芯片，有TTL与非门74LS00和CMOS与非门74HC00、74VHC00、74LVC00之分，只要后边的标号相同，其逻辑功能和管脚排列就相同。但它们的特性参数是有差异的，可以根据不同的电源条件和负载要求选择不同类型的系列产品，如电路的供电电压为3 V时，就应选择74HC00或74LVC00系列的产品。此外，早期的CMOS电路4000、4500系列，在市场上还有产品存在，如CD4012，就是具有与7412相同的与非门逻辑的芯片，CD4000/CD4500系列的国产型号是CC4000/CC4500系列。

2. 门电路的特性参数

门电路的特性参数主要包括输入和输出的高、低电平,噪声容限,传输延迟时间,扇入与扇出数以及功耗等。

(1) 输入和输出的高、低电平。数字电路中用高、低电平来表示1、0,逻辑1、0对应的是一定的电压范围。不同系列的集成电路,输入和输出为逻辑1或0时,所对应的电压范围是不同的,生产厂家会给出四种逻辑电平参数:输入低电平的上限值$V_{IL(max)}$、输入高电平的下限值$V_{IH(min)}$、输出低电平的上限值$V_{OL(max)}$、输出高电平的下限值$V_{OH(min)}$。以74HC04工作在+5V电源时为例,其参数为$V_{IL(max)}=1.5\,V$,$V_{IH(min)}=3.5\,V$,$V_{OL(max)}=0.1\,V$,$V_{OH(min)}=4.9\,V$。表示向74HC04输入信号时,电压范围在0~1.5V间的作为低电平,3.5~5V间的作为高电平;而74HC04在输出信号时,低电平输出的电压值可能在0~0.1V之间,高电平输出的电压值是在4.9~5V之间。

(2) 噪声容限。噪声容限表示门电路的抗干扰能力,指各种干扰信号的噪声幅度不超过逻辑电平允许的最小值或最大值,用V_{NH}、V_{NL}分别表示高电平、低电平噪声容限。用前一级门电路的输出作为后一级门电路的输入,则,

$$V_{NH} = V_{OH(min)} - V_{IH(min)}$$

$$V_{NL} = V_{IL(max)} - V_{OL(max)}$$

对于前述74HC04门芯片,其$V_{NH}=1.4\,V$,$V_{NL}=1.4\,V$。

(3) 传输延迟时间。一个信号经过门后都要产生延迟,以非门为例,当非门输入方波时,输出波形是一个倒相的方波,如图7.11所示。输入波形上升边经非门后输出下降边,定义延迟时间为t_{PHL};输入波形下降边经非门后输出上升边,定义延迟时间为t_{PLH}。平均传输延迟时间t_{pd}为:

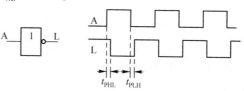

图7.11 非门传输延迟时间

$$t_{pd} = \frac{t_{PHL} + t_{PLH}}{2}$$

74HC系列CMOS门的t_{pd}与74LS系列TTL门的t_{pd}几乎相当。

(4) 扇入与扇出数。扇入数取决于门电路输入端的个数。例如,一个3输入端的与非门,其扇入数$N_I=3$。扇出数是指门电路在其正常工作的情况下,所能带同类门电路的最大数目。大多数TTL逻辑门能够为10个其他数字门或驱动器提供信号,所以,一个典型的TTL逻辑门有10个扇出信号。

(5) 功耗。门电路功耗分静态功耗和动态功耗。静态功耗指的是当电路没有状态转换时的功耗,即门电路空载时电源总电流与电源电压的乘积;动态功耗发生在状态转换的瞬间,或者电路中有电容性负载时,例如,TTL门电路约有5 pF的输入电容,由于电容的充、放电过程,将增加电路的损耗。对TTL门电路来说,静态功耗是主要的;对CMOS门电路,其功耗主要取决于动态功耗,当工作频率增加时,CMOS门的动态功耗会线性增加。在设计CMOS电路时,为降低功耗,可选用低电源电压器件。

当输入电压为U_T时,门的输出处于转换状态,称为阈值电压。对于TTL门,阈值电压$U_T \approx 1.4\,V$。对于CMOS门,设其工作电源电压为V_{DD},则输出状态转换的阈值电压$U_T = \frac{1}{2}$

V_{DD}。表7–9列出了2输入与非门电路TTL LS系列和CMOS HC、LVC系列的部分特性参数，以便在使用时进行参考比较。

表7–9 门电路特性参数比较

	74LS	74HC	74HCT	74LVC
工作电源电压	V_{CC} = +5 V	V_{DD} = +5 V	V_{DD} = +5 V	V_{DD} = +3.3 V
$V_{IL(max)}$	0.8 V	1.5 V	0.8 V	0.8 V
$V_{OL(max)}$	0.5 V	0.1 V	0.1 V	0.2 V
$V_{IH(min)}$	2.0 V	3.5 V	2.0 V	2.0 V
$V_{OH(min)}$	2.7 V	4.9 V	4.9 V	3.1 V
高电平噪声容限 V_{NH}	0.3 V	1.4 V	2.9 V	1.1 V
低电平噪声容限 V_{NL}	0.7 V	1.4 V	0.7 V	0.6 V
t_{pd}	9.5 ns	7 ns/16 ns（负载电容为15 pF/50 pF时）	8 ns	2 ns
功耗 P_D	每门2 mW	9 mW*		2.5 mW*

*74HC04/74LVC04工作频率为10 MHz时。

3. TTL门和CMOS门的使用

（1）使用原则。TTL门电路的电源电压严格限制在+5 V，不使用的输入端可以悬空，悬空时为高电平；TTL门的输出下拉强上拉弱，即输出低电平时可以灌入较大的电流，而输出高电平时，其驱动电流较小。一般TTL门高电平的驱动能力为5 mA，低电平灌电流为20 mA。

CMOS门电路电源电压可以在较大范围内变化，但不允许有大电流流入，因此，在CMOS芯片的工作电源输入端要加去耦电路，防止电源端出现瞬间的高压，在工作电源和外电源之间要加限流电阻，不让大电流经电源流进芯片。HC系列绝不允许输入和输出端超过电源电压（AHC、LVC系列可以），必要时，要在输入端和输出端加钳位电路。

由于CMOS的输入阻抗比较大，比较容易捕捉到干扰脉冲，不使用的输入端悬空会造成逻辑混乱，所以，不用的引脚或NC引脚尽量接上拉电阻到电源或接下拉电阻到地。同时，CMOS的输入端的电流尽量不要太大，输入端和信号源之间要串联限流电阻，输入的电流限制在1mA之内，输入高电平时更不能直接接电源；输出时，CMOS的驱动能力上拉和下拉是相同的，一般高低电平均为5mA。

（2）5V CMOS门与3.3 V CMOS门接口。近年来，便携式数字电子产品迅速发展，要求使用功耗低、耗电小的器件，数字系统的工作电压已经从5 V降至3 V甚至更低。但是目前仍有许多5 V电源的逻辑器件和数字器件在用，因此在许多电路中3 V逻辑系统和5 V逻辑系统共存，而且不同的电源电压在同一电路板中混用。两种供电电源的CMOS电路相连时，接口的原则是：5 V CMOS系列可以直接驱动3.3 V CMOS系列；3.3 V CMOS系列驱动5 V CMOS系列时，最简单的方法是在3.3 V CMOS电路的输出端与+5 V电源之间接一个上拉电阻；专门的逻辑电平转换器经常用在在低电压CMOS电路之间接口，如3 V与2.5 V CMOS系列的转换，在5 V与3 V的CMOS系列中也可以考虑采用。

(3) TTL 门和 CMOS 门混合使用。从表 7-9 知，TTL 电平的最小输出高电平是 2.7 V，最大输出低电平是 0.5 V，最小输入高电平是 2.0 V，最大输入低电平是 0.8 V，噪声容限较低。而 CMOS 电平的输出高电平电压接近于电源电压，低电平电压接近 0 V，具有很宽的噪声容限。TTL 门和 CMOS 门进行混合使用，主要考虑的因素是驱动电流和高低电平的对接问题。

① 1TTL 门驱动 CMOS 门。从门的特性参数可以看出，用 TTL 门驱动 CMOS 门，驱动电流满足要求，但驱动电平不满足要求，解决的办法是：电源电压相同时加一个上拉电阻 R_u，电源电压不同时中间加一级电平偏移接口电路，如图 7.12 所示，其中 CC4019 是带电平偏移的门电路。

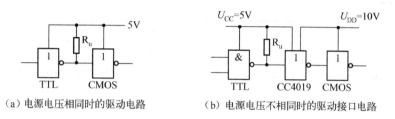

(a) 电源电压相同时的驱动电路　　(b) 电源电压不相同时的驱动接口电路

图 7.12　TTL 驱动 CMOS 接口电路

② CMOS 门驱动 TTL 门。用 CMOS 门驱动 TTL 门，驱动电平满足要求，但驱动电流不满足要求，常用的解决办法如图 7.13 所示，图 7.13（a）所示是把两个或两个以上的 CMOS 门电路并接，以提高电流驱动能力；图 7.13（b）所示是采用晶体管放大电路，以提高电流驱动能力。

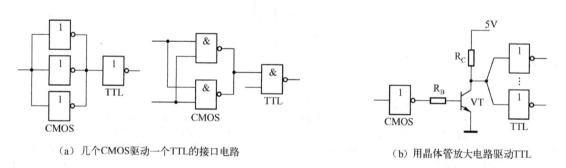

(a) 几个 CMOS 驱动一个 TTL 的接口电路　　(b) 用晶体管放大电路驱动 TTL

图 7.13　CMOS 驱动 TTL 的接口电路

当 CMOS 门使用 74HCT 系列集成门与 74LS 系列 TTL 门混合使用时，不管用 74LS 系列门驱动 74HCT 系列 CMOS 门，还是用 74HCT 系列 CMOS 门驱动 74LS 系列 TTL 门，驱动电平、驱动电流互相满足要求，可以直接连接。

技能训练 24　二进制加法器电路制作

完成本任务所需仪器仪表及材料如表 7-10 所示。

表 7-10

序 号	名 称	型 号	数 量	备 注
1	数字万用表/模拟万用表	DT9205/MF47	1只	
2	数字逻辑实验箱	THDL-1型	1台	
3	集成2输入四与非门	74HC00	1片	
4	集成4输入二与非门	74HC20	1片	
5	集成2输入四异或门	74HC86	1片	

任务书 7-2

任务名称	二进制加法器电路制作
任务要求	制作一个二进制加法器电路来实现两个一位二进制数求和运算,考虑来自低位的进位,输出和数和向高位的进位。定义输入 A_i 是加数, B_i 是被加数, C_{i-1} 是来自低位的进位;输出 S_i 是和, C_i 是向高位的进位。
测试电路图	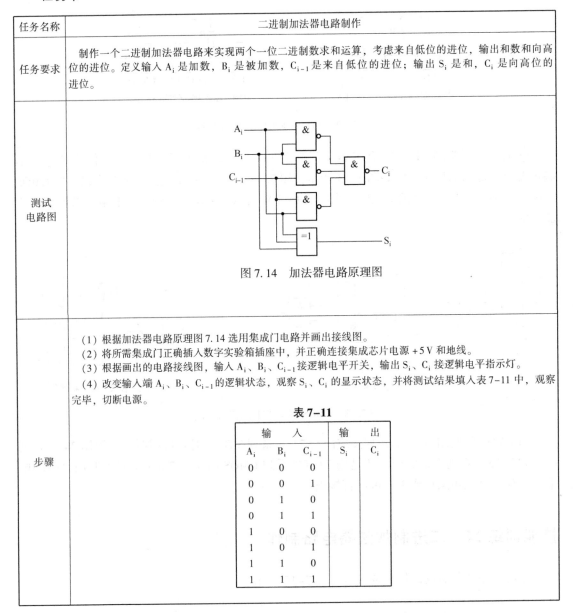 图 7.14 加法器电路原理图
步骤	(1) 根据加法器电路原理图 7.14 选用集成门电路并画出接线图。 (2) 将所需集成门正确插入数字实验箱插座中,并正确连接集成芯片电源+5V和地线。 (3) 根据画出的电路接线图,输入 A_i、B_i、C_{i-1} 接逻辑电平开关,输出 S_i、C_i 接逻辑电平指示灯。 (4) 改变输入端 A_i、B_i、C_{i-1} 的逻辑状态,观察 S_i、C_i 的显示状态,并将测试结果填入表 7-11 中,观察完毕,切断电源。 表 7-11 | 输入			输出	
---	---	---	---	---
A_i	B_i	C_{i-1}	S_i	C_i
0	0	0		
0	0	1		
0	1	0		
0	1	1		
1	0	0		
1	0	1		
1	1	0		
1	1	1			

任务名称	二进制加法器电路制作
步骤	(5) 根据测试结果真值表,验证加法器功能。 (6) 可能用到的 74HC20、74HC86 引脚图如图 7.15、图 7.16 所示。 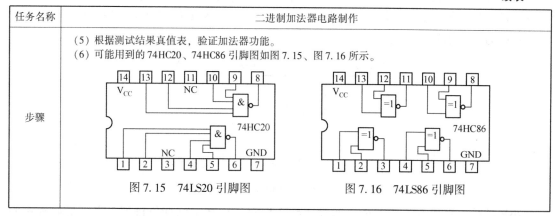 图 7.15　74LS20 引脚图　　　图 7.16　74LS86 引脚图

知识点 1　数制和 BCD 码

1. 数制

(1) 十进制数。十进制数用 0~9 共 10 个数表示,从起点 0 开始往上数到 9,到 9 后再往上加 1,就回到起点 0,同时向高位进 1。因此是逢 10 进 1。一个十进制数按权重展开的形式如下:

$$(373)_{10} = 3 \times 10^2 + 7 \times 10^1 + 3 \times 10^0$$

$$(84.91)_{10} = 8 \times 10^1 + 4 \times 10^0 + 9 \times 10^{-1} + 1 \times 10^{-2}$$

(2) 二进制数。二进制数用 0、1 共 2 个数表示,从起点 0 开始往上数到 1,到 1 后再往上加 1,就回到起点 0,同时向高位进 1。因此是逢 2 进 1。一个二进制数按权重展开的形式以及和等值的十进制数的关系如下:

$$(10110)_2 = 1 \times 2^4 + 0 \times 2^3 + 1 \times 2^2 + 1 \times 2^1 + 0 \times 2^0 = (22)_{10}$$

$$(110.11)_2 = 1 \times 2^2 + 1 \times 2^1 + 0 \times 2^0 + 1 \times 2^{-1} + 1 \times 2^{-2} = (6.75)_{10}$$

(3) 十六进制数。十六进制数用 0~9、A、B、C、D、E、F 共 16 个数表示,从起点 0 开始往上数到 F,到 F 后再往上加 1,就回到起点 0,同时向高位进 1。因此是逢 16 进 1。一个十六进制数按权重展开的形式以及和等值的十进制数的关系如下:

$$(5E8)_{16} = 5 \times 16^2 + 14 \times 16^1 + 8 \times 16^0 = (1512)_{10}$$

$$(4A.B4)_{16} = 4 \times 16^1 + 10 \times 16^0 + 11 \times 16^{-1} + 4 \times 16^{-2} = (74.703125)_{10}$$

(4) 不同数制之间的转换。十六进制数转换成二进制数,其方法是将十六进制数以小数点为基准,向左、向右把每一位十六进制数转换成等值的四位二进制数即可。例如,

$$(A3.E)_{16} = (10100011.1110)_2$$

二进制数转换成十六进制数,其方法是将二进制数以小数点为基准,向左、向右每四位划为一组,小数点后面的二进制数不足四位的,可在后边加 0 变成四位,小数点前面的二进制数不足四位的,可在二进制数的前面加 0 变成四位,然后把每组二进制数转换成等值的十六进制数即可。例如,

$$(1011101.101)_2 = (0101,1101.1010)_2 = (5D.A)_{16}$$

$$(110101.11)_2 = (0011,0101,1100)_2 = (35.C)_{16}$$

十进制数转换成二进制数,其方法是首先把整数和小数分开后分别转换,然后再合并。

例如，把$(19.625)_{10}$转换成二进制数时，先把$(19)_{10}$转换成二进制数，再把$(0.625)_{10}$转换成二进制数；整数部分的转换方法是通过"除2取余，从低位到高位排列，直到商为0"，其余数即为二进制数的整数。

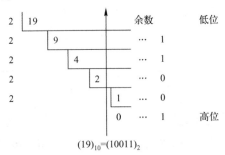

$(19)_{10}=(10011)_2$

小数部分的转换方法是把小数部分"乘2取整，从高位到低位排列，直到最后乘积的小数部分为0（或满足位数要求）"为止，所取整数即为十进制数小数部分转换成的二进制数的小数部分。

$(0.625)_{10}=(0.101)_2$

合并后得$(19.625)_{10}=(10011.101)_2$。

2. BCD 码

十进制中的 10 个数 0、1、…、9 如何用二进制 0、1 来表示呢？如果用两位二进制来表示，只有 00、01、10、11 四种组合，不能完全表示出 0~9 中的 10 个数。只有用四位的二进制组合才是最短且可以完全表示出 0~9 中的 10 个数，这个四位的二进制数就是 BCD 码，即用二进制 0000 表示十进制的 0，二进制 0001 表示十进制的 1，…，二进制 1001 表示十进制的 9。

注意 BCD 码表示与十进制转化为二进制的区别：例如，十进制数 15 转化为二进制数是 1111，但用 BCD 表示是 0001 0101，因为十进制数 15 的十位数字 1 的 BCD 码是 0001，个位数字 5 的 BCD 码是 0101。

3. ASCII 编码和 Unicode 编码

在计算机中，信息在存储和运算时都要使用二进制数表示（因为计算机只能用高电平和低电平来表示），具体用哪些二进制数字表示哪个符号，需要使用相同的规则进行统一编码，方便互相通信而不造成混乱。ASCII（American Standard Code for Information Interchange，美国信息互换标准代码）和 Unicode（统一码）编码是一套计算机字符编码系统，用于显示英语和象形文字符（如汉语）的文字信息。

ASCII 码一共规定了 128 个字符的编码，包含了所有的英语大写和小写字母、数字 0 到 9、标点符号，以及在美式英语中使用的特殊控制字符。如空格" "是二进制 00100000，大写字母"A"是二进制 01000001，数字"0"是二进制 00110000。这 128 个符号只占用了一个字节（由 8 个二进制位组成）的后面 7 位，最前面的一位统一规定为 0。

英语用 ASCII 码的 128 个符号编码就够了，但是用来表示其他语言，如中国的汉字，多达 10 万左右，一个字节只能表示 256 种符号，肯定是不够的，就必须使用多个字节表达一个符号。Unicode 是为了解决 ASCII 字符编码方案的局限而产生的，它为每种语言中的每个字符设定了统一并且唯一的二进制编码，以满足世界上所有的文字符号。如汉语中的"中"，对应的 Unicode 编码是十六进制值 4E2D，即二进制 100111000101101。

知识点 2　逻辑代数基础

1. 基本公式

根据逻辑乘 $L = A \cdot B$ 的定义有　　　　　推理出运算基本公式

$$0 \cdot 0 = 0 \qquad\qquad A \cdot 0 = 0$$
$$0 \cdot 1 = 0 \qquad\qquad A \cdot 1 = A$$
$$1 \cdot 0 = 0 \qquad\qquad A \cdot \overline{A} = 0$$
$$1 \cdot 1 = 1 \qquad\qquad A \cdot A = A$$

根据逻辑或 $L = A + B$ 的定义有

$$0 + 0 = 0 \qquad\qquad A + 1 = 1$$
$$0 + 1 = 1 \qquad\qquad A + 0 = A$$
$$1 + 0 = 1 \qquad\qquad A + A = A$$
$$1 + 1 = 1 \qquad\qquad A + \overline{A} = 1$$

根据逻辑非 $L = \overline{A}$ 的定义有

$$\overline{0} = 1 \qquad\qquad \overline{\overline{A}} = A$$
$$\overline{1} = 0$$

2. 基本定律

交换律：	$A \cdot B = B \cdot A$	$A + B = B + A$
结合律：	$A \cdot B \cdot C = A \cdot (B \cdot C)$	$A + B + C = A + (B + C)$
分配律：	$A \cdot (B + C) = AB + AC$	$(A + B)(A + C) = A + B \cdot C$
狄摩根定律：	$\overline{A \cdot B \cdot C} = \overline{A} + \overline{B} + \overline{C}$	$\overline{A + B + C} = \overline{A} \cdot \overline{B} \cdot \overline{C}$

知识点 3　波形图表示和逻辑表示的相互转换

一个比较复杂的逻辑电路，往往有多个逻辑变量。输出变量与输入变量之间的逻辑函数的描述方法除前述的逻辑符号、逻辑表达式、逻辑真值表外，还可以用波形图来表示。将输入和输出关系按时间顺序依次排列得到的图形，称为波形图。如图 7.17（a）所示，A、B 为输入变量，L 为输出变量，在 t_1 时间段内，A、B 输入均为低电平 0，此时输出 L 为高电平 1。依此类推，在 t_2 时间段内，A、B 输入为 1、0 时，输出 L 为 0；在 t_3 时间段内，A、B 输入为 0、1 时，输出 L 为 0；在 t_4 时间段内，A、B 输入为 1、1 时，输出 L 为 1。图 7.17（b）是常用的另一种波形图表示方法，与前者没有区别。

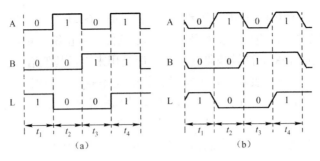

图 7.17 波形图表示

同一逻辑关系的逻辑符号、逻辑表达式、逻辑真值表、波形图表示是可以互相转换的。

1. 由逻辑符号电路图写出逻辑函数表达式

进行这一转换的方法是根据逻辑电路图逐级写出每个逻辑符号的输出逻辑函数式,直到最后,如图 7.18 所示。

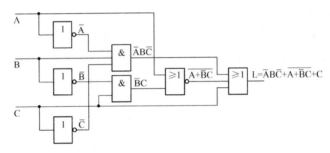

图 7.18 根据逻辑电路图写出逻辑函数表达式

2. 由逻辑函数表达式作出逻辑电路图

进行这一转换的方法是把逻辑函数中所有与、或、非等运算式用相应的逻辑门符号替代,并按照运算优先顺序把这些逻辑门连接起来。例如,已知逻辑函数:

$$L = \overline{A}B\overline{C} + \overline{ABC} + (A \oplus B) \cdot (\overline{A+B})$$

根据转换方法画出的逻辑电路如图 7.19 所示。

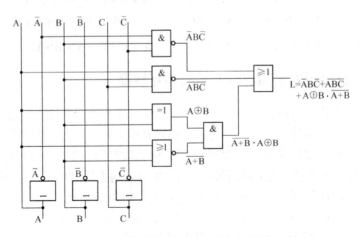

图 7.19 根据逻辑函数表达式画出的逻辑电路

3. 由真值表写出逻辑函数表达式

由真值表写出逻辑函数表达式的一般方法是：首先找出真值表中使逻辑函数输出 L = 1 的那些输入变量取值组合，每组输入变量取值的组合对应一个乘积项，其中取值为 1 的写出逻辑变量的原变量，取值为 0 的写出逻辑变量的非变量，然后把这些乘积项相加，即得 L 的逻辑函数表达式。如由真值表 7–12，可写出的逻辑函数表达式为：

$$L = \overline{A}BC + A\overline{B}C + A\overline{B}\overline{C} + ABC$$

4. 由逻辑函数列出真值表

已知逻辑函数表达式列真值表的方法是：首先把输入变量的取值的各种组合按二进制数由小到大排列，然后把每一个组合的逻辑变量的取值代入逻辑函数式，求出逻辑函数的值即可。例如逻辑函数 $L = \overline{A}B + C + A\overline{B}C$，列真值表时把 ABC 的取值组合由 000、001、……、111 从小到大排列，然后分别计算出 ABC = 001 ~ 111 时所对应的 L 的值，表 7–13 是 $L = \overline{A}B + C + A\overline{B}C$ 的真值表和 L 的计算过程。

表 7–12 根据真值表写出逻辑函数表达式

A	B	C	L	使 L = 1 所对应的乘积项
0	0	0	0	
0	0	1	1	$\overline{A}\overline{B}C$
0	1	0	1	$\overline{A}B\overline{C}$
0	1	1	0	
1	0	0	1	$A\overline{B}\overline{C}$
1	0	1	0	
1	1	0	0	
1	1	1	1	ABC

表 7–13 由逻辑函数列出真值表

真值表				L 值的计算过程
A	B	C	L	$L = \overline{A}B + C + A\overline{B}C$
0	0	0	0	L = 1·0 + 0 + 0·1·0 = 0
0	0	1	1	L = 1·0 + 1 + 0·1·1 = 1
0	1	0	1	L = 1·1 + 0 + 0·0·0 = 1
0	1	1	1	L = 1·1 + 1 + 0·0·1 = 1
1	0	0	0	L = 0·0 + 0 + 1·1·0 = 0
1	0	1	1	L = 0·0 + 1 + 1·1·1 = 1
1	1	0	0	L = 0·1 + 0 + 1·0·0 = 0
1	1	1	1	L = 0·1 + 1 + 1·0·1 = 1

知识点 4 卡诺图化简

逻辑函数和实现逻辑函数的数字电路是对应的，逻辑函数简化了，则相应的数字电路也就简单了。功能不变，电路简单，当然是我们所追求的。对逻辑函数化简常用的方法是卡诺图化简。

1. 最小项表示

所谓逻辑函数的最小项，是指包含所有输入变量的最简乘积项，如：三输入变量 A、B、C 的逻辑函数中，ABC、$A\overline{B}C$、$AB\overline{C}$ 就是最小项，而 AC、$\overline{A}B$ 不是最小项，因为它们分别缺少输入变量 B 和 C，$\overline{A}A\overline{B}C$ 也不是最小项，因为它不是最简的。三输入变量 A、B、C 逻辑函数的所有最小项为 $\overline{A}\,\overline{B}\,\overline{C}$、$\overline{A}\,\overline{B}C$、$\overline{A}B\overline{C}$、$\overline{A}BC$、$A\overline{B}\,\overline{C}$、$A\overline{B}C$、$AB\overline{C}$、ABC，共 $2^3 = 8$ 项，可以把它看成二进制数 000、001、010、011、100、101、110、111，即输入变量是非的

看成0,是原的看成1。也可以把它看成十进制数0~7,用m_0、m_1、...、m_7表示。

在写逻辑函数最小项表达式时,可以采用任何一种表示形式,如:

$$L = \bar{A}\bar{B}C + A\bar{B}C + AB\bar{C} + ABC = \sum(1,5,6,7)$$
$$= \sum(m_1, m_5, m_6, m_7) = \sum_m(1,5,6,7)$$

要利用卡诺图化简逻辑函数,首先要把逻辑函数化为最小项之和表示的形式。如果给定的逻辑函数为与或表达式,只要利用基本公式$A + \bar{A} = 1$对所缺变量的项进行补变量即可。例如,把逻辑函数$L(ABC) = AB + \bar{B}C$化成最小项表示为:

$$L = AB + \bar{B}C = AB(C + \bar{C}) + \bar{B}C(A + \bar{A}) = ABC + AB\bar{C} + A\bar{B}C + \bar{A}\bar{B}C$$
$$= m_7 + m_6 + m_5 + m_1 = \sum_m(1,5,6,7) = \sum(1,5,6,7)$$

如果给定的逻辑函数具有公共非号,可以反复使用狄摩根定律,去掉公共非号,直到只存在单个变量上有非为止,如果缺变量,再按$A + \bar{A} = 1$进行补变量。

例如,把逻辑函数$L(ABC) = \overline{(AB + \bar{A}\bar{B} + C)} \cdot \overline{AB}$化成最小项表示为:

$$L(ABC) = \overline{(AB + \bar{A}\bar{B} + C)} \cdot \overline{AB} = \overline{(AB + \bar{A}\bar{B} + C)} + \overline{\overline{AB}}$$
$$= (\overline{AB} \cdot \overline{\bar{A}\bar{B}} \cdot \bar{C}) + AB = (\bar{A} + \bar{B}) \cdot (A + B) \cdot \bar{C} + AB$$
$$= \bar{A}B\bar{C} + A\bar{B}\bar{C} + AB(C + \bar{C}) = \bar{A}B\bar{C} + A\bar{B}\bar{C} + ABC + AB\bar{C}$$
$$= m_3 + m_5 + m_7 + m_6 = \sum_m(3,5,6,7) = \sum(3,5,6,7)$$

2. 卡诺图

卡诺图的行和列是逻辑输入变量的组合,包含了变量所有的取值情况,且相邻的行或列取值只允许1位有变化,行列交叉点的方格就是对应的最小项,图7.20(a)、(b)、(c)是三变量到五变量的卡诺图。

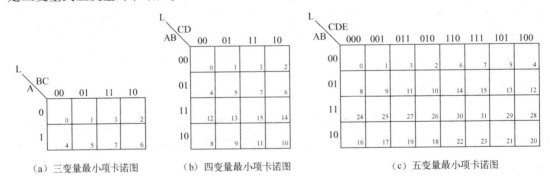

(a) 三变量最小项卡诺图　　(b) 四变量最小项卡诺图　　(c) 五变量最小项卡诺图

图7.20　三变量到五变量的卡诺图

3. 卡诺图填写

(1) 已知逻辑函数的最小项表达式填卡诺图。把在逻辑函数中出现的各个最小项在卡诺图相应的方格中填上"1",其余填上"0",通常0可以不填。例如,根据逻辑函数的最小项表达式为:

$$L = (ABCD) = \sum(0,2,5,7,9,11,13,15)$$,填好后的卡诺图如图7.21所示。

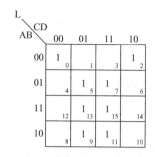

图 7.21　L =（ABCD）= ∑(0,2,5,7,9,11,13,15)卡诺图

（2）已知真值表填卡诺图。在真值表中，找出使输出 L = 1 的乘积项，在卡诺图相应的最小项方格中填"1"即可。根据真值表 7-14，填好的卡诺图如图 7.22 所示。

表 7-14　已知的真值表

十进制数	ABCD	L	十进制数	ABCD	L	十进制数	ABCD	L
0	0000	1	6	0110	1	12	1100	0
1	0001	0	7	0111	0	13	1101	1
2	0010	1	8	1000	1	14	1110	0
3	0011	0	9	1001	0	15	1111	1
4	0100	1	10	1010	0			
5	0101	0	11	1011	0			

（3）已知逻辑函数的与或表达式填卡诺图。若已知的逻辑函数表达式不是最小项之和的形式，一般的方法是可以先化成最小项之和的形式，再填卡诺图。但是当已知的逻辑函数是与或表达式时，可直接填卡诺图而不用化成最小项形式。

例如，已知逻辑函数 $L(ABCD) = A + \overline{B}C + \overline{A}BD + A\overline{B}\overline{C}D$，填卡诺图。

在根据与或表达式填卡诺图之前，首先搞清楚两个问题：

第一，逻辑函数中每一个原变量和非变量在卡诺图中所在的区域。例如原变量 A，通过补变量 $A = A(B+\overline{B})(C+\overline{C})(D+\overline{D}) = \sum(8,9,10,11,12,13,14,15)$ 可知，A 所在区域是卡诺图下半部分的八个方格。其他原变量或非变量情形相似，如图 7.23 所示。

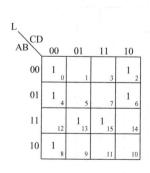

图 7.22　填好后的卡诺图

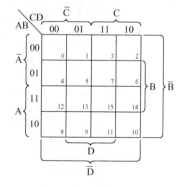

图 7.23　原变量非变量所在区域分布图

第二，与或表达式中的每一项在卡诺图中所在的区域。如 $\overline{B}C$ 项，通过补变量知 $\overline{B}C = \overline{B}$

$C(A+\bar{A})\times(D+\bar{D})=\sum(2,3,10,11)$，$\bar{B}C$ 项所在区域为 $\bar{B}$ 所在区域和 C 所在区域的交叠区域，同样可以证明由三个变量的乘积项所在的区域是三个变量所在区域的交叠区域。

在弄清楚上述两个规律的前提下，已知逻辑函数的与或表达式填卡诺图的方法也就得到了，即：把与或表达式中的每一个乘积项（含只有一个变量和多个变量）在它所在区域的方格内填 1，当一个方格被填上两个或两个以上的 1 时，根据 $1+1=1$ 的运算关系，只填一个 1。

逻辑函数 $L(ABC)=(A+\bar{B}C+\bar{A}BD+A\bar{B}CD)$ 所填卡诺图如图 7.24（a）、(b) 所示，图 7.24（a）所示为按区域填 1 的过程示意图，图 7.24（b）所示为实际填好的卡诺图。

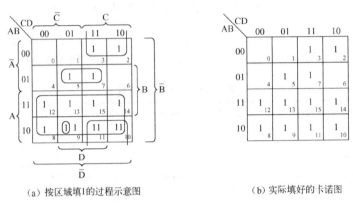

(a) 按区域填1的过程示意图　　(b) 实际填好的卡诺图

图 7.24　按所在区域填卡诺图的过程示意图

4. 卡诺图化简

化简卡诺图的过程其实就是画包围圈的过程：把排列成矩形的 1 个、2 个、4 个、8 个相邻的填 1 方格画进同一个包围圈内，包围圈越大越好，包围圈的个数越少越好，同一个填 1 方格可多次被不同的包围圈所包围，但是新包围圈必须有新的填 1 方格，单独的一个填 1 方格也不要漏掉。相邻的填 1 方格，包括直接相邻、左右相邻、上下相邻和四角相邻四种情况，如图 7.25 所示。

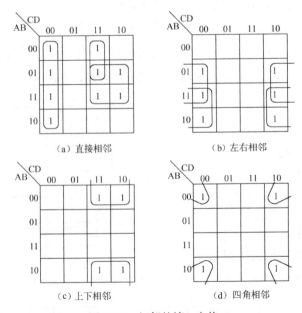

(a) 直接相邻　　(b) 左右相邻

(c) 上下相邻　　(d) 四角相邻

图 7.25　相邻的填 1 方格

用卡诺图化简逻辑函数的步骤为：
① 画出卡诺图并根据逻辑函数填写1。
② 画出包含1的包围圈。
③ 一个包围圈对应于一个乘积项，写出各个包围圈的乘积项表达式。
④ 把各个乘积项相加，即得最简的逻辑函数与或表达式。

例7.1 已知逻辑函数 $L(ABCD)=\sum(0,2,4,8,10,12,15)$，用卡诺图化简。

解：

① 画卡诺图，并根据逻辑函数填卡诺图，如图7.26所示。
② 画出包围圈。
③ 写出各个包围圈的乘积项并相加得到最简的逻辑函数与或表达式。其中，

$$L_1=\sum(0,4,12,8)=\overline{C}\,\overline{D}\,(0、4、8、12\text{ 是}\overline{C}\text{和}\overline{D}\text{所在区域的交叠区})$$

$$L_2=\sum(0,2,8,10)=\overline{B}\,\overline{D}\,(0、2、8、10\text{ 是}\overline{B}\text{和}\overline{D}\text{所在区域的交叠区})$$

$$L_3=\sum(15)=ABCD$$

所以， $L=\overline{C}\,\overline{D}+\overline{B}\,\overline{D}+ABCD$

例7.2 把下列逻辑函数化成最简的与或表达式。

$$L_a(ABCD)=\sum(0,1,2,3,4,5,6,7,10,11)$$
$$L_b(ABCD)=\sum(0,1,2,5,6,7,10,11,14,15)$$
$$L_c(ABCD)=\sum(1,2,4,9,10,11,13,15)$$
$$L_d(ABCD)=\sum(1,5,6,7,11,12,13,15)$$

解：

① 画出逻辑函数 L_a、L_b、L_c、L_d 的卡诺图，并根据 L_a、L_b、L_c、L_d 填卡诺图，如图7.27所示。

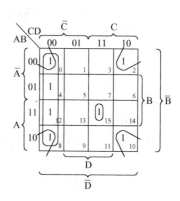

图7.26 例7.1的卡诺图

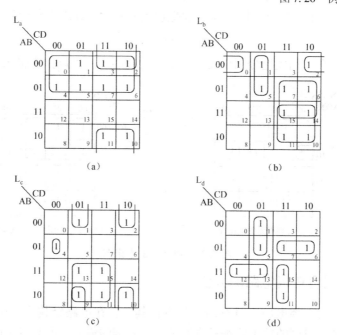

图7.27 例7.2的四个卡诺图

② 画出各个卡诺图内填 1 方格的包围圈。

③ 求出各个卡诺图内各个包围圈相应的乘积项并相加得最简逻辑函数的与或表达式为：

$$L_a(ABCD) = \overline{A} + \overline{BC}$$

$$L_b(ABCD) = BC + AC + \overline{A}\,\overline{B}\,D + \overline{A}\,CD$$

$$L_c(ABCD) = AD + \overline{BC}\,\overline{D} + \overline{B}\,CD + \overline{AB}\,\overline{C}\,\overline{D}$$

$$L_d(ABCD) = AB\,\overline{C} + \overline{ABC} + \overline{A}\,CD + ACD$$

n 个输入变量的逻辑函数所有 2^n 个最小项中有时会有一些最小项是受约束的项（不允许出现）或者是任意项（有这些项还是无这些项对逻辑函数没有影响），这些约束项和任意项统称为无关最小项。由于无关最小项在逻辑函数中要么不会出现，要么对逻辑函数无影响，因此这些无关最小项在卡诺图中相应的方格中是 1 或是 0 都无所谓；在填卡诺图时，把这些无关最小项在相应的方格中填"×"，以示区别；在画包围圈时，可根据需要把"×"当 1 看待，也可把"×"当 0 看待。

例 7.3 用卡诺图化简逻辑函数：

$$L(ABCD) = \sum_m(0,1,4,6,9,13) + \sum_d(2,3,5,7,10,11,15)$$

其中 $\sum_d(2,3,5,7,10,11,15)$ 中的七个最小项是无关最小项。

解：

① 画出卡诺图，在 $\sum_m(0,1,4,6,9,1,3)$ 中的最小项在卡诺图相应的方格中填 1，在 $\sum_d(2,3,5,7,10,11,15)$ 中的无关最小项在卡诺图相应方格中填"×"，如图 7.28（a）和（b）所示。

② 在图 7.28（a）中只对填 1 方格画包围圈，并求出化简后逻辑函数为：

$$L'(ABCD) = \overline{A}\,\overline{B}\,\overline{C} + \overline{A}\,CD + A\overline{B}\,\overline{D}$$

在图 7.28（b）中，充分利用"×"项把包围圈画大，并求出化简后的逻辑函数为：

$$L(ABCD) = \overline{A} + D$$

显然 L 比 L' 简单，因此充分利用无关项把包围圈画大，可以把逻辑函数简化得更简单。

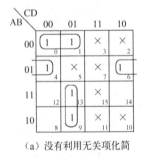
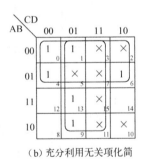

（a）没有利用无关项化简　　　　　　　（b）充分利用无关项化简

图 7.28　例 7.3 的卡诺图

知识点 5　组合逻辑电路的分析

在数字系统中有一类电路，具有两个特点：其一，在电路结构上，电路均由门电路组成；其二，电路某一时刻的输出状态只决定于这一时刻的输入，而与过去的输入和输出状态无关，这一类电路称为组合逻辑电路，常用的组合逻辑电路有半加器、全加器、多位加法器、编码器、译码器、数据选择器、数值比较器等。

组合逻辑电路中，已知逻辑电路，分析电路的逻辑功能，采用的分析步骤是：

(1) 根据逻辑电路，逐级写出逻辑函数式，直到写出最终输出的逻辑函数表达式。
(2) 根据逻辑函数表达式，列出真值表。
(3) 根据逻辑函数和真值表，分析逻辑功能。

例 7.4 已知逻辑电路图 7.29 所示，分析其逻辑功能。

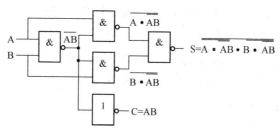

图 7.29 逻辑电路图

(1) 逐级写出逻辑函数式，直到写出最终输出的逻辑函数表达式为：

$$S = \overline{A \cdot \overline{AB} \cdot B \cdot \overline{AB}}$$
$$C = AB$$

(2) 根据逻辑函数表达式，列出真值表。首先用狄摩根定律对 S 的表达式进行变换：

$$S = \overline{A \cdot \overline{AB} \cdot B \cdot \overline{AB}} = \overline{A \cdot \overline{AB}} + \overline{B \cdot \overline{AB}} = A(\overline{A}+\overline{B}) + B(\overline{A}+\overline{B})$$
$$= A\overline{A} + A\overline{B} + \overline{A}B + B\overline{B} = A\overline{B} + \overline{A}B = A \oplus B$$

根据 $S = A \oplus B$，$C = AB$ 得真值表 7 – 15。

(3) 根据逻辑函数表达式和真值表，分析逻辑功能。由真值表可以看出，把输入 A 当作加数，B 当作被加数，则 S 为和，C 为进位。因此，图 7.29 是两个一位二进制数的加法器，称为半加器，在组合逻辑电路中，半加器有它的专用逻辑符号，如图 7.30 所示。

表 7 – 15 真值表

输	入	输	出
A	B	C	S
0	0	0	0
0	1	0	1
1	0	0	1
1	1	1	0

图 7.30 半加器的
逻辑符号

知识点 6 组合逻辑电路的设计

根据逻辑功能要求，设计组合逻辑电路，采用的设计步骤是：
(1) 根据逻辑功能要求，作出输入、输出的逻辑规定。

(2) 根据逻辑规定,列出真值表。

(3) 根据真值表,用卡诺图进行化简,得到最简的逻辑函数表达式。

(4) 根据最简的逻辑函数表达式,画出逻辑电路图。

例 7.5 设计一个举重表决电路,共有三名裁判员,一名主裁判二名副裁判,当主裁判同意且至少一名副裁判同意时,该次举重成绩被认可,否则此次举重成绩视为无效。

设计组合逻辑电路过程如下:

(1) 逻辑规定:规定主裁判用 A 表示,副裁判用 B、C 表示,裁判同意即为 1,不同意即为 0,举重成绩用 Y 表示,成绩有效 Y = 1,成绩无效 Y = 0;

(2) 列出真值表如表 7 - 16 所列。

(3) 根据真值表得到逻辑函数表达式:$Y = A\overline{B}C + AB\overline{C} + ABC$。

(4) 画出逻辑电路图如图 7.31 所示。设计完成。

表 7-16 举重表决真值表

A	B	C	Y
0	0	0	0
0	0	1	0
0	1	0	0
0	1	1	0
1	0	0	0
1	0	1	1
1	1	0	1
1	1	1	1

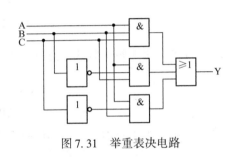

图 7.31 举重表决电路

例 7.6 设计两个一位二进制数值比较器,比较结果有等于、大于、小于三种输出。

解:(1) 逻辑规定:令两个一位二进制数是 A、B,三个输出为 $L_1(A = B)$、$L_2(A > B)$、$L_3(A < B)$。

(2) 列出真值表,根据以上逻辑功能和逻辑规定,列出真值表见表 7 - 17。

(3) 由真值表写出逻辑函数表达式如下:

$$L_1(A = B) = \overline{A}\,\overline{B} + AB = \overline{A \oplus B} = \overline{A\overline{B} + \overline{A}B}$$

$$L_2(A > B) = A\overline{B}$$

$$L_3(A < B) = \overline{A}B$$

(4) 画出逻辑电路如图 7.32 所示。

表 7-17 两个一位二进制数值比较器

输入		输出		
A	B	$L_1(A=B)$	$L_2(A>B)$	$L_3(A<B)$
0	0	1	0	0
0	1	0	0	1
1	0	0	1	0
1	1	1	0	0

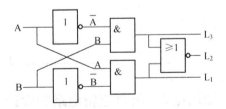

图 7.32 两个一位二进制数值比较器逻辑电路

知识点7 组合逻辑电路的竞争与冒险

由于传输延迟时间的存在，输入信号经过门电路后，会经过一定的延迟后输出。组合逻辑电路的竞争是指同一输入信号经过不同途径到达同一门的输入端时，由于不同途径的延迟时间不一致，使得到达同一门的输入端时有先有后的现象。如图 7.33（a）所示，输入信号 A 一路经过非门，另一路直接经传输线，两者均输入到与门的输入端。由于非门会产生延迟，使两者到达与门的输入端延迟时间不一致，存在竞争。组合逻辑电路的冒险是指由于竞争的存在，导致在输出端产生尖峰干扰脉冲的现象。由于图 7.33（a）在与门的输入端存在竞争，导致输出端出现尖峰干扰的冒险信号，如图 7.33（b）波形所示。

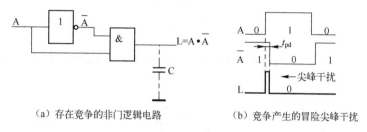

(a) 存在竞争的非门逻辑电路　　　　(b) 竞争产生的冒险尖峰干扰

图 7.33　组合逻辑电路的竞争与冒险

在实际应用中，如果组合逻辑电路的逻辑关系是正确的，但是电路的工作却不正常，这时应想到电路是否存在着干扰，其中包含由竞争冒险产生的尖峰干扰。

消除尖峰干扰的方法很多，其中最简单的方法是在产生尖峰干扰的输出端到电路地之间接一个数百 pF 的小电容，如图 7.33（a）中与门输出端虚线所接的电容 C，其他方法还有加封锁脉冲法、加选通脉冲法和修改逻辑设计法等。

项目实施　全加器设计与制作

电路如图 7.10 所示，完成本项目可能需要的仪器仪表及材料，如表 7-18 所示。

表 7-18

序号	名　称	型　号	数量	备注
1	数字万用表/模拟万用表	DT9205/MF47	1只	
2	数字逻辑实验箱	THDL-1型	1台	
3	集成2输入四与门	74HC08	1片	
4	集成2输入四或门	74HC32	1片	
5	集成六反相器	74HC04	1片	
6	集成2输入四与非门	74HC00	1片	

习　题　7

7.1　画出十种门电路的逻辑符号图，写出它们的逻辑函数表达式，列出它们的真值表。

7.2　图 7.34 中的各个门电路是 TTL 门电路，写出各个门的输出状态（0、1 或高阻）或逻辑函数表达式。

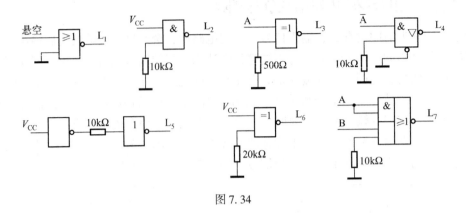

图 7.34

7.3 图 7.35 中所示的各个门电路是 CMOS 门电路,写出各个门的输出状态(0、1 或高阻)或逻辑函数表达式。

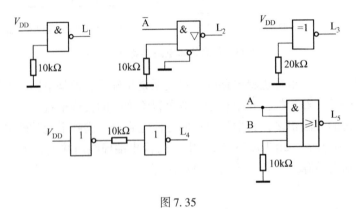

图 7.35

7.4 在图 7.36（a）所示的电路中,已知输入电压 u_i 波形如图（b）所示,试在图（c）画出输出电压的波形,其中 G_1 为 TTL 与非门,G_2 为 CMOS 非门。

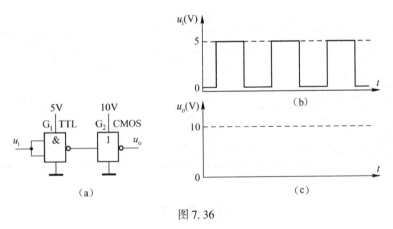

图 7.36

7.5 在图 7.37（a）所示的电路中,已知 u_i 的波形如图 7.37（b）,试在图（c）画出 u_{o1}、u_{o2}、u_o 的波形,其中 G_1 为 TTL 与非门,G_2 为 TTL OC 门,G_3 为 CMOS 非门。

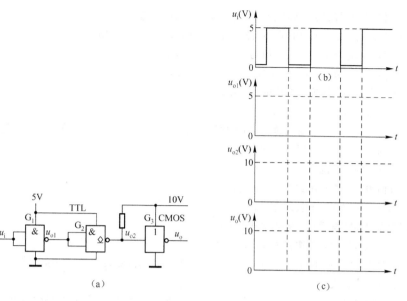

图 7.37

7.6 在图 7.38 所示的电路中，图（a）为 TTL 与非门，图（b）为 CMOS 与非门，试计算电源提供给电路的电流 I_a 和 I_b。

7.7 在图 7.39（a）所示中，非门是 CMOS 非门，图（b）所示 u_i 和 u_o 是非门的输入和输出信号波形，当 u_i 信号频率增加时，非门器件的温升也随着升高，这种现象是否正常？试说明理由。

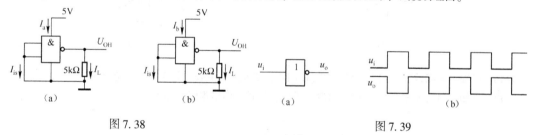

图 7.38　　　　　　　　　　图 7.39

7.8 在图 7.40（a）所示中，一个非门是 TTL，一个非门是 CMOS，所加的电源电压都是 5V，所加的输入信号也是一样的，试在图（b）画出两个非门的输出信号的电压波形。

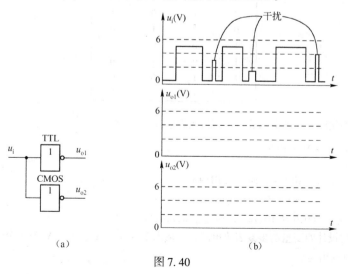

图 7.40

7.9 把下列二进制数转换成等值的十六进制数和等值的十进制数。

(1) $(11000011)_2$；(2) $(1010101)_2$；(3) $(1101.0111)_2$；(4) $(110.011)_2$。

7.10 把下列十六进制数转换为等值的二进制数和等值的十进制数。

(1) $(2A5)_{16}$；(2) $(101)_{16}$；(3) $(3F.1)_{16}$；(4) $(10.01)_{16}$。

7.11 把下列十进制数转换为对应的二进制数、BCD 码。

(1) $(7)_{10}$；(2) $(13)_{10}$；(3) $(256)_{10}$。

7.12 有两个完全相同的逻辑问题，它们的逻辑函数表达式是否可以不一样？它们的逻辑电路是否可以不一样？它们的真值表是否可以不一样？

7.13 试用自己的语言说出：

(1) 根据真值表写出逻辑函数表达式的方法。

(2) 根据函数表达式列真值表的方法。

(3) 根据逻辑电路图写逻辑函数表达式的方法。

(4) 根据逻辑函数表达式画逻辑电路图的方法。

7.14 已知逻辑电路图如图 7.41 所示，试写出它的输出逻辑函数表达式，并通过转化写出逻辑函数的最小项表达式，列出真值表。

7.15 已知逻辑电路如图 7.42 所示，写出它的输出逻辑函数表达式，并通过转化写出它的逻辑函数最小项表达式，列出真值表。

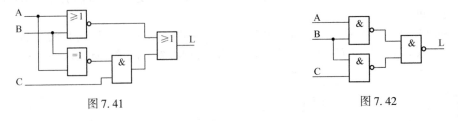

图 7.41　　　　　　　　　　　图 7.42

7.16 已知逻辑函数表达式 $L = AB + \overline{\overline{BC}(\overline{C}+\overline{D})}$，试列出真值表，并作出逻辑电路图。

7.17 已知真值表如表 7-19，试写出逻辑函数表达式，作出逻辑电路图。

表 7-19

A	B	C	L
0	0	0	1
0	0	1	0
0	1	0	1
0	1	1	0
1	0	0	1
1	0	1	0
1	1	0	0
1	1	1	0

7.18 用卡诺图化简下列逻辑函数为最简与或表达式：

(1) $Y(ABC) = \overline{A}\,\overline{B} + AC + \overline{B}C$；

(2) $Y(ABCD) = \overline{A}\,\overline{B} + AB\,\overline{C} + B\,\overline{\overline{DC} + \overline{A}\,\overline{BD}} + C$

(3) $Y(ABCD) = \sum(m_0 m_1 m_2 m_3 m_4 m_5 m_6 m_8 m_9 m_{11} m_{14})$；

(4) $Y(ABCD) = \sum_m(0,6,9,10,12,15) + \sum_d(2,7,8,11,13,14)$。

7.19 用与非门设计四变量的多数表决电路，当输入变量 A_3、A_2、A_1、A_0 有 3 个或 3 个以上为 1 时输出为 1，其余输入时输出为 0。

项目 8 四路抢答器制作

学习目标

通过本项目的学习，了解编码器、译码器、数据选择器、缓冲器等常用接口芯片的逻辑功能，掌握其基本使用方法；掌握 LED 数码显示电路的设计和制作。

工作任务

设计并在数字实验箱上制作数码管显示的四路输入抢答器，带有总控制输入按钮。画出电路原理图和布线图，进行功能测试和故障排除，编写项目设计与制作报告。

四路抢答器参考电路原理图如图 8.1 所示。

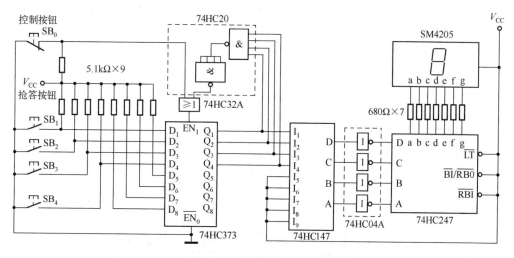

图 8.1 四路抢答器原理图

技能训练 25 数据选择器逻辑功能测试

完成本任务所需仪器仪表及材料如表 8-1 所示

表 8-1

序号	名称	型号	数量	备注
1	数字万用表/模拟万用表	DT9205/MF47	1 只	
2	20 MHz 双踪示波器	YB4320A	1 台	
3	函数信号发生器	DF1641A	1 台	
4	数字逻辑实验箱	THDL-1 型	1 台	
5	集成数据选择器	74HC151	1 片	
6	集成模拟开关	CD4051	1 片	

任务书 8-1

任务名称	数据选择器逻辑功能测试
电路图	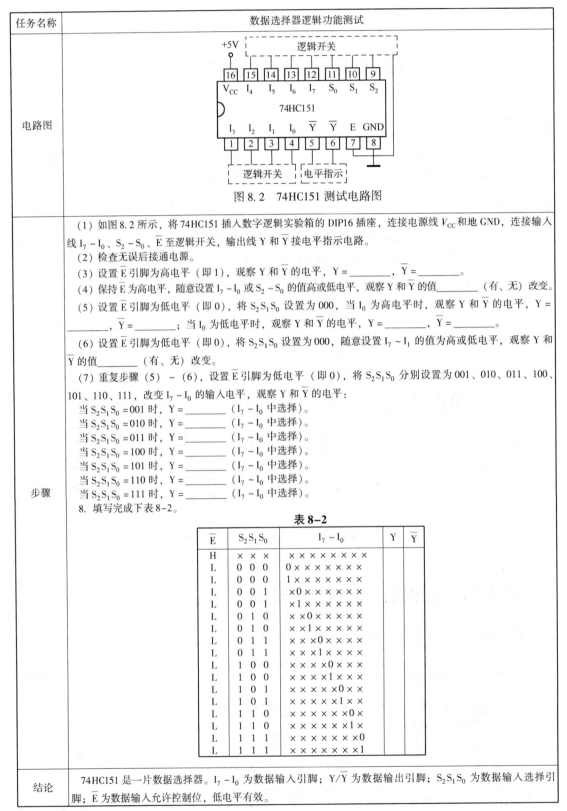 图 8.2　74HC151 测试电路图
步骤	(1) 如图 8.2 所示，将 74HC151 插入数字逻辑实验箱的 DIP16 插座，连接电源线 V_{CC} 和地 GND，连接输入线 $I_7 \sim I_0$、$S_2 \sim S_0$、$\overline{E}$ 至逻辑开关，输出线 Y 和 $\overline{Y}$ 接电平指示电路。 (2) 检查无误后接通电源。 (3) 设置 $\overline{E}$ 引脚为高电平（即 1），观察 Y 和 $\overline{Y}$ 的电平，Y = _____，$\overline{Y}$ = _____。 (4) 保持 $\overline{E}$ 为高电平，随意设置 $I_7 \sim I_0$ 或 $S_2 \sim S_0$ 的值高或低电平，观察 Y 和 $\overline{Y}$ 的值 _____（有、无）改变。 (5) 设置 $\overline{E}$ 引脚为低电平（即 0），将 $S_2S_1S_0$ 设置为 000，当 I_0 为高电平时，观察 Y 和 $\overline{Y}$ 的电平，Y = _____，$\overline{Y}$ = _____；当 I_0 为低电平时，观察 Y 和 $\overline{Y}$ 的电平，Y = _____，$\overline{Y}$ = _____。 (6) 设置 $\overline{E}$ 引脚为低电平（即 0），将 $S_2S_1S_0$ 设置为 000，随意设置 $I_7 \sim I_1$ 的值为高或低电平，观察 Y 和 $\overline{Y}$ 的值 _____（有、无）改变。 (7) 重复步骤（5）～（6），设置 $\overline{E}$ 引脚为低电平（即 0），将 $S_2S_1S_0$ 分别设置为 001、010、011、100、101、110、111，改变 $I_7 \sim I_0$ 的输入电平，观察 Y 和 $\overline{Y}$ 的电平： 　　当 $S_2S_1S_0$ =001 时，Y = _____（$I_7 \sim I_0$ 中选择）。 　　当 $S_2S_1S_0$ =010 时，Y = _____（$I_7 \sim I_0$ 中选择）。 　　当 $S_2S_1S_0$ =011 时，Y = _____（$I_7 \sim I_0$ 中选择）。 　　当 $S_2S_1S_0$ =100 时，Y = _____（$I_7 \sim I_0$ 中选择）。 　　当 $S_2S_1S_0$ =101 时，Y = _____（$I_7 \sim I_0$ 中选择）。 　　当 $S_2S_1S_0$ =110 时，Y = _____（$I_7 \sim I_0$ 中选择）。 　　当 $S_2S_1S_0$ =111 时，Y = _____（$I_7 \sim I_0$ 中选择）。 8. 填写完成下表 8-2。 表 8-2 | $\overline{E}$	$S_2S_1S_0$	$I_7 \sim I_0$	Y	$\overline{Y}$
---	---	---	---	---
H	× × ×	× × × × × × × ×		
L	0 0 0	0 × × × × × × ×		
L	0 0 0	1 × × × × × × ×		
L	0 0 1	× 0 × × × × × ×		
L	0 0 1	× 1 × × × × × ×		
L	0 1 0	× × 0 × × × × ×		
L	0 1 0	× × 1 × × × × ×		
L	0 1 1	× × × 0 × × × ×		
L	0 1 1	× × × 1 × × × ×		
L	1 0 0	× × × × 0 × × ×		
L	1 0 0	× × × × 1 × × ×		
L	1 0 1	× × × × × 0 × ×		
L	1 0 1	× × × × × 1 × ×		
L	1 1 0	× × × × × × 0 ×		
L	1 1 0	× × × × × × 1 ×		
L	1 1 1	× × × × × × × 0		
L	1 1 1	× × × × × × × 1			
结论	74HC151 是一片数据选择器。$I_7 \sim I_0$ 为数据输入引脚；Y/$\overline{Y}$ 为数据输出引脚；$S_2S_1S_0$ 为数据输入选择引脚；$\overline{E}$ 为数据输入允许控制位，低电平有效。

知识点　数据选择器介绍

从多路数据中有选择地把其中一路信号送到输出总线上的组合逻辑电路称为数据选择器。八选一数据选择器 CC4512 功能原理示意图和逻辑电路框图如图 8.3（a）、(b) 所示。

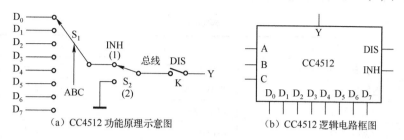

图 8.3　CC4512 功能原理示意图和逻辑电路框图

图中，$D_7 \sim D_0$ 是被选择的数据输入，S_1 是由 ABC 控制的选择开关，当 ABC 为 000 时，S_1 接通 D_0；当 ABC 为 001 时，S_1 接通 D_1，……，以此类推，当 ABC 为 111 时，S_1 接通 D_7。DIS 为三态控制输入，DIS = 0 时，K 合上，Y 可以输出 0 或 1；当 DIS = 1 时，K 断开，Y 为高阻状态。INH 为禁止输入控制信号，当 INH = 0 时，S_2 指向（1），$D_7 \sim D_0$ 被选择后和总线接通，INH = 1 时，S_2 指向（2），总线的信号总为 0，输入数据 $D_7 \sim D_0$ 被禁止送出。在正常工作时 DIS、INH 均应接低电平。用功能表表示见表 8-3。

表 8-3　CC4512 功能表

输　　　　入					输　　出
DIS	INH	A	B	C	Y
1	×	×	×	×	高阻
0	1	×	×	×	0
0	0	0	0	0	D_0
0	0	0	0	1	D_1
0	0	0	1	0	D_2
0	0	0	1	1	D_3
0	0	1	0	0	D_4
0	0	1	0	1	D_5
0	0	1	1	0	D_6
0	0	1	1	1	D_7

集成数据选择器的品种较多，除八选一外，还有四选一、十六选一。其中有原码输出，也有反码输出，有 CMOS 数据选择器，也有 TTL 数据选择器。例如，既有原码，又有反码互补输出的八选一数据选择器 CC74HC354/356，双四选一数据选择器 CC14529，反码输出的十六选一数据选择器 54/74150 等。

数据选择器是对输入的数字信号进行选择性输出。对于模拟信号，能够进行选择输出的芯片则是多路模拟开关，常用芯片如 CD4051/2/3、CD4066/7 等，两者是不能互换使用的。

技能训练 26 译码器/编码器逻辑功能测试

完成本任务所需仪器仪表及材料如表 8-4 所示。

表 8-4

序 号	名 称	型 号	数 量	备 注
1	数字万用表/模拟万用表	DT9205/MF47	1 只	
2	数字逻辑实验箱	THDL-1 型	1 台	
3	集成数据译码器	74HC138	1 片	
4	集成数据编码器	74HC147	1 片	

任务书 8-2

任务名称	数据译码器功能测试
电路图	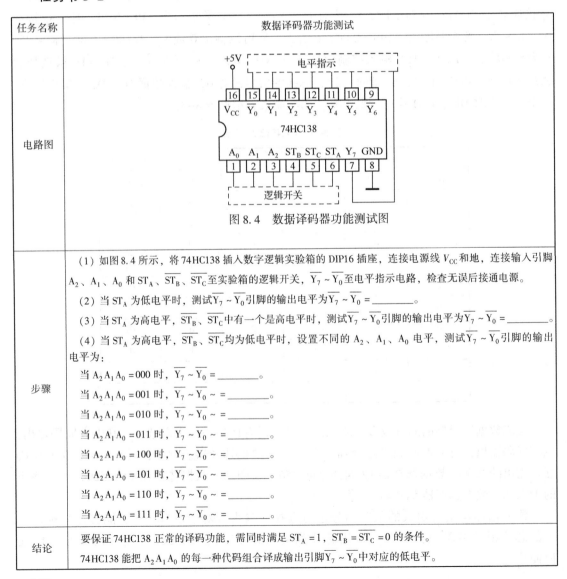 图 8.4 数据译码器功能测试图
步骤	(1) 如图 8.4 所示,将 74HC138 插入数字逻辑实验箱的 DIP16 插座,连接电源线 V_{CC} 和地,连接输入引脚 A_2、A_1、A_0 和 ST_A、$\overline{ST_B}$、$\overline{ST_C}$ 至实验箱的逻辑开关,$\overline{Y_7} \sim \overline{Y_0}$ 至电平指示电路,检查无误后接通电源。 (2) 当 ST_A 为低电平时,测试 $\overline{Y_7} \sim \overline{Y_0}$ 引脚的输出电平为 $\overline{Y_7} \sim \overline{Y_0}$ = _____。 (3) 当 ST_A 为高电平,$\overline{ST_B}$、$\overline{ST_C}$ 中有一个是高电平时,测试 $\overline{Y_7} \sim \overline{Y_0}$ 引脚的输出电平为 $\overline{Y_7} \sim \overline{Y_0}$ = _____。 (4) 当 ST_A 为高电平,$\overline{ST_B}$、$\overline{ST_C}$ 均为低电平时,设置不同的 A_2、A_1、A_0 电平,测试 $\overline{Y_7} \sim \overline{Y_0}$ 引脚的输出电平为: 当 $A_2A_1A_0$ = 000 时,$\overline{Y_7} \sim \overline{Y_0}$ = _____。 当 $A_2A_1A_0$ = 001 时,$\overline{Y_7} \sim \overline{Y_0}$ = _____。 当 $A_2A_1A_0$ = 010 时,$\overline{Y_7} \sim \overline{Y_0}$ = _____。 当 $A_2A_1A_0$ = 011 时,$\overline{Y_7} \sim \overline{Y_0}$ = _____。 当 $A_2A_1A_0$ = 100 时,$\overline{Y_7} \sim \overline{Y_0}$ = _____。 当 $A_2A_1A_0$ = 101 时,$\overline{Y_7} \sim \overline{Y_0}$ = _____。 当 $A_2A_1A_0$ = 110 时,$\overline{Y_7} \sim \overline{Y_0}$ = _____。 当 $A_2A_1A_0$ = 111 时,$\overline{Y_7} \sim \overline{Y_0}$ = _____。
结论	要保证 74HC138 正常的译码功能,需同时满足 ST_A = 1,$\overline{ST_B}$ = $\overline{ST_C}$ = 0 的条件。 74HC138 能把 $A_2A_1A_0$ 的每一种代码组合译成输出引脚 $\overline{Y_7} \sim \overline{Y_0}$ 中对应的低电平。

任务书 8-3

任务名称	数据编码器功能测试
电路图	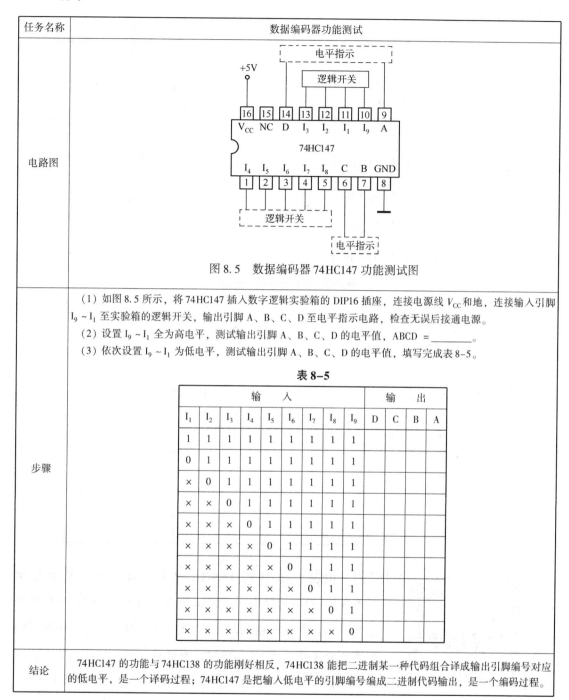 图 8.5 数据编码器 74HC147 功能测试图
步骤	(1) 如图 8.5 所示，将 74HC147 插入数字逻辑实验箱的 DIP16 插座，连接电源线 V_{CC} 和地，连接输入引脚 $I_9 \sim I_1$ 至实验箱的逻辑开关，输出引脚 A、B、C、D 至电平指示电路，检查无误后接通电源。 (2) 设置 $I_9 \sim I_1$ 全为高电平，测试输出引脚 A、B、C、D 的电平值，ABCD = _____。 (3) 依次设置 $I_9 \sim I_1$ 为低电平，测试输出引脚 A、B、C、D 的电平值，填写完成表 8-5。 表 8-5 | 输　　入									输　出			
---	---	---	---	---	---	---	---	---	---	---	---	---
I_1	I_2	I_3	I_4	I_5	I_6	I_7	I_8	I_9	D	C	B	A
1	1	1	1	1	1	1	1	1				
0	1	1	1	1	1	1	1	1				
×	0	1	1	1	1	1	1	1				
×	×	0	1	1	1	1	1	1				
×	×	×	0	1	1	1	1	1				
×	×	×	×	0	1	1	1	1				
×	×	×	×	×	0	1	1	1				
×	×	×	×	×	×	0	1	1				
×	×	×	×	×	×	×	0	1				
×	×	×	×	×	×	×	×	0					
结论	74HC147 的功能与 74HC138 的功能刚好相反，74HC138 能把二进制某一种代码组合译成输出引脚编号对应的低电平，是一个译码过程；74HC147 是把输入低电平的引脚编号编成二进制代码输出，是一个编码过程。

知识点 1　译码器

译码器是把各种二进制代码转换成与之相对应的按十进制数编号的输出为高电平或低电平的逻辑电路。常用的译码器有 3 线 - 8 线译码器，4 线 - 16 线译码器和 4 线 - 10 线译码器。

3线-8线译码器74HC138的逻辑电路框图、输出和输入之间的逻辑函数表达式和功能表分别见图8.6、式（8-1）和表8-6。

$$\left.\begin{aligned}\overline{Y_0} &= \overline{\overline{A_2}\,\overline{A_1}\,\overline{A_0}} = \overline{m_0} \\ \overline{Y_1} &= \overline{\overline{A_2}\,\overline{A_1}\,A_0} = \overline{m_1} \\ \overline{Y_2} &= \overline{\overline{A_2}\,A_1\,\overline{A_0}} = \overline{m_2} \\ \overline{Y_3} &= \overline{\overline{A_2}\,A_1\,A_0} = \overline{m_3} \\ \overline{Y_4} &= \overline{A_2\,\overline{A_1}\,\overline{A_0}} = \overline{m_4} \\ \overline{Y_5} &= \overline{A_2\,\overline{A_1}\,A_0} = \overline{m_5} \\ \overline{Y_6} &= \overline{A_2\,A_1\,\overline{A_0}} = \overline{m_6} \\ \overline{Y_7} &= \overline{A_2\,A_1\,A_0} = \overline{m_7}\end{aligned}\right\} \quad (8-1)$$

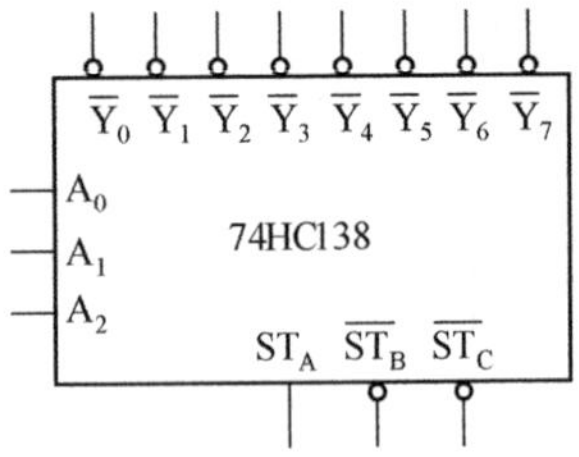

图8.6 74HC138逻辑电路框图

表8-6 74LS138的功能表

输入					输出							
ST_A	$\overline{ST_B}+\overline{ST_C}$	A_2	A_1	A_0	$\overline{Y_0}$	$\overline{Y_1}$	$\overline{Y_2}$	$\overline{Y_3}$	$\overline{Y_4}$	$\overline{Y_5}$	$\overline{Y_6}$	$\overline{Y_7}$
0	×	×	×	×	1	1	1	1	1	1	1	1
×	1	×	×	×	1	1	1	1	1	1	1	1
1	0	0	0	0	0	1	1	1	1	1	1	1
1	0	0	0	1	1	0	1	1	1	1	1	1
1	0	0	1	0	1	1	0	1	1	1	1	1
1	0	0	1	1	1	1	1	0	1	1	1	1
1	0	1	0	0	1	1	1	1	0	1	1	1
1	0	1	0	1	1	1	1	1	1	0	1	1
1	0	1	1	0	1	1	1	1	1	1	0	1
1	0	1	1	1	1	1	1	1	1	1	1	0

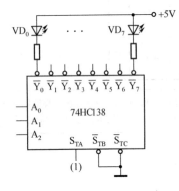

图8.7 74HC138处于正常译码时的连线图

由表8-6和式（8-1）可以看出，$\overline{Y_7} \sim \overline{Y_0}$是变量$A_2A_1A_0$对应的最小项反码输出端，而$ST_A$、$\overline{ST_B}$、$\overline{ST_C}$是译码器的三个控制输入端，当$ST_A=1$、$\overline{ST_B}=\overline{ST_C}=0$时译码器正常工作，当$ST_A=0$时，不管$\overline{ST_B}$、$\overline{ST_C}$是什么状态，或者$\overline{ST_B}+\overline{ST_C}=1$时，不管$ST_A$是什么状态，译码器不工作，$\overline{Y_7} \sim \overline{Y_0}$全部输出为1。

图8.7是使用74HC138的三个输入引脚$A_2A_1A_0$控制8个LED灯的连线图。图中，当$A_2A_1A_0=000$时$\overline{Y_0}=0$，VD_0亮。以此类推，当$A_2A_1A_0=111$时$\overline{Y_7}=0$，VD_7亮。

知识点 2 编码器

编码器是把用十进制数编号代表的一系列不同的事件，转换成和十进制数相对应的各种代码的逻辑电路，相对译码器刚好是一个相反的过程。常用的编码器有 8 线 – 3 线编码器如 74HC148，10 线 – 4 线编码器如 TTL 系列的 74HC147 等。

图 8.8 和表 8-7 是 10 线 – 4 线编码器 74HC147 的逻辑电路图和功能表。

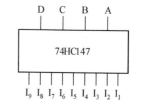

图 8.8 74HC147 逻辑电路框图

表 8-7 74HC147 功能表

输入									输出			
I_1	I_2	I_3	I_4	I_5	I_6	I_7	I_8	I_9	D	C	B	A
1	1	1	1	1	1	1	1	1	1	1	1	1
0	1	1	1	1	1	1	1	1	0	0	0	1
×	0	1	1	1	1	1	1	1	0	0	1	0
×	×	0	1	1	1	1	1	1	0	0	1	1
×	×	×	0	1	1	1	1	1	0	1	0	0
×	×	×	×	0	1	1	1	1	0	1	0	1
×	×	×	×	×	0	1	1	1	0	1	1	0
×	×	×	×	×	×	0	1	1	0	1	1	1
×	×	×	×	×	×	×	0	1	1	0	0	0
×	×	×	×	×	×	×	×	0	1	0	0	1

技能训练 27 LED 显示译码电路制作与测试

完成本任务所需仪器仪表及材料如表 8-8 所示。

表 8-8

序 号	名 称	型 号	数 量	备 注
1	数字万用表/模拟万用表	DT9205/MF47	1 只	
2	数字逻辑实验箱	THDL-1 型	1 台	
3	数字显示译码器	74HC247	1 片	
4	共阳数码显示器	SM4205	1 片	
5	电阻	680Ω	7 只	

任务书 8-4

任务名称	LED 显示译码电路制作与测试
电路图	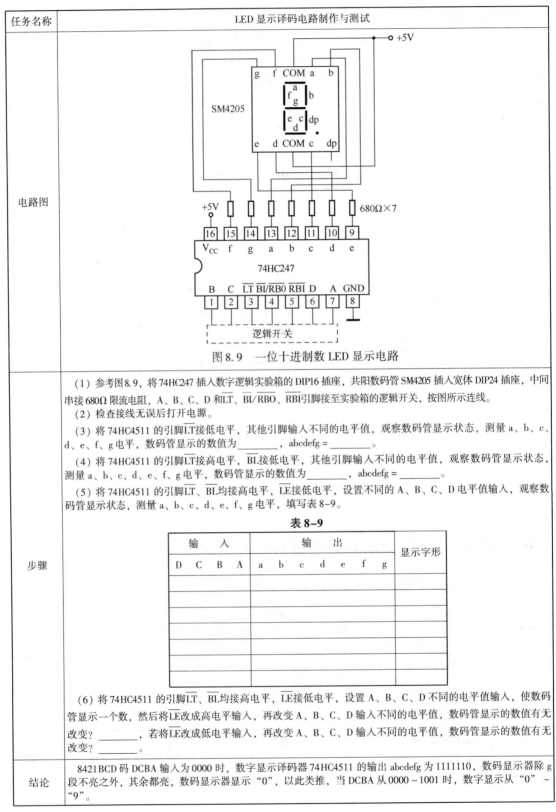 图 8.9 一位十进制数 LED 显示电路
步骤	（1）参考图 8.9，将 74HC247 插入数字逻辑实验箱的 DIP16 插座，共阳数码管 SM4205 插入宽体 DIP24 插座，中间串接 680Ω 限流电阻，A、B、C、D 和 $\overline{LT}$、$\overline{BI/RBO}$、$\overline{RBI}$ 引脚接至实验箱的逻辑开关，按图所示连线。 （2）检查接线无误后打开电源。 （3）将 74HC4511 的引脚 $\overline{LT}$ 接低电平，其他引脚输入不同的电平值，观察数码管显示状态，测量 a、b、c、d、e、f、g 电平，数码管显示的数值为_____，abcdefg = _____。 （4）将 74HC4511 的引脚 $\overline{LT}$ 接高电平，$\overline{BI}$ 接低电平，其他引脚输入不同的电平值，观察数码管显示状态，测量 a、b、c、d、e、f、g 电平，数码管显示的数值为_____，abcdefg = _____。 （5）将 74HC4511 的引脚 $\overline{LT}$、$\overline{BI}$ 均接高电平，$\overline{LE}$ 接低电平，设置不同的 A、B、C、D 电平值输入，观察数码管显示状态，测量 a、b、c、d、e、f、g 电平，填写表 8-9。 表 8-9 | 输 入				输 出							显示字形
---	---	---	---	---	---	---	---	---	---	---	---
D	C	B	A	a	b	c	d	e	f	g	
												  （6）将 74HC4511 的引脚 $\overline{LT}$、$\overline{BI}$ 均接高电平，$\overline{LE}$ 接低电平，设置 A、B、C、D 不同的电平值输入，使数码管显示一个数，然后将 $\overline{LE}$ 改成高电平输入，再改变 A、B、C、D 输入不同的电平值，数码管显示的数值有无改变？_____，若将 $\overline{LE}$ 改成低电平输入，再改变 A、B、C、D 输入不同的电平值，数码管显示的数值有无改变？_____。
结论	8421BCD 码 DCBA 输入为 0000 时，数字显示译码器 74HC4511 的输出 abcdefg 为 1111110，数码显示器除 g 段不亮之外，其余都亮，数码显示器显示 "0"，以此类推，当 DCBA 从 0000～1001 时，数字显示从 "0"～"9"。

知识点 1　LED 数码显示器

常被使用的数码显示器有半导体数码显示器和液晶数码显示器。半导体数码显示器是由七个做成段状的发光二极管（Light Emitting Diode，简称 LED）和一个做成点状的发光二极管组成的，如图 8.10（a）所示，这种数码显示器又叫做 LED 数码管，或叫做 LED 八段显示器；若没有点，叫做 LED 七段显示器。LED 数码管内部连线又有共阳和共阴之分，如图 8.10（b）、（c）所示。

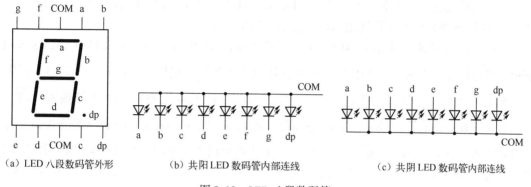

（a）LED 八段数码管外形　　　（b）共阳 LED 数码管内部连线　　　（c）共阴 LED 数码管内部连线

图 8.10　LED 八段数码管

至于七段或八段液晶数字显示器，其字形和八段半导体数码显示器相类似，但是由于显示器所用材料不同，其显示机理、参数和七段半导体数码显示器是不相同的。它的主要优点是功耗极小，工作电压低，常用在微型数字系统中，主要缺点是显示不够清晰，响应速度慢。

LED 数码管显示时，若对应的发光二极管被点亮，流过发光二极管的电流 $I_D \approx 10 \sim 20$ mA，发光二极管两端的电压 $U_{VD} \approx 1.5 \sim 2.3$ V。实际使用中，常用 TTL 电平或 CMOS 电平来驱动 LED 数码管，因此显示电路中需要串接限流电阻。

共阳 LED 数码管驱动电路如图 8.11 所示，控制信号为低电平时发光二极管点亮，一般情况下 $U_{OL} = 0$ V，因此所接的限流电阻 R 的值为：

$$R = \frac{电源电压 - U_{VD}}{I_D}$$

若电源电压为 +5 V，限流电阻阻值可取 330 Ω ~ 1 kΩ。

共阴 LED 数码管驱动电路如图 8.12 所示，控制信号为高电平时发光二极管点亮，一般情况下，对于 TTL 电路，电源电压 $V_{CC} = 5$ V，$U_{oH原} \approx 3.6$ V（最好查手册或实测），对于 CMOS 电路，$U_{oH原} \approx$ 电源电压 $= V_{DD}$。因此所接的限流电阻 R 的值为：

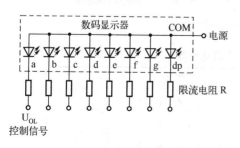

图 8.11　共阳 LED 数码管驱动电路

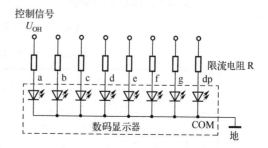

图 8.12　共阴 LED 数码管驱动电路

$$R = \frac{U_{OH} - U_{VD}}{I_D}$$

对于 TTL 电路，限流电阻阻值可取 220~680 Ω。

知识点 2　数字显示译码器

数字显示译码器是把 8421BCD 码转换成能使七段或八段数码显示器显示相对应的十进制数字的组合逻辑电路。因为 LED 数码管有共阳和共阴之分，所以数字显示译码器有反码输出和原码输出之别。在使用时，共阳 LED 数码管必须和反码输出的数字显示译码器联用，共阴 LED 数码管必须和原码输出的数字显示译码器联用。

原码输出数字显示译码器 74HC4511 的逻辑电路框图和功能表如图 8.13（a）、表 8-10 所示。其中 $\overline{LT}$ 为试灯输入，当 $\overline{LT}=0$ 时不管其他输入如何，输出 a、b、c、d、e、f、g 引脚均为高电平，七段灯全亮，显示"8"。正常工作时，$\overline{LT}$ 接高电平。$\overline{BL}$ 为灭灯输入，$\overline{LT}=1$ 时，使 $\overline{BL}=0$，则不管 DCBA 输入状态如何，输出 a、b、c、d、e、f、g 引脚均为低电平，七段灯全灭。正常译码时，$\overline{BL}$ 应接高电平。$\overline{LE}$ 为锁存输出，当 $\overline{LT}=1$、$\overline{BL}=1$ 时，若 $\overline{LE}=1$，则不管输入 DCBA 如何变化，输出 a、b、c、d、e、f、g 引脚均保持不变，正常译码输出时，$\overline{LE}$ 应该为低电平。

早期芯片中，接共阳 LED 数码管的反码输出芯片有 74LS47/247，接共阴 LED 数码管的原码输出芯片有 74LS48/248 等，它们的引脚图如图 8.13（b）所示。其中 $\overline{BI}/\overline{RBO}$ 为灭灯输入控制，当 $\overline{BI}/\overline{RBO}$ 输入为 0 时，无论其他引脚为何电平，译码输出使数码管熄灭；$\overline{LT}$ 为亮灯测试，当 $\overline{BI}/\overline{RBO}=1$ 时，若 $\overline{LT}=0$，则译码输出使数码管全部点亮；当 DCBA=0000 时，可以通过控制 $\overline{RBI}$ 来灭灯，即当 $\overline{LT}=1$、$\overline{RBI}=0$ 且 DCBA=0000 时，译码输出将使数码管全灭，此时，$\overline{BI}/\overline{RBO}$ 作为 $\overline{RBI}$ 的输出引脚使用，$\overline{BI}/\overline{RBO}=\overline{RBI}=0$，用于译码器的串接控制。正常译码时，$\overline{BI}/\overline{RBO}$、$\overline{LT}$ 接高电平。

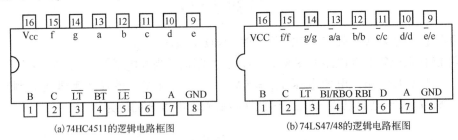

图 8.13　LED 数码管译码器

表 8-10　74HC4511 的功能表

输入							输出							字形
$\overline{LT}$	$\overline{BL}$	$\overline{LE}$	D	C	B	A	a	b	c	d	e	f	g	
0	×	×	×	×	×	×	1	1	1	1	1	1	1	8
1	0	×	×	×	×	×	0	0	0	0	0	0	0	灭
1	1	1	×	×	×	×	—	—	—	—	—	—	—	保持不变

续表

输入							输出							字形
$\overline{LT}$	$\overline{BL}$	$\overline{LE}$	D	C	B	A	$\bar{a}$	$\bar{b}$	$\bar{c}$	$\bar{d}$	$\bar{e}$	$\bar{f}$	$\bar{g}$	
1	1	0	0	0	0	0	1	1	1	1	1	1	0	0
1	1	0	0	0	0	1	0	1	1	0	0	0	0	1
1	1	0	0	0	1	0	1	1	0	1	1	0	1	2
1	1	0	0	0	1	1	1	1	1	1	0	0	1	3
1	1	0	0	1	0	0	0	1	1	0	0	1	1	4
1	1	0	0	1	0	1	1	0	1	1	0	1	1	5
1	1	0	0	1	1	0	0	1	1	1	1	1	1	6
1	1	0	0	1	1	1	1	1	1	0	0	0	0	7
1	1	0	1	0	0	0	1	1	1	1	1	1	1	8
1	1	0	1	0	0	1	1	1	1	1	0	1	1	9

技能训练 28　集成缓冲器功能测试

完成本任务所需仪器仪表及材料如表 8-11 所示。

表 8-11

序　号	名　　称	型　　号	数　量	备　注
1	数字万用表/模拟万用表	DT9205/MF47	1只	
2	数字逻辑实验箱	THDL-1 型	1台	
3	集成缓冲器	74HC245	1片	

任务书 9-5

任务名称	集成缓冲器功能测试
电路图	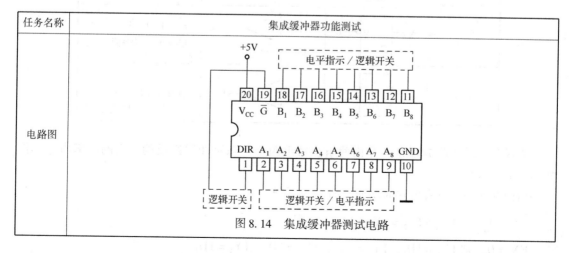 图 8.14　集成缓冲器测试电路

续表

任务名称	集成缓冲器功能测试
步骤	（1）参考图8.14所示，将74HC245插入数字逻辑实验箱的DIP20插座，控制输入端DIR、$\overline{G}$接逻辑开关，按图所示连线。检查接线无误后打开电源。 （2）将$A_8 \sim A_1$接逻辑开关，$B_8 \sim B_1$悬空，设置$\overline{G}=0$，DIR=0，随机设置$A_8 \sim A_1$为高或低电平，测量$B_8 \sim B_1$，是否与$A_8 \sim A_1$的电平一样_____（是、否），改变$A_8 \sim A_1$值，$B_8 \sim B_1$是否会相应改变_____（会、不会）；设置$\overline{G}=0$，DIR=1，随机设置$A_8 \sim A_1$为高或低电平，测量$B_8 \sim B_1$，是否与$A_8 \sim A_1$的电平一样_____（是、否），改变$A_8 \sim A_1$值，$B_8 \sim B_1$是否会相应改变_____（会、不会）。 （3）将$B_8 \sim B_1$接高/低电平开关，$A_8 \sim A_1$悬空，设置$\overline{G}=0$，DIR=0，随机设置$B_8 \sim B_1$为高或低电平，测量$A_8 \sim A_1$，是否与$B_8 \sim B_1$的电平一样_____（是、否），改变$B_8 \sim B_1$值，$A_8 \sim A_1$是否会相应改变_____（会、不会）；设置$\overline{G}=0$，DIR=1，随机设置$B_8 \sim B_1$为高或低电平，测量$A_8 \sim A_1$，是否与$B_8 \sim B_1$的电平一样_____（是、否），改变$B_8 \sim B_1$值，$A_8 \sim A_1$是否会相应改变_____（会、不会）。 （4）设置$\overline{G}=1$，测试数据能否从$A_8 \sim A_1$传送到$B_8 \sim B_1$，从$B_8 \sim B_1$传送到$A_8 \sim A_1$。
结论	当$\overline{G}=0$，DIR=0时，数据从_____（$A_8 \sim A_1$、$B_8 \sim B_1$）到_____（$A_8 \sim A_1$、$B_8 \sim B_1$）。 当$\overline{G}=0$，DIR=1时，数据从_____（$A_8 \sim A_1$、$B_8 \sim B_1$）到_____（$A_8 \sim A_1$、$B_8 \sim B_1$）。

知识点　集成缓冲器

集成缓冲器一般是由三态非门、三态缓冲器和直通缓冲器等单元电路组成的，这些单元电路的图形符号和功能见表8-12。

表8-12　三态非门、三态缓冲器和直通缓冲器的图形符号和逻辑功能

电路名称	国标图形符号	国外流行的图形符号	逻辑功能
三态非门	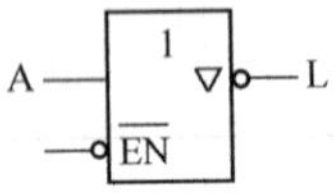	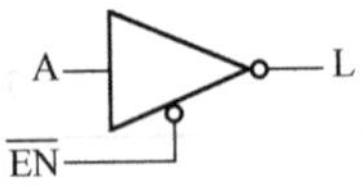	$\overline{EN}=0$，$L=\overline{A}$ $\overline{EN}=1$，L为高阻
	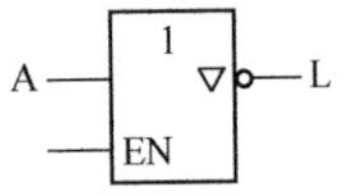	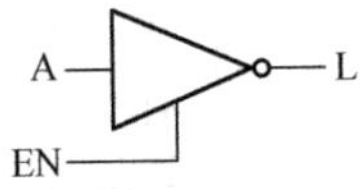	$EN=1$，$L=\overline{A}$ $EN=0$，L为高阻
三态缓冲器	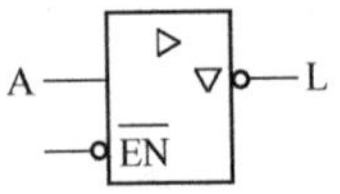	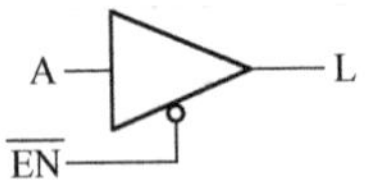	$\overline{EN}=0$，$L=A$ $\overline{EN}=1$，L为高阻
	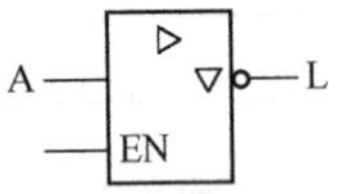	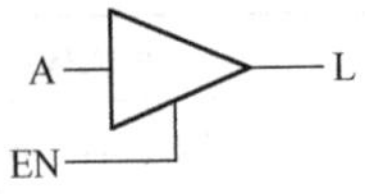	$EN=1$，$L=A$ $EN=0$，L为高阻
直通缓冲器	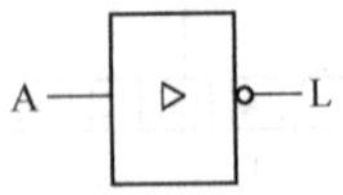	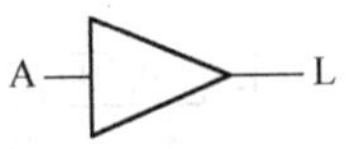	$L \equiv A$ 直通缓冲器实际上是一个数字信号小功率放大器

集成三态缓冲器74HC244是由两组、每组四个三态缓冲器组成的，它的内部电路框图如图8.15所示。

由内部框图可以看出它的功能，即：

$\overline{EN_1}=1$，则$1Y_1=1Y_2=1Y_3=1Y_4=$高阻。

$\overline{EN_1}=0$，则$1Y_1=1D_1$，$1Y_2=1D_2$，$1Y_3=1D_3$，$1Y_4=1D_4$。

$\overline{EN_2}=1$,则 $2Y_1=2Y_2=2Y_3=2Y_4=$高阻。

$\overline{EN_2}=0$,则 $2Y_1=2D_1$,$2Y_2=2D_2$,$2Y_3=2D_3$,$2Y_4=2D_4$。

74HC245 是受控可以双向传输数据的缓冲器,它的内部电路框图如图 8.16 所示,表 8-13 是它的功能表。由图可以看出,当使能输入 $\overline{G}=1$ 时,L_1、L_2 均为 0,此时 A 到 B 或 B 到 A 均不通,即双向隔离;当使能输入 $\overline{G}=0$ 时,若 DIR = 0,数据由 A 传送到 B,若 DIR = 1,则数据由 B 传送到 A。

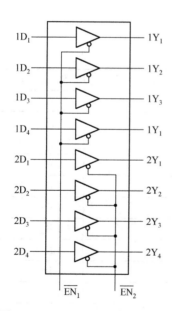

图 8.15　74HC244 的内部电路框图

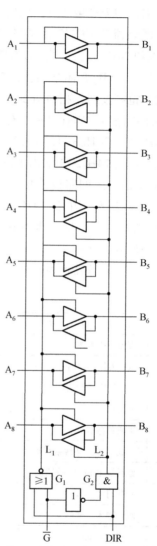

图 8.16　74HC245 的内部电路框图

表 8-13　74HC245 的功能表

使能 $\overline{G}$	定向控制输入 DIR	工 作 状 态
1	×	双向隔离
0	0	数据由 A 传送到 B
0	1	数据由 B 传送到 A

项目实施 四路抢答器制作

电路如图 8.1 所示，$SB_1 \sim SB_4$ 是四路抢答者操作的常开按钮，SB_0 是主持人控制的常闭按钮。抢答开始前，主持人按一下 SB_0 断开触点，产生的高电平信号输入到四双输入或门 74HC32，锁存器 74HC373 的锁存控制端 $EN_1 = 1$，由于此时抢答者还未按抢答按钮，74HC373 的输出均为高电平 1，该信号一路经 8421BCD 编码器 74LS147、六非门 74HC04、共阳数码管译码器 74HC247 组成的显示电路使数码管显示 0；另一路经双四输入与非门 74HC20 输入到 74HC32，也使 74HC373 的锁存控制端 $EN_1 = 1$。

抢答开始后，SB_0 是闭合的，但 74HC373 的锁存控制端 $EN_1 = 1$，允许接收数据，如果有抢答者按下抢答按钮，相对应的 74HC373 输出线马上变为 0，一方面，这个 0 信号经编码、译码显示电路后数码管显示出对应该次抢答成功者编号 1、2、3 或 4；另一方面，这个 0 信号经 74HC20、74HC32 使 74HC373 的锁存控制端 $EN1 = 0$，如果此时再有其他抢答者按下按键，则相应的 74HC373 输出不改变状态。

74HC373 输出的四路抢答信号经 74HC147 编码后输出，74HC247 和共阳数码管组成了译码显示电路，由于 74HC147 的编码输出与译码器 74HC247 所需要的输入 8421BCD 码刚好电平相反，因此在 74HC147 的输出和 74HC247 的输入之间应加一个逻辑取反的 74HC04 电路。

完成本项目所需仪器仪表及材料如表 8-14 所示。

表 8-14

序 号	名 称	型 号	数 量	备 注
1	直流稳压电源	DF1731SD2A	1 台	
2	数字万用表/模拟万用表	DT9205/MF47	1 只	
3	数字逻辑实验箱	THDL – 1 型	1 台	
4	共阴数码管	SM4205	1 只	
5	集成锁存器	74HC373	1 片	
6	集成 10 线 – 4 线编码器	74HC147	1 片	
7	原码输出 BCD 译码器	74HC4511	1 片	
8	六非门	74HC02	1 片	
9	双四输入与非门	74HC20	1 片	
10	四双输入或门	74HC32	1 片	
11	电阻	330Ω5.1kΩ	7 只 9 只	
12	常开按钮		4 只	
13	常闭按钮		1 只	

习 题 8

8.1 试写出图 8.17 所示四选一数据选择器的输出 L 的逻辑函数式。

8.2 试写出图 8.18 所示 3 线 – 8 线译码器输出 L_1、L_2 的逻辑函数式，A 为高位。

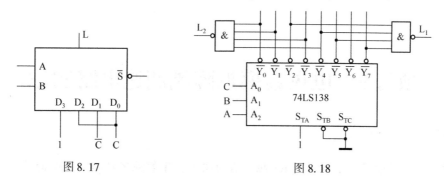

图 8.17　　　　　　　　　　图 8.18

8.3 用图 8.18 所示的 3 线 – 8 线译码器和有关门电路，画出产生如下多输出逻辑函数的逻辑电路图。

$$\begin{cases} L_1 = AC + BC \\ L_2 = \overline{A}\,\overline{B}\,C + A\,\overline{B}\,\overline{C} + BC \\ L_3 = \overline{B}\,\overline{C} + ABC \end{cases}$$

8.4 用 8 选 1 数据选择器实现逻辑函数 $Y = \overline{A}BC + \overline{A}\,\overline{B} + BC$，画出逻辑电路图。

8.5 用 3 线 – 8 线译码器实现逻辑函数 $Y = A \oplus B \oplus C$。

项目 9　电风扇模拟阵风调速电路制作

学习目标

通过本项目的学习，了解基本 RS 触发器的组成，了解施密特非门电路的特点，理解多谐振荡器的构成；了解 555 集成电路内部电路，掌握其使用方法。

工作任务

电风扇产生周期性的阵风会给人强烈的自然风感觉，要求使用 NE555 组成周期固定、脉冲占空比连续可调的振荡器，用它的高电平输出脉冲去控制双向晶闸管的导通，从而控制电风扇输出风速可调的自然风。

电风扇模拟自然风调速电路原理图如图 9.1 所示。

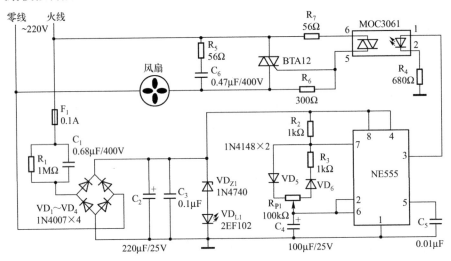

图 9.1　电风扇模拟阵风调速电路原理图

(电源采用电容降压方式，请制作时注意安全，避免直接触摸电路板)

技能训练 29　基本 RS 触发器功能测试

完成本任务所需仪器仪表及材料如表 9-1 所示。

表 9-1

序号	名称	型号	数量	备注
1	数字万用表/模拟万用表	DT9205/MF47	1 只	
2	数字逻辑实验箱	THDL-1 型	1 台	
3	2 输入四与非门	74HC00	1 片	
4	2 输入四或非门	74HC02	1 片	

任务书 9-1

任务名称	基本 RS 触发器功能测试
电路图	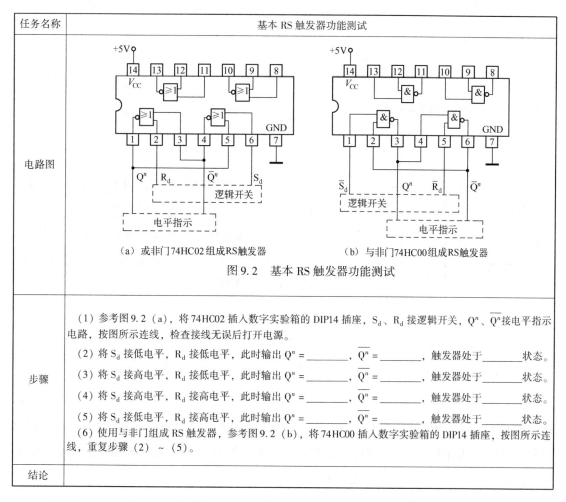 （a）或非门74HC02组成RS触发器　　（b）与非门74HC00组成RS触发器 图 9.2　基本 RS 触发器功能测试
步骤	（1）参考图 9.2（a），将 74HC02 插入数字实验箱的 DIP14 插座，S_d、R_d 接逻辑开关，Q^n、$\overline{Q^n}$ 接电平指示电路，按图所示连线，检查接线无误后打开电源。 （2）将 S_d 接低电平，R_d 接低电平，此时输出 Q^n = _____，$\overline{Q^n}$ = _____，触发器处于_____状态。 （3）将 S_d 接高电平，R_d 接低电平，此时输出 Q^n = _____，$\overline{Q^n}$ = _____，触发器处于_____状态。 （4）将 S_d 接高电平，R_d 接高电平，此时输出 Q^n = _____，$\overline{Q^n}$ = _____，触发器处于_____状态。 （5）将 S_d 接低电平，R_d 接高电平，此时输出 Q^n = _____，$\overline{Q^n}$ = _____，触发器处于_____状态。 （6）使用与非门组成 RS 触发器，参考图 9.2（b），将 74HC00 插入数字实验箱的 DIP14 插座，按图所示连线，重复步骤（2）～（5）。
结论	

知识点 1　基本 RS 触发器

基本 RS 触发器又称 RS 锁存器，常见的结构有两种：一种是由或非门组成的，另一种是由与非门组成的。

1. 由两个或非门组成的基本 RS 触发器

由两个或非门组成的基本 RS 触发器的逻辑电路和逻辑符号如图 9.3 所示，其中 Q^n、$\overline{Q^n}$ 是触发器的输出端，并定义 $Q^n=1$、$\overline{Q^n}=0$ 称为 1 态，$Q^n=0$、$\overline{Q^n}=1$ 称为 0 态。R_d、S_d 是触发器输入端，称 R_d 为清 0 输入端，S_d 为置 1 输入端，通常把触发器 Q^n、$\overline{Q^n}$ 称为现态，把 Q^{n+1}、$\overline{Q^{n+1}}$ 称为次态，次态表示输入状态改变以后的输出状态。由图 9.3（a）可以分析出，触发器输出状态 Q^{n+1}、$\overline{Q^{n+1}}$ 不但和 R_d、S_d 有关，也和触发器原先状态 Q^n、$\overline{Q^n}$ 有关，Q^{n+1}、$\overline{Q^{n+1}}$ 和 R_d、S_d 及 Q^n、$\overline{Q^n}$ 的关系可用表 9-2 和波形图 9.4 表示。

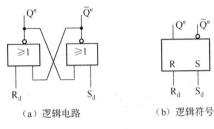

(a) 逻辑电路　　　　　（b) 逻辑符号

图9.3　由两个或非门组成的基本 RS 触发器

表 9-2　由或非门组成的基本 RS 触发器的功能表

R	S	Q^n	$\overline{Q^n}$	Q^{n+1}	$\overline{Q^{n+1}}$	功能说明
0	0	0	1	0	1	$Q^{n+1}=Q^n$
0	0	1	0	1	0	保持
0	1	0	1	1	0	置1
0	1	1	0	1	0	
1	0	0	1	0	1	清0
1	0	1	0	0	1	
*1	1	0	1	0	0	不正常状态
*1	1	1	0	0	0	

＊当 RS＝11 同时变到 00 时，Q^{n+1} 的状态不定。

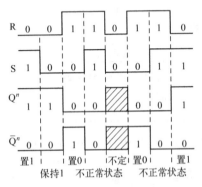

图9.4　由或非门组成的基本 RS 触发器的波形图

由功能表和波形图可以看出，当 $R_d = S_d = 1$，输出状态 $Q^{n+1} = \overline{Q^{n+1}} = 0$，这个状态既不是 0 态，也不是 1 态，可以视为不正常状态；同时，当 $R_d = S_d = 1$ 同时变为 $R_d = S_d = 0$ 时，Q^{n+1}、$\overline{Q^{n+1}}$ 状态不定，所以基本 RS 触发器在正常工作时，$R_d = S_d = 1$ 是不允许出现的，即应遵守 $R_d \cdot S_d = 0$ 的约束条件。

2. 由两个与非门组成的基本 RS 触发器

基本 RS 触发器也可用两个与非门组成，并用 $\overline{R_d}$、$\overline{S_d}$ 分别表示清 0 和置 1 输入，$\overline{R_d}$、$\overline{S_d}$ 上的非号表示输入低电平有效，即 $\overline{R_d} = 0$ 时才清 0，$\overline{S_d} = 0$ 时才置 1。由与非门组成的基本 RS 触发器的逻辑电路和逻辑符号见图9.5 所示，功能表见表 9-3。由与非门组成的基本 RS 触发器应遵守 $\overline{R_d} + \overline{S_d} = 1$ 的约束条件，即 $\overline{R_d} = \overline{S_d} = 0$ 是不允许出现的。

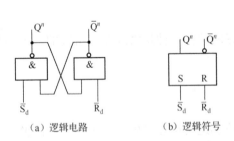

(a) 逻辑电路　　　　　（b) 逻辑符号

图9.5　由与非门组成的基本 RS 触发器

表 9-3　由与非门组成的基本 RS 触发器的功能表

$\overline{R_d}$	$\overline{S_d}$	Q^n	$\overline{Q^n}$	Q^{n+1}	$\overline{Q^{n+1}}$	功能说明
*0	0	0	1	1	1	不正常状态
*0	0	1	0	1	1	
1	0	0	1	1	0	置1
1	0	1	0	1	0	
0	1	0	1	0	1	清0
0	1	1	0	0	1	
1	1	0	1	0	1	$Q^{n+1}=Q^n$
1	1	1	0	1	0	保持

＊当 $\overline{R_d}\overline{S_d} = 00$ 同时变到 11 时 Q^{n+1} 的状态不定

3. 基本 RS 触发器的应用

利用基本 RS 触发器可以产生点动单脉冲。简单的机械开关由于机械振动，如图9.6（a）所示，开关 K 一合一断，由于接触点的振动，u_o 的波形不是单脉冲，在其下降边和上升边会产生许多毛刺；在基本 RS 触发器电路中，如图9.6（b）所示，当开关 K 向右、向左开合与 $\overline{S_d}$、$\overline{R_d}$ 接触时，虽然在接触点上有振动，$\overline{S_d}$、$\overline{R_d}$ 处有毛刺，但是根据基本

RS 触发器的特性，$\overline{S_d}=1$、$\overline{R_d}=1$，触发器输出保持，只有在确定的$\overline{S_d}=0$或$\overline{R_d}=0$出现时才改变输出端Q^n或$\overline{Q^n}$的电平，因此在$\overline{Q^n}$或Q^n处是一个无任何毛刺的标准点动单脉冲。

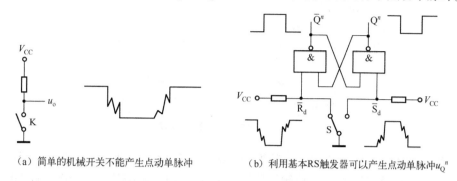

(a) 简单的机械开关不能产生点动单脉冲　　(b) 利用基本RS触发器可以产生点动单脉冲u_Q^n

图 9.6　基本 RS 触发器应用

知识点 2　单稳态触发器

单稳态触发器有两个输出状态，一个是稳态，另一个是暂稳态。在外加触发脉冲的触发下，电路从稳态进入暂稳态，经过一定时间以后，电路又自动回到稳态。暂稳态时间的长短决定于电路本身的参数，与外界触发脉冲没有关系。单稳态触发器具有以下特点：

（1）电路在没有触发信号作用时处于一种稳定状态。
（2）在外来触发信号作用下，电路由稳态翻转到暂稳态。
（3）由于电路中 RC 延时环节的作用，暂稳态不能长时间保持，经过一段时间后，电路会自动返回到稳态。暂稳态的持续时间仅与 RC 参数值有关。

1. 单稳态触发器电路组成

正脉冲触发的单稳态触发器电路如图 9.7（a）所示，电路由 CMOS 或非门和非门构成，图 9.7（b）显示了在正触发脉冲 u_i 作用下各点的电压波形和输出波形；负脉冲触发的单稳态触发器电路如图 9.8（a）所示，电路由 CMOS 与非门和非门构成，图 9.8（b）显示了在负触发脉冲 u_i 作用下各点的电压波形和输出波形。

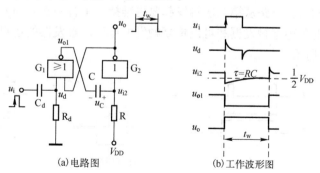

(a) 电路图　　(b) 工作波形图

图 9.7　正脉冲触发单稳态触发器

如图 9.7（a）所示，对正脉冲触发工作过程分析如下：

（1）在无触发信号时，$u_i=0$，$u_d=0$，u_{i2} 通过电阻 R 接至 V_{DD}，u_{i2} 为高电平，u_{i2} 经非门 G_2 后，触发器的输出端 $u_o=0$，电路处于稳态。

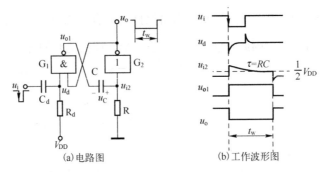

图9.8 负脉冲触发单稳态触发器

(2) 当 u_i 输入正触发脉冲时,u_d 变高,经或非门 G_1 后,输出端 $u_{o1}=0$,u_{o1} 经电容 C 使 u_{i2} 变低,于是,u_{i2} 经非门 G_2 后,使触发器的输出端 $u_o=1$,电路处于暂稳态;此期间,即使由于 u_i 给 C_d 经 R_d 到地充电,使 u_d 回到低电平,但触发器的输出端 u_o 仍能维持为 1。

(3) 此后,V_{DD} 和 u_{o1} 之间通过电阻 R 对电容 C 充电,使电容两端的电压 u_C 增加,u_{i2} 逐渐上升,经过 t_w 时间后,u_{i2} 到达 $\frac{1}{2}V_{DD}$,使非门 G_2 的输出端为低电平,于是输出端 u_o 回到 0 状态,电路重新处于稳态。

根据上述过程,画出正脉冲触发工作时电路各点的电压波形如图 9.7 (b) 所示,暂稳态时间 t_w 由 R、C 参数决定,可根据 RC 电路过渡过程的分析求出,$t_w \approx 0.7RC$。

基于同样原理,不难分析负脉冲触发的单稳态触发器工作原理,与正脉冲单稳态触发器由上升沿触发进入暂稳态类似,负脉冲单稳态触发器在输入脉冲的下降沿开始进入暂稳态,它们的暂稳态时间均为 $t_w \approx 0.7RC$。

2. 集成单稳态触发器

集成单稳态触发器分不可重复触发的单稳态触发器和可以重复触发的单稳态触发器两种。不可重复触发是指单稳态触发器一旦被触发进入暂稳态后,再加触发脉冲,不会影响上次触发的暂稳态时间,只有等到暂稳态结束之后,才可能被下一个脉冲触发;可重复触发的单稳态触发器是指当电路本次被触发进入暂稳态后,在暂稳态没有结束之前,再施加触发脉冲,电路又一次被触发,电路从第二次触发起要再维持一个暂稳态时间 t_w。

不可重复触发的单稳态触发器和可以重复触发的单稳态触发器的逻辑符号和工作波形图如图 9.9 和图 9.10 所示。

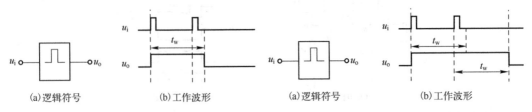

图9.9 不可重复触发型单稳态触发器   图9.10 可重复触发型单稳态触发器

可重复触发的集成单稳态触发器有 74HC123,不可重复触发的集成单稳态触发器有 74HC4538 等,需要时可查有关集成电路手册。74HC4538 的功能表如表 9-4 所示,处于工作条件下的外部连接图如图 9.11 所示。

表 9–4　74HC4538 功能表

输入			输出
$\overline{R}$	$\overline{A}$	B	Q
0	×	×	0
1	1	↑	⎍
1	↓	0	⎍

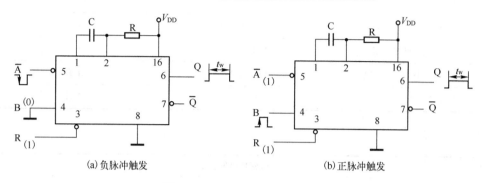

(a) 负脉冲触发　　　　　　(b) 正脉冲触发

图 9.11　74HC4538 工作连接图

3. 单稳态触发器的应用

（1）整形：把脉宽不一致的波形变成脉宽一致的波形，如图 9.12 所示。

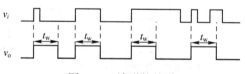

图 9.12　波形的整形

（2）定时：由于单稳态触发器的输出为 t_w 可调的矩形波，因此可在 t_w 时间内去控制某种功能产生或不产生，图 9.13 所示是在规定的 t_w 时间内通过与非门控制信号 u_A 输出的电路和波形。

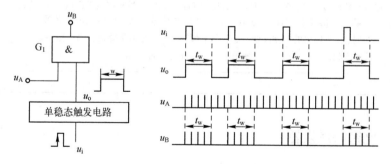

图 9.13　单稳态用于定时应用

（3）延时：由于单稳态触发器一经触发，电路进入暂稳态，暂稳态的时间 $t_w \approx 0.7RC$，调节 RC 可产生比触发脉冲时间长得多的暂稳态时间 t_w，利用暂稳态的时间实现延时功能。

技能训练 30　施密特触发器功能测试

完成本任务所需仪器仪表及材料如表 9-5 所示。

表 9-5

序号	名　　称	型　　号	数量	备注
1	数字万用表/模拟万用表	DT9205/MF47	1 只	
2	数字逻辑实验箱	THDL-1 型	1 台	
3	20 MHz 双踪示波器	YB4320A	1 台	
4	施密特触发六非门	74HC14	1 片	

任务书 9-2

任务名称	施密特触发器功能测试
电路图	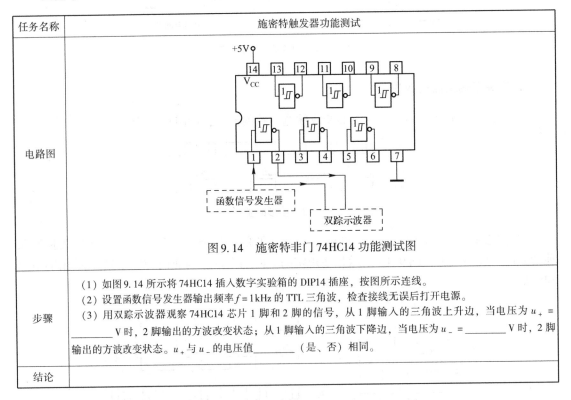 图 9.14　施密特非门 74HC14 功能测试图
步骤	(1) 如图 9.14 所示将 74HC14 插入数字实验箱的 DIP14 插座，按图所示连线。 (2) 设置函数信号发生器输出频率 $f=1\text{kHz}$ 的 TTL 三角波，检查接线无误后打开电源。 (3) 用双踪示波器观察 74HC14 芯片 1 脚和 2 脚的信号，从 1 脚输入的三角波上升边，当电压为 $u_+ =$ _____ V 时，2 脚输出的方波改变状态；从 1 脚输入的三角波下降边，当电压为 $u_- =$ _____ V 时，2 脚输出的方波改变状态。u_+ 与 u_- 的电压值_____（是、否）相同。
结论	

知识点　施密特触发器

1. 施密特触发器

施密特触发器既是一个触发器，也是一个特殊的门。施密特触发器不同于前述的 RS 触发器和 D 触发器，也不同于普通的门电路，它具有以下特点：

(1) 普通门电路、RS 触发器等，要求输入是一个高电平或低电平信号，而对于施密特触发器，缓慢变化的输入信号仍然适用。

（2）普通门电路有一个阈值电压，当输入电压从低电平上升到阈值电压或从高电平下降到同一阈值电压时输出电路的状态发生变化。与此不同的是，施密特触发器是一种特殊的门电路，它有两个阈值电压，分别称为正向阈值电压 U_{T+} 和负向阈值电压 U_{T-}。当输入电压高于正向阈值电压或低于负向阈值电压时输出才发生变化，这是它的门特性；另一方面，当输入电压在正、负向阈值电压之间时，施密特触发器的输出保持不变，这是它的触发器特性。也可以这样说，只有当输入电压发生足够大的变化时，施密特触发器的输出才会发生变化，实现门的功能，否则，施密特触发器的输出保持不变，实现触发器记忆的功能。

下面我们以能实现非功能的施密特非门为例来说明施密特触发器的组成原理和功能特性。施密特非门的逻辑符号如图 9.15（a）所示，其组成的内部电路原理图如图 9.15（b）所示，图中两个非门 G_1、G_2 都是普通 CMOS 非门。

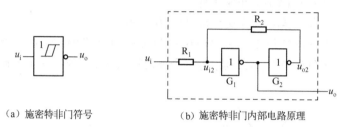

（a）施密特非门符号　　　　　（b）施密特非门内部电路原理

图 9.15　施密特非门符号和电路原理

如图 9.15（b）所示，输入电压 u_i 是一个缓慢变化的信号，设电源电压为 V_{DD}：

（1）当 $u_i = 0\,\text{V}$ 时，$u_o = V_{DD}$，$u_{o2} = 0\,\text{V}$。当 u_i 缓慢上升时，门 G_1 输入端电压为：

$$u_{i2} = \frac{R_2}{R_1 + R_2} \times (u_i - u_{o2}) + u_{o2} = \frac{R_2}{R_1 + R_2} + u_i$$

若 u_i 上升使 $u_{i2} = \frac{1}{2}V_{DD}$，则门 G_1、G_2 将改变输出状态，此时

$$u_{i2} = \frac{R_2}{R_1 + R_2} \times u_i = \frac{1}{2}V_{DD}$$

所以

$$u_i = \left(1 + \frac{R_1}{R_2}\right) \times \frac{1}{2}V_{DD}$$

也就是说，当 u_i 超过 $\left(1 + \frac{R_1}{R_2}\right) \times \frac{1}{2}V_{DD}$ 时，u_o 的输出将从 $u_o = V_{DD}$ 变为 $u_o = 0$。

（2）当 u_i 从 V_{DD} 开始缓慢下降时，由于 $u_o = 0$，$u_{o2} = V_{DD}$，则

$$u_{i2} = u_{o2} - \frac{R_2}{R_1 + R_2} \times (u_{o2} - u_i) = V_{DD} - \frac{R_2}{R_1 + R_2} \times (V_{DD} - u_i)$$

当 u_i 下降到使 $u_{i2} = \frac{1}{2}V_{DD}$ 时，门 G_1、G_2 将改变输出状态，此时

$$u_{i2} = V_{DD} - \frac{R_1}{R_1 + R_2} \times (V_{DD} - u_i) = \frac{1}{2}V_{DD}$$

所以

$$u_i = \left(1 - \frac{R_1}{R_2}\right) \times \frac{1}{2}V_{DD}$$

也就是说，当 u_i 低于 $\left(1-\dfrac{R_1}{R_2}\right)\times\dfrac{1}{2}V_{DD}$ 时，u_o 的输出将从 $u_o=0$ 变为 $u_o=V_{DD}$。

所以，施密特非门只有在输入电压高于正向阈值电压或低于负向阈值电压时输出才发生变化，正、负向阈值电压分别是：

$$u_{T+}=\left(1+\dfrac{R_1}{R_2}\right)\times\dfrac{1}{2}V_{DD}$$

$$u_{T-}=\left(1-\dfrac{R_1}{R_2}\right)\times\dfrac{1}{2}V_{DD}$$

把正向阈值电压 u_{T+} 与负向阈值电压 u_{T-} 之差称为回差电压 Δu_T，则 $\Delta u_T=u_{T+}-u_{T-}$。

施密特非门的回差 $\Delta u_T=u_{T+}-u_{T-}=\dfrac{R_1}{R_2}V_{DD}$，由此可知，调节 R_1、R_2 可以调节回差，但必须保证 $R_1<R_2$，否则电路不能正常工作。

施密特非门的输入、输出电压波形如图 9.16 所示。

集成的施密特触发器在集成电路手册中被归类在门电路中，例如，施密特触发六非门 74HC14，其管脚图如图 9.17 所示，其中每一个施密特触发非门就是一个单输入施密特触发器。

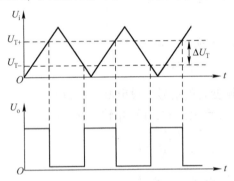

图 9.16 施密特非门输入输出电压波形

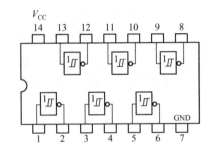

图 9.17 施密特触发六非门 74HC14 管脚图

2. 施密特触发器应用

施密特触发器可用于波形变换、整形和幅度鉴别（即鉴幅），图 9.18 给出了施密特非门输入和输出的变换、整形、鉴幅的波形图。

3. 施密特非门组成的多谐振荡器

由施密特非门组成的多谐振荡器的电路十分简单，只要把施密特非门的输出端经 RC 积分电路接回输入端即可组成多谐振荡器，如图 9.19（a）所示。电路的工作过程是：

当刚加电源时，由于电容 C 还没有来得及充上电荷，所以 $u_C=0$，$u_o=V_{DD}$，并且 u_o 通过 R 向 C 充电，当充电到 $u_C=u_{T+}$ 时，电路输出发生转换，u_o 由 $u_o=V_{DD}$ 变成 $u_o=0$，此时电容上的电压 $u_C=u_{T+}$，又要通过 R 向 u_o 放电，当电容上的电压放到 u_{T-} 时，电路的输出状态又发生转换，如此周而复始，形成振荡，振荡时 u_C 和 u_o 的波形如图 9.19（b）所示。

通过调节 R、C 的值，可调节振荡频率 f。利用二极管的单向导电性能，使 RC 电路充放电的 RC 时间常数不一致，就可得到可改变输出波形占空比的多谐振荡器，其电路如图 9.19（c）所示。

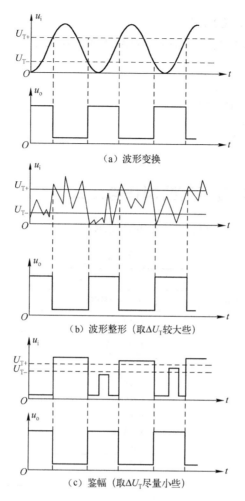

图 9.18 施密特触发器用于波形变换、整形、鉴幅时的输入输出电压波形图

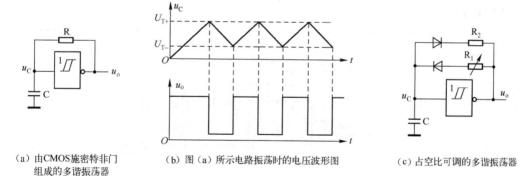

图 9.19 由 CMOS 施密特非门组成的多谐振荡器电路

4. 常用施密特芯片

具有施密特特性的常用芯片有：

双 4 输入与非门 74LS18、74LS13。

六反相器 74HC14、74LVC14、74HC19、74LVC19、CD40106、HD14584。

单个反相器 74VHC1G14。

双同相输出缓冲器 74LVC2G17。
四 2 输入与非门 74HC132、CD4093、74LVC132、74AC132。
双 2 输入与非门 74LVC2G132。
双单稳态多谐振荡器 74 HC221。
三态输出 8 位缓冲器 74HC7541。
9 位缓冲器 74VHC9151。
9 位反相器 74VHC9152。

技能训练 31　555 多谐振荡器制作与测试

完成本任务所需仪器仪表及材料如表 9-6 所示。

表 9-6

序 号	名　称	型　号	数 量	备 注
1	数字万用表/模拟万用表	DT9205/MF47	1 只	
2	数字逻辑实验箱	THDL-1 型	1 台	
3	20 MHz 双踪示波器	YB4320A	1 台	
4	集成 555 定时器	NE555	1 片	
5	电阻	680 Ω 3.9 kΩ 3 kΩ 3.9 MΩ 3 MΩ	各 1 只	
6	电容	0.01 μF 0.1 μF	各 1 只	
7	发光二极管		1 只	

任务书 9-3

任务名称	555 多谐振荡器制作与测试
电路图	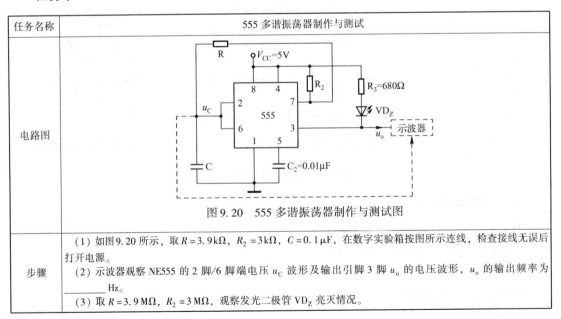 图 9.20　555 多谐振荡器制作与测试图
步骤	（1）如图 9.20 所示，取 $R=3.9\text{k}\Omega$，$R_2=3\text{k}\Omega$，$C=0.1\mu\text{F}$，在数字实验箱按图所示连线，检查接线无误后打开电源。 （2）示波器观察 NE555 的 2 脚/6 脚端电压 u_C 波形及输出引脚 3 脚 u_o 的电压波形，u_o 的输出频率为 _____ Hz。 （3）取 $R=3.9\text{M}\Omega$，$R_2=3\text{M}\Omega$，观察发光二极管 VD_Z 亮灭情况。

任务名称	555 多谐振荡器制作与测试
小结	555 构成的多谐振荡器的频率 $f \approx \dfrac{1}{0.7(R_2+2R)C}$，占空比约为 $D = \dfrac{R}{R_2+2R}$。

知识点　555 集成电路

555 集成电路是一个多用途的数字模拟混合集成定时器芯片，555 最大的优点是电源电压范围大，为 4.5~18 V，可以与 TTL 和 CMOS 兼容，同时驱动电流可达 200 mA。555 的常用型号有 NE555，5G555，LM555 等。其内部电路原理框图和管脚图如图 9.21 所示。

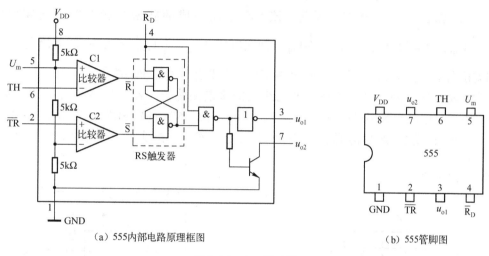

(a) 555 内部电路原理框图　　　(b) 555 管脚图

图 9.21　555 定时器

555 定时器的内部含有三个 5 kΩ 电阻组成的分压器、两个电压比较器、一个 RS 触发器、一个放电晶体三极管等电路。当 U_m 开路，$\overline{R_D}$ 接电源 V_{DD} 高电平时，门限端 TH 通过比较器 C1 与 $\dfrac{2}{3}V_{DD}$ 比较产生结果 $\overline{R}$，触发端 $\overline{TR}$ 通过比较器 C2 与 $\dfrac{1}{3}V_{DD}$ 比较产生结果 $\overline{S}$，$\overline{R}$、$\overline{S}$ 是内部 RS 触发器的清零和置 1 输入控制端，因此，若 $TH > \dfrac{2}{3}V_{DD}$，$\overline{R}$ 为低电平，从而在 u_{o1} 产生低电平输出；若 $\overline{TR} < \dfrac{1}{3}V_{DD}$，$\overline{S}$ 为低电平，从而在 u_{o1} 产生高电平输出。555 的逻辑真值表如表 9-7 所示。

表 9-7　555 逻辑真值表

输入		输出	
TH	$\overline{TR}$	u_{o1}	u_{o2}
$> \dfrac{2}{3}V_{DD}$	$> \dfrac{1}{3}V_{DD}$	0	内部管导通
$< \dfrac{2}{3}V_{DD}$	$> \dfrac{1}{3}V_{DD}$	不变	不变
$< \dfrac{2}{3}V_{DD}$	$< \dfrac{1}{3}V_{DD}$	1	内部管截止

若将电压控制端 U_m 接参考电平 V_{ref}，则与 TH、$\overline{TR}$ 进行比较的电平是 V_{ref} 和 $\frac{1}{2}V_{ref}$，而不是 $\frac{2}{3}V_{DD}$ 和 $\frac{1}{3}V_{DD}$。$\overline{R_D}$ 是 RS 触发器清零控制端也是输出复位控制信号，u_{o2} 是集电极开路的放电输出端。

由 555 构成的施密特触发器电路图见图 9.22 所示。当输入电压 $u_i > \frac{2}{3}V_{DD}$，555 内部 $\overline{R}$ 为低电平，从而在 u_{o1}/u_{o2} 产生低电平输出；若 $u_i < \frac{1}{3}V_{DD}$，内部的 $\overline{S}$ 为低电平，从而在 u_{o1}/u_{o2} 产生高电平输出；若 $\frac{1}{3}V_{DD} < u_i < \frac{2}{3}V_{DD}$，内部的 $\overline{R}$、$\overline{S}$ 均为高电平，RS 触发器保持原态，从而 u_{o1}/u_{o2} 输出不改变状态。因此，该 555 电路组成的施密特触发器正向阈值电压 $U_{T+} = \frac{2}{3}V_{DD}$，负向阈值电压 $U_{T-} = \frac{1}{3}V_{DD}$，回差电压 $\Delta U_T = \frac{1}{3}V_{DD}$，$u_{o1}$、$u_{o2}$ 的输出是一样的，之所以用了两个输出端，是为了保证该施密特触发器有最大的驱动能力。

回顾图 9.19（a），和用施密特非门组成的多谐振荡器一样，只要把图 9.19（a）中的施密特非门用由 555 构成的施密特触发器电路替换，555 的输出端 u_{o2} 经 RC 电路接回输入端，即可组成多谐振荡器，如图 9.23 所示。该 555 构成的多谐振荡器的频率 $f \approx \dfrac{1}{0.7(R_C+2R)C}$。

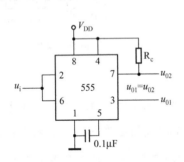

图 9.22 由 555 组成的施密特触发器

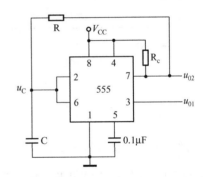

图 9.23 用 555 组成的施密特触发器加 RC 电路组成的多谐振荡器

由于 555 第 4 脚为 $\overline{R_d}$ 是清 0 输入，因此控制 $\overline{R_d}$ 可控制多谐振荡电路的振荡和停振。如图 9.24 所示，由 555 组成的多谐振荡器直接驱动扬声器，u_{o1} 的输出波形受 $\overline{R_d}$ 的控制。

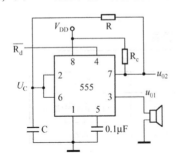

(a) 受 $\overline{R_d}$ 控制的由555组成部分的多谐振荡器

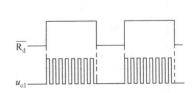

(b) 受 $\overline{R_d}$ 控制的振荡器的 $U_{\overline{R_d}}$、U_{o1} 的电压波形

图 9.24 由 555 组成的多谐振荡器

项目实施　电风扇模拟阵风调速电路制作

如图9.1所示，市电交流220V经C_1、R_1降压，整流二极管$VD_1 \sim VD_4$整流，电容C_2滤波，并经稳压二极管VD_{Z1}稳压，得到稳定的直流10 V电源，为后续的NE555周围电路供电，发光二极管VD_{L1}用于指示电源的状态。

NE555与电阻R_2、R_{P1}、电容C_4等外围元件构成无稳态方波发生器，振荡周期约20 s，电风扇的阵风周期也约20 s，改变C_4可改变阵风周期。R_{P1}并接二极管VD_5、VD_6组成了占空比调节电路。

在NE555的3脚输出高电平期间，光电耦合器MOC3061的1、2脚得到约15 mA正向工作电流，使内部光电管导通，经过零检测器中光敏双向开关控制双向晶闸管BTA12在市电过零时导通，接通电风扇电机电源，风扇运转送风。在NE555的3脚输出低电平期间，双向开关关断，风扇停转。

安装时可给本装置在电风扇位置处安装一个电源插座，电风扇通过电源插头插在该插座上即可实现为普通风扇增加模拟阵风调速功能。

完成本项目所需仪器仪表及材料如表9-8所示。

表9-8

序号	名称	型号	数量	备注
1	直流稳压电源	DF1731SD2A	1台	
2	数字万用表/模拟万用表	DT9205/MF47	1只	
3	20MHz双踪示波器	YB4320A	1台	
4	电工工具箱	含电烙铁、斜口钳等	1套	
5	万能电路板	10 cm×5 cm	1块	
6	集成555定时器	NE555	1片	
7	双向晶闸管	BTA12	1只	
8	光耦	MOC3061	1片	
9	保险丝	0.5 A	1只	
10	电阻	1 MΩ 680 Ω 300 Ω 56 Ω/1 W 1 kΩ	各1只 2只 	2只
11	可调电阻	100 kΩ	1只	
12	电容	0.68 μF/400 V 0.47 μF/400 V 220 μF/25 V 100 μF/25 V 0.1 μF 0.01 μF	各1只	

续表

序 号	名 称	型 号	数 量	备 注
13	二极管	1N4007 1N4148	4只 2只	
14	10V1W 稳压二极管	1N4740	1只	
15	发光二极管	2EF102	1只	

习 题 9

9.1 如图 9.25 所示，电源电压 $V_{DD}=5\,\text{V}$，$R_1=10\,\text{k}\Omega$，$R_2=50\,\text{k}\Omega$，已知输入电压波形，试画出输出电压波形，其中两个非门是 CMOS 非门。

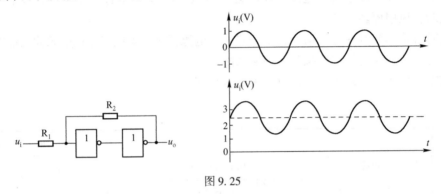

图 9.25

9.2 如图 9.26 所示，三个非门的电源电压均为 5 V，其中一个是施密特非门，其 $U_{T+}=4\,\text{V}$，$U_{T-}=1\,\text{V}$，一个是 CMOS 非门，第三个是 TTL 与非门，接成非门，已知输入电压 u_i 的波形，试画出 u_{o1}、u_{o2}、u_{o3} 的电压波形，分析各个非门的抗干扰能力的强弱，并说明施密特电路抗干扰的能力与 $\Delta U_T=U_{T+}-U_{T-}$ 的关系。

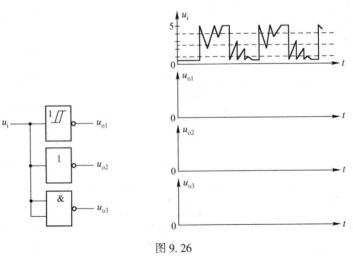

图 9.26

项目 10　数字钟设计与制作

学习目标

通过本项目的学习，熟悉 D 触发器、JK 触发器等器件的逻辑功能和使用方法，了解集成锁存器、寄存器等常用芯片的功能，了解计数器的概念，掌握常用集成计数器的功能和使用方法，掌握高进制计数器变成低进制计数器的方法；熟悉脉冲产生、分频原理；能够分析、设计数字钟电路并能进行功能扩展，了解时序逻辑电路的分析方法。

工作任务

设计并制作一个能够显示小时、分钟、秒的数字电子钟，具有校时、校分功能；画出设计电路原理图，撰写项目制作报告和测试报告；并对进一步的功能扩展提出电路改正或补充方案。

数字钟参考设计电路原理图如图 10.1 所示。

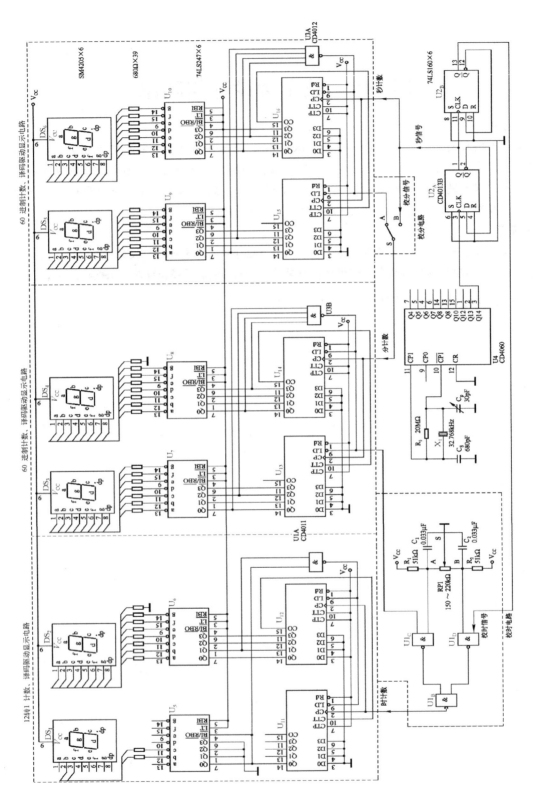

图10.1 数字钟参考电路原理图

技能训练 32 集成边沿触发器功能测试

完成本任务所需仪器仪表及材料如表 10-1 所示。

表 10-1

序 号	名 称	型 号	数 量	备 注
1	数字万用表/模拟万用表	DT9205/MF47	1 只	
2	数字逻辑实验箱	THDL-1 型	1 台	
3	双 D 触发器	74HC74	1 片	
4	双 JK 触发器	74HC112	1 片	

任务书 10-1

任务名称	集成边沿 D 触发器功能测试
电路图	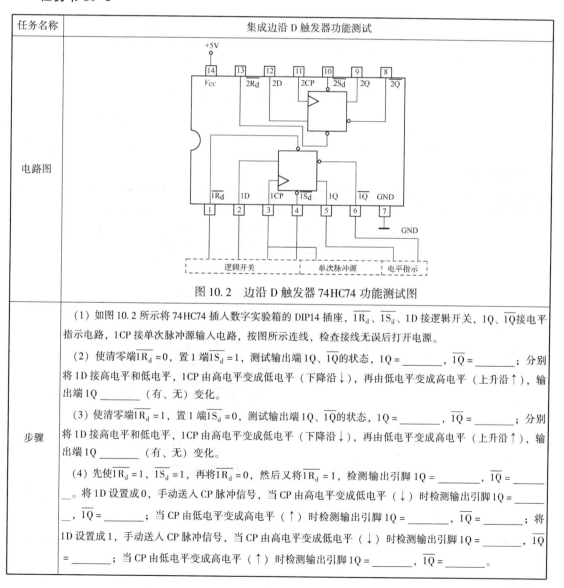 图 10.2 边沿 D 触发器 74HC74 功能测试图
步骤	(1) 如图 10.2 所示将 74HC74 插入数字实验箱的 DIP14 插座，$\overline{1R_d}$、$\overline{1S_d}$、1D 接逻辑开关，1Q、$\overline{1Q}$ 接电平指示电路，1CP 接单次脉冲源输入电路，按图所示连线，检查接线无误后打开电源。 (2) 使清零端 $\overline{1R_d}=0$，置 1 端 $\overline{1S_d}=1$，测试输出端 1Q、$\overline{1Q}$ 的状态，1Q = _____，$\overline{1Q}$ = _____；分别将 1D 接高电平和低电平，1CP 由高电平变成低电平（下降沿↓），再由低电平变成高电平（上升沿↑），输出端 1Q _____（有、无）变化。 (3) 使清零端 $\overline{1R_d}=1$，置 1 端 $\overline{1S_d}=0$，测试输出端 1Q、$\overline{1Q}$ 的状态，1Q = _____，$\overline{1Q}$ = _____；分别将 1D 接高电平和低电平，1CP 由高电平变成低电平（下降沿↓），再由低电平变成高电平（上升沿↑），输出端 1Q _____（有、无）变化。 (4) 先使 $\overline{1R_d}=1$，$\overline{1S_d}=1$，再将 $\overline{1R_d}=0$，然后又将 $\overline{1R_d}=1$，检测输出引脚 1Q = _____，$\overline{1Q}$ = _____。将 1D 设置成 0，手动送入 CP 脉冲信号，当 CP 由高电平变成低电平（↓）时检测输出引脚 1Q = _____，$\overline{1Q}$ = _____；当 CP 由低电平变成高电平（↑）时检测输出引脚 1Q = _____，$\overline{1Q}$ = _____；将 1D 设置成 1，手动送入 CP 脉冲信号，当 CP 由高电平变成低电平（↓）时检测输出引脚 1Q = _____，$\overline{1Q}$ = _____；当 CP 由低电平变成高电平（↑）时检测输出引脚 1Q = _____，$\overline{1Q}$ = _____。

续表

任务名称	集成边沿 D 触发器功能测试					
步骤	(5) 按步骤（4），设置触发器初始状态为 1Q=1，继续测试，填写完成下表 Q^n、Q^{n+1} 的值。					
	$\overline{1R_d}$	$\overline{1S_d}$	1D	1CP	$1Q^n$	$1Q^{n+1}$
	0	1	×	×	0	
	0	1	×	×	1	
	1	0	×	×	0	
	1	0	×	×	1	
	1	1	0	↑	0	
	1	1	0	↑	1	
	1	1	0	↓	0	
	1	1	0	↓	1	
	1	1	1	↑	0	
	1	1	1	↑	1	
	1	1	1	↓	0	
	1	1	1	↓	1	
结论	$\overline{1R_d}=0$，$\overline{1S_d}=1$ 时，触发器输出为 0 态，置 0 端 $\overline{1R_d}$ 低电平有效。 $\overline{1R_d}=1$，$\overline{1S_d}=0$ 时，触发器输出为 1 态，置 1 端 $\overline{1S_d}$ 低电平有效。 $\overline{1R_d}=1$，$\overline{1S_d}=1$ 时，当 1CP 上升沿来到时，若此时 1D=0，则 1Q = _____；若 1D=1，则 1Q = _____，满足特征方程 Q^{n+1} = _____。在 1CP 脉冲信号其他时刻，触发器保持原来状态不变。

任务书 10-2

任务名称	集成边沿 JK 触发器功能测试
电路图	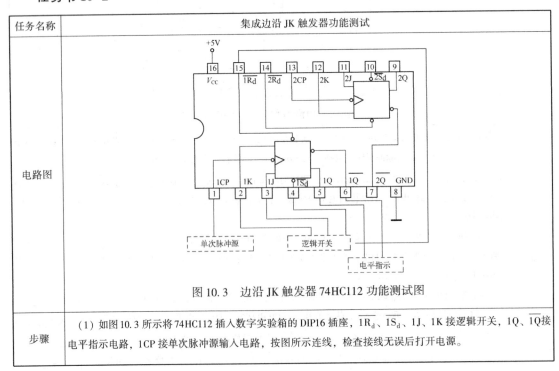 图 10.3 边沿 JK 触发器 74HC112 功能测试图
步骤	（1）如图 10.3 所示将 74HC112 插入数字实验箱的 DIP16 插座，$\overline{1R_d}$、$\overline{1S_d}$、1J、1K 接逻辑开关，1Q、$\overline{1Q}$ 接电平指示电路，1CP 接单次脉冲源输入电路，按图所示连线，检查接线无误后打开电源。

续表

任务名称	集成边沿 JK 触发器功能测试
步骤	(2) 使清零端 $1\overline{R_d}=0$，置 1 端 $1\overline{S_d}=1$，测试输出端 1Q、$1\overline{Q}$ 的状态，1Q = _____，$1\overline{Q}$ = _____；分别将 1J、1K 接高电平和低电平，1CP 由低电平变成高电平（上升沿↑），再由高电平变成低电平（下降沿↓），输出端 1Q _____（有、无）变化。 (3) 使清零端 $1\overline{R_d}=1$，置 1 端 $1\overline{S_d}=0$，测试输出端 1Q、$1\overline{Q}$ 的状态，1Q = _____，$1\overline{Q}$ = _____；分别将 1J、1K 接高电平和低电平，1CP 由低电平变成高电平（上升沿↑），再由高电平变成低电平（下降沿↓），输出端 1Q _____（有、无）变化。 (4) 使 $1\overline{R_d}=1$，$1\overline{S_d}=1$，按下表要求完成测试逻辑功能，并填写 $1Q^{n+1}$ 的值（$1Q^n$ 表示 $1Q^{n+1}$ 的前态）。 | 1J	1K	1CP	$1Q^n$	$1Q^{n+1}$
---	---	---	---	---
0	0	↑	0	
			1	
0	0	↓	0	
			1	
0	1	↑	0	
			1	
0	1	↓	0	
			1	
1	0	↑	0	
			1	
1	0	↓	0	
			1	
1	1	↑	0	
			1	
1	1	↓	0	
			1		
结论	$1\overline{R_d}=0$，$1\overline{S_d}=1$ 时，触发器输出为 0 态，置 0 端 $1\overline{R_d}$ 低电平有效。 $1\overline{R_d}=1$，$1\overline{S_d}=0$ 时，触发器输出为 1 态，置 1 端 $1\overline{S_d}$ 低电平有效。 $1\overline{R_d}=1$，$1\overline{S_d}=1$ 时，当 1CP 下降沿来到时，若此时 1J=1K=0，则触发器_____（置 0/置 1/保持/翻转）；若 1J=0，1K=1，则触发器_____（置 0/置 1/保持/翻转）；若 1J=1，1K=0，则触发器_____（置 0/置 1/保持/翻转）；若 1J=1，1K=1，则触发器_____（置 0/置 1/保持/翻转）。在 1CP 脉冲信号其他时刻，触发器保持原来状态不变。

知识点 常用触发器介绍

1. 同步 RS 触发器

同步触发器又称时钟触发器，这类触发器的输出状态除由输入和触发器原先状态决定以外，还受同步信号 CP 控制。如果有多个触发器都用同一 CP，则多个触发器的输出状态转换是同步的，称为同步触发器。异步是指电路中没有统一的时钟信号，电路状态的改变由外部输入的变化直接引起。

如图 10.4 所示，在基本 RS 触发器的基础上增加两个由时钟 CP 控制的与非控制门，就组成了

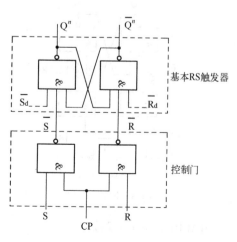

图 10.4 同步 RS 触发器

同步RS触发器，其中$\overline{R_d}$、$\overline{S_d}$分别是基本RS触发器的清0、置1控制端，$\overline{R_d}$、$\overline{S_d}$是异步控制信号。

当CP=0时，控制门封锁，$\overline{R}=\overline{S}=1$，R、S数据不会被基本RS触发器接收，触发器保持原有状态。

当CP=1时，控制门打开，R、S经控制门去控制基本RS触发器的$\overline{R}$、$\overline{S}$，此时若R=0，S=1，则$\overline{R}=1$，$\overline{S}=0$，有$Q^n=1$，$\overline{Q^n}=0$，触发器为"1"态；若R=1，S=0，则$\overline{R}=0$，$\overline{S}=1$，有$Q^n=0$，$\overline{Q^n}=1$，触发器为"0"态；若R=S=0，控制门封锁，$\overline{R}=\overline{S}=1$，触发器处于保持状态；若R=S=1，则控制门输出使$\overline{R}=\overline{S}=0$，这是不允许出现的。所以该同步RS触发器的约束条件是RS=0。

同步RS触发器的状态转换图如图10.5所示。在状态图中，用圆圈表示状态，圈内用文字或数字表示注明状态的标志。圆圈之间用箭头线相连，表示状态的转换。箭尾端圆圈内标明的是现态，箭头线上注明发生转移的输入条件，箭头端圆圈内标明的则是次态。

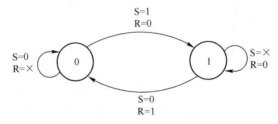

图10.5　同步RS触发器状态图

2. 同步D触发器

如图10.6所示，在同步RS触发器电路中添加一个非门，就能避免$\overline{R}=\overline{S}=0$出现，克服触发器输出状态不定的缺点，这种单端输入的同步RS触发器称为同步D触发器，又称为锁存器。图10.7所示是同步D触发器的逻辑符号。

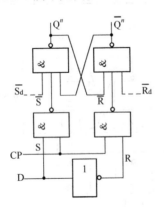　　　　　　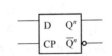

图10.6　同步D触发器　　　　图10.7　锁存器（同步D触发器）逻辑符号

由图10.6逻辑电路知：

（1）当CP=0时，$\overline{R}=\overline{S}=1$，由基本RS触发器特性知，输出$Q^n$、$\overline{Q^n}$处于保持状态，与

D 的状态无关。

(2) 当 CP = 1 时，若 D = 0，S = D = 0，R = $\bar{D}$ = 1，$\bar{S}$ = 1，$\bar{R}$ = 0，根据由与非门组成的基本 RS 触发器的特性，其输出状态 Q^{n+1} = 0、$\overline{Q^{n+1}}$ = 1（0 态）。

(3) 当 CP = 1 时，若 D = 1，S = D = 1，R = $\bar{D}$ = 0，$\bar{S}$ = 0，$\bar{R}$ = 1，则 Q^{n+1} = 1、$\overline{Q^{n+1}}$ = 0（1 态）。

同步 D 触发器的状态图如图 10.8 所示。

表 10-2 所示为同步 D 触发器的功能表。

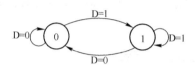

图 10.8 同步 D 触发器状态图

表 10-2 同步 D 触发器的功能表

CP	D	Q^n	Q^{n+1}	功能说明
1	0	0	0	Q^{n+1} = D = 0
1	0	1	0	
1	1	0	1	Q^{n+1} = D = 1
1	1	1	1	
0	×	Q^n	Q^n	Q^{n+1} = Q^n

3. 边沿 D 触发器

同步 D 触发器电路结构简单，但当 CP = 1 时，输入数据 D 的变化会直接引起输出状态的变化。为了避免在 CP = 1 时，输入数据的变化直接引起触发器输出状态变化，提高触发器的可靠性，增强抗干扰能力，希望触发器只有在时钟 CP 的某一约定跳变（正跳变↑或负跳变↓）到来时，才接收输入数据，边沿 D 触发器能较好地实现这一点。

图 10.9（a）所示是上升边触发边沿 D 触发器的逻辑符号图，该触发器的逻辑功能是：当 D = 1 时，CP 上升沿到达后触发器被置成 1；当 D = 0 时，CP 上升沿到达后触发器被置成 0。$\bar{R}_d$、$\bar{S}_d$ 分别是它的异步清 0 和置 1 控制端，低电平有效。上升边触发边沿 D 触发器的的功能表如表 10-3 所示。

表 10-3 上升边触发边沿 D 触发器的功能表

$\bar{R}_d$	$\bar{S}_d$	CP	D	Q^n	Q^{n+1}	功能说明
1	1	↑	0	0/1	0	置 0 Q^{n+1} = D = 0
1	1	↑	1	1/0	1	置 1 Q^{n+1} = D = 1
1	1	0/1	×	Q^n	Q^n	保持 Q^{n+1} = Q^n
1	0	×	×	Q^n	1	异步置 1
0	1	×	×	Q^n	0	异步置 0

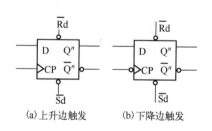

(a) 上升边触发　(b) 下降边触发

图 10.9 边沿 D 触发器的逻辑符号

功能表中 CP 所在列的箭头"↑"表示 CP 到达时上升边触发了触发器；若用箭头"↓"表示，则是下降边触发，下降边触发边沿 D 触发器的逻辑符号图如图 10.9（b）所示。

如果把清零控制 $\overline{R_d}=0$ 和置 1 控制 $\overline{S_d}=0$ 的情况去掉，只考虑 $\overline{R_d}=\overline{S_d}=1$ 时，CP 到达后 D、Q^n、Q^{n+1} 的关系，就得到了边沿 D 触发器在 CP 作用下的 Q^{n+1} 的逻辑函数表达式：

$$Q^{n+1} = D\overline{Q^n} + DQ^n = D(\overline{Q^n} + Q^n) = D$$

即得到反映边沿 D 触发器特性的特性方程：

$$Q^{n+1} = D \quad （CP 上升沿或下降沿到达时有效）$$

4. 边沿 JK 触发器

边沿 JK 触发器也是利用 CP 的上升沿或下降沿使输出状态发生变化的触发器。图 10.10、图 10.11 和表 10-4、表 10-5 给出下降沿触发的边沿 JK 触发器的各种表示。由真值表 10-5 可得到 JK 触发器的特性方程：

$$Q^{n+1} = J\overline{Q^n} + \overline{K}Q^n \quad （CP 下降沿到达时有效）$$

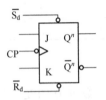

图 10.10　边沿 JK 触发器的逻辑符号（下降沿触发）

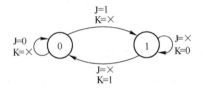

图 10.11　JK 触发器状态图

表 10-4　JK 触发器的功能表

$\overline{R_d}$	$\overline{S_d}$	CP	J	K	Q^n	Q^{n+1}	功能说明
0	1	×	×	×	×	0	清 0
1	0	×	×	×	×	1	置 1
0	0	×	×	×	×	不定	不允许
1	1	↓	0	0	0	0	$Q^{n+1}=Q^n$
1	1	↓	0	0	1	1	（保持）
1	1	↓	0	1		0	$Q^{n+1}=J$
1	1	↓	1	0	0	1	
1	1	↓	1	0	1	1	$Q^{n+1}=J$
1	1	↓	1	1	0	1	$Q^{n+1}=\overline{Q^n}$
1	1	↓	1	1	1	0	（翻转）
1	1	0	×	×	Q^n	Q^n	不变

表 10-5　JK 触发器的状态转换真值表

J	K	Q^n	Q^{n+1}
0	0	0	0
0	0	1	1
0	1	0	0
0	1	1	0
1	0	0	1
1	0	1	1
1	1	0	1
1	1	1	0

5. T 触发器

T 触发器的逻辑符号和状态图如图 10.12 和图 10.13 所示，功能表和真值表见表 10-6 和表 10-7，由真值表 10-7 可得到 T 触发器的特性方程：

$$Q^{n+1} = T\overline{Q^n} + \overline{T}Q^n$$

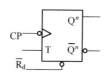

图 10.12　T 触发器的逻辑符号

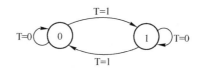

图 10.13　T 触发器状态图

表 10-6　T 触发器的功能表

$\overline{R_d}$	CP	T	Q^n	Q^{n+1}	功能说明
0	×	×	×	0	清 0
1	↓	0	0	0	$Q^{n+1}=Q^n$
1	↓	0	1	1	（不变）
1	↓	1	0	1	$Q^{n+1}=\overline{Q^n}$
1	↓	1	1	0	（翻转）
1	0	×	Q^n	$Q^{n+1}=Q^n$	

表 10-7　T 触发器的状态转换真值表

T	Q^n	Q^{n+1}
0	0	0
0	1	1
1	0	1
1	1	0

6. T′触发器

T′触发器没有自己的逻辑符号，它实际上是 T 触发器、D 触发器和 JK 触发器的一种特例。在 CP 的作用下，T′触发器的特性方程为

$$Q^{n+1}=\overline{Q^n}$$

即，输入一个 CP，T′触发器输出状态就改变一次，由 T 触发器、D 触发器、JK 触发器转换成 T′触发器的电路图如图 10.14 所示。

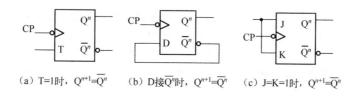

（a）T=1 时，$Q^{n+1}=\overline{Q^n}$　　（b）D 接 $\overline{Q^n}$ 时，$Q^{n+1}=\overline{Q^n}$　　（c）J=K=1 时，$Q^{n+1}=\overline{Q^n}$

图 10.14　由 T、D、JK 触发器转换成 T′的逻辑图

技能训练 33　集成锁存器功能测试

完成本任务所需仪器仪表及材料如表 10-8 所示。

表 10-8

序号	名　称	型　号	数量	备注
1	数字万用表/模拟万用表	DT9205/MF47	1 只	
2	数字逻辑实验箱	THDL-1 型	1 台	
3	集成锁存器	74HC373	1 片	

任务书 10-3

任务名称	集成锁存器功能测试
电路图	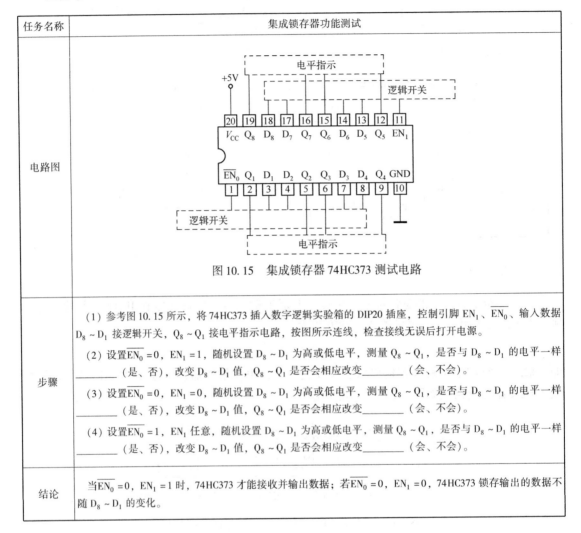 图 10.15 集成锁存器 74HC373 测试电路
步骤	（1）参考图 10.15 所示，将 74HC373 插入数字逻辑实验箱的 DIP20 插座，控制引脚 EN_1、$\overline{EN_0}$、输入数据 $D_8 \sim D_1$ 接逻辑开关，$Q_8 \sim Q_1$ 接电平指示电路，按图所示连线，检查接线无误后打开电源。 （2）设置 $\overline{EN_0}=0$，$EN_1=1$，随机设置 $D_8 \sim D_1$ 为高或低电平，测量 $Q_8 \sim Q_1$，是否与 $D_8 \sim D_1$ 的电平一样_____（是、否），改变 $D_8 \sim D_1$ 值，$Q_8 \sim Q_1$ 是否会相应改变_____（会、不会）。 （3）设置 $\overline{EN_0}=0$，$EN_1=0$，随机设置 $D_8 \sim D_1$ 为高或低电平，测量 $Q_8 \sim Q_1$，是否与 $D_8 \sim D_1$ 的电平一样_____（是、否），改变 $D_8 \sim D_1$ 值，$Q_8 \sim Q_1$ 是否会相应改变_____（会、不会）。 （4）设置 $\overline{EN_0}=1$，EN_1 任意，随机设置 $D_8 \sim D_1$ 为高或低电平，测量 $Q_8 \sim Q_1$，是否与 $D_8 \sim D_1$ 的电平一样_____（是、否），改变 $D_8 \sim D_1$ 值，$Q_8 \sim Q_1$ 是否会相应改变_____（会、不会）。
结论	当 $\overline{EN_0}=0$，$EN_1=1$ 时，74HC373 才能接收并输出数据；若 $\overline{EN_0}=0$，$EN_1=0$，74HC373 锁存输出的数据不随 $D_8 \sim D_1$ 的变化。

知识点　集成锁存器

集成锁存器内部的单元电路，通常是 D 锁存器或 D 触发器。D 锁存器和 D 触发器的区别仅仅是触发信号不同，D 锁存器是电平触发，而 D 触发器是上升边沿或下降边沿触发。

集成锁存器 74HC377 的内部电路图如图 10.16 所示，它的功能表如表 9-14 所示。由图可知，74HC377 是由 8 个 D 触发器组成的 8 位数据锁存器，$\overline{EN}$ 是它的使能端，当 $\overline{EN}=0$，且 CP 上升边到达时，接收新输入的数据；当 $\overline{EN}=1$ 或无 CP 信号时，锁存器不接收数据。通常 74HC377 作为微机的输入接口。

具有缓冲器的集成锁存器 74HC373 的内部电路图如图 10.17 所示，功能表见表 10-10。

由图 9.21 可以看出，74HC373 是由 8 个 D 型锁存器和 8 个三态缓冲器构成的 8 位数据锁存器。当 $EN_1=1$ 时，内部锁存器接收输入数据，并锁存住数据；当 $\overline{EN_0}=0$ 时，三态缓冲器把锁存的数据送到输出端。通常 74HC373 作为单片机的输出接口。

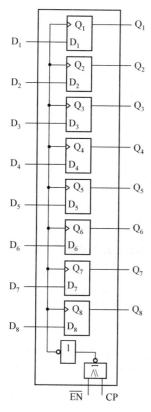

图 10.16 74HC377 的内部电路图

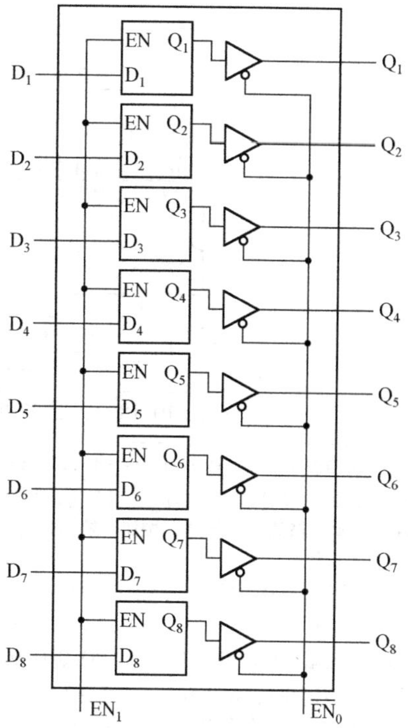

图 10.17 74HC373 的内部电路图

表 10-9 74HC377 的功能表

$\overline{EN}$	CP	D	Q^{n+1}
1	×	×	Q^n（不变）
0	↑	1	1（$Q^{n+1}=D$）
0	↑	0	0（$Q^{n+1}=D$）
×	0	×	Q^n（不变）

表 10-10 74HC373 的功能表

D 锁存器控制输入 EN_1	缓冲器控制输入 $\overline{EN_0}$	数据输入 D	数据输出 Q^{n+1}
×	1	×	高阻
1	0	1	1（$Q^{n+1}=D$）
1	0	0	0（$Q^{n+1}=D$）
0	0	×	Q^n（不变）

技能训练 34　集成寄存器功能测试

完成本任务所需仪器仪表及材料如表 10-11 所示。

表 10-11

序号	名 称	型 号	数量	备注
1	数字万用表/模拟万用表	DT9205/MF47	1只	
2	数字逻辑实验箱	THDL-1 型	1台	
3	集成多功能移位寄存器	74HC194	1片	
4	集成移位寄存器	74HC164	1片	

任务书 10-4

任务名称	集成多功能移位寄存器 74HC194 测试
电路图	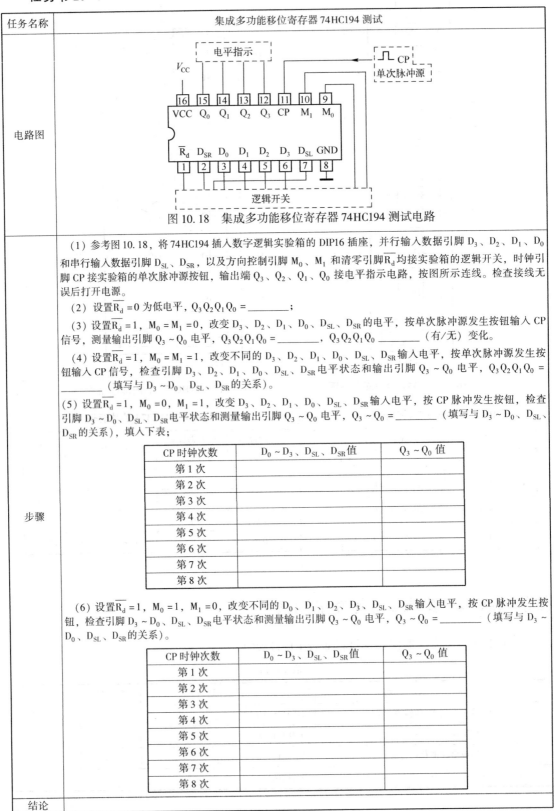 图 10.18 集成多功能移位寄存器 74HC194 测试电路
步骤	(1) 参考图 10.18，将 74HC194 插入数字逻辑实验箱的 DIP16 插座，并行输入数据引脚 D_3、D_2、D_1、D_0 和串行输入数据引脚 D_{SL}、D_{SR}，以及方向控制引脚 M_0、M_1 和清零引脚 $\overline{R_d}$ 均接实验箱的逻辑开关，时钟引脚 CP 接实验箱的单次脉冲源按钮，输出端 Q_3、Q_2、Q_1、Q_0 接电平指示电路，按图所示连线。检查接线无误后打开电源。 (2) 设置 $\overline{R_d}=0$ 为低电平，$Q_3Q_2Q_1Q_0$ = _____； (3) 设置 $\overline{R_d}=1$，$M_0=M_1=0$，改变 D_3、D_2、D_1、D_0、D_{SL}、D_{SR} 的电平，按单次脉冲源发生按钮输入 CP 信号，测量输出引脚 $Q_3\sim Q_0$ 电平，$Q_3Q_2Q_1Q_0$ = _____，$Q_3Q_2Q_1Q_0$ _____（有/无）变化。 (4) 设置 $\overline{R_d}=1$，$M_0=M_1=1$，改变不同的 D_3、D_2、D_1、D_0、D_{SL}、D_{SR} 输入电平，按单次脉冲源发生按钮输入 CP 信号，检查引脚 D_3、D_2、D_1、D_0、D_{SL}、D_{SR} 电平状态和输出引脚 $Q_3\sim Q_0$ 电平，$Q_3Q_2Q_1Q_0$ = _____（填写与 $D_3\sim D_0$、D_{SL}、D_{SR} 的关系）。 (5) 设置 $\overline{R_d}=1$，$M_0=0$，$M_1=1$，改变 D_3、D_2、D_1、D_0、D_{SL}、D_{SR} 输入电平，按 CP 脉冲发生按钮，检查引脚 $D_3\sim D_0$、D_{SL}、D_{SR} 电平状态和测量输出引脚 $Q_3\sim Q_0$ 电平，$Q_3\sim Q_0$ = _____（填写与 $D_0\sim D_3$、D_{SL}、D_{SR} 的关系），填入下表； | CP 时钟次数 | $D_0\sim D_3$、D_{SL}、D_{SR} 值 | $Q_3\sim Q_0$ 值 | |---|---|---| | 第 1 次 | | | | 第 2 次 | | | | 第 3 次 | | | | 第 4 次 | | | | 第 5 次 | | | | 第 6 次 | | | | 第 7 次 | | | | 第 8 次 | | | (6) 设置 $\overline{R_d}=1$，$M_0=1$，$M_1=0$，改变不同的 D_0、D_1、D_2、D_3、D_{SL}、D_{SR} 输入电平，按 CP 脉冲发生按钮，检查引脚 $D_3\sim D_0$、D_{SL}、D_{SR} 电平状态和测量输出引脚 $Q_3\sim Q_0$ 电平，$Q_3\sim Q_0$ = _____（填写与 $D_3\sim D_0$、D_{SL}、D_{SR} 的关系）。 | CP 时钟次数 | $D_0\sim D_3$、D_{SL}、D_{SR} 值 | $Q_3\sim Q_0$ 值 | |---|---|---| | 第 1 次 | | | | 第 2 次 | | | | 第 3 次 | | | | 第 4 次 | | | | 第 5 次 | | | | 第 6 次 | | | | 第 7 次 | | | | 第 8 次 | | |
结论	

任务书 10-5

任务名称	集成移位寄存器测试
电路图	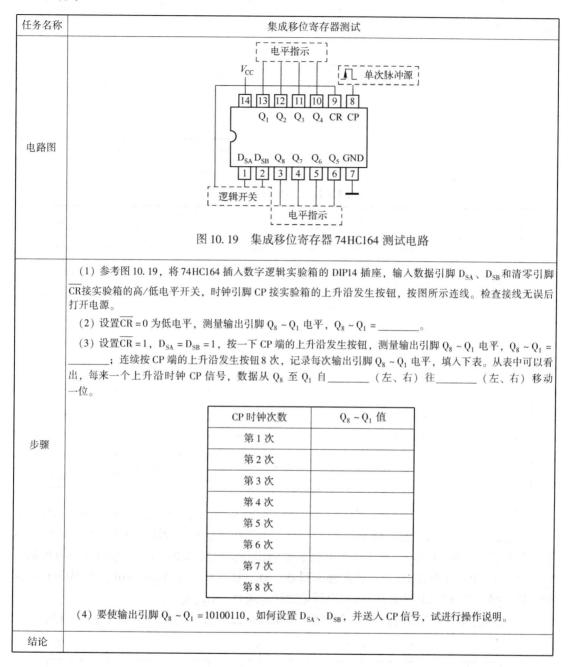 图 10.19 集成移位寄存器 74HC164 测试电路
步骤	（1）参考图 10.19，将 74HC164 插入数字逻辑实验箱的 DIP14 插座，输入数据引脚 D_{SA}、D_{SB} 和清零引脚 $\overline{CR}$ 接实验箱的高/低电平开关，时钟引脚 CP 接实验箱的上升沿发生按钮，按图所示连线。检查接线无误后打开电源。 （2）设置 $\overline{CR}=0$ 为低电平，测量输出引脚 $Q_8 \sim Q_1$ 电平，$Q_8 \sim Q_1$ = _____。 （3）设置 $\overline{CR}=1$，$D_{SA}=D_{SB}=1$，按一下 CP 端的上升沿发生按钮，测量输出引脚 $Q_8 \sim Q_1$ 电平，$Q_8 \sim Q_1$ = _____；连续按 CP 端的上升沿发生按钮 8 次，记录每次输出引脚 $Q_8 \sim Q_1$ 电平，填入下表。从表中可以看出，每来一个上升沿时钟 CP 信号，数据从 Q_8 至 Q_1 自 _____（左、右）往 _____（左、右）移动一位。 | CP 时钟次数	$Q_8 \sim Q_1$ 值
第 1 次	
第 2 次	
第 3 次	
第 4 次	
第 5 次	
第 6 次	
第 7 次	
第 8 次	| （4）要使输出引脚 $Q_8 \sim Q_1$ = 10100110，如何设置 D_{SA}、D_{SB}，并送入 CP 信号，试进行操作说明。
结论	

知识点　集成寄存器

用于寄存二值代码 0 和 1 的时序逻辑电路称为寄存器，寄存器通常由触发器组成。

图 10.20 是用两个 D 触发器组成的两位并行输入寄存器逻辑电路图，D_1'、D_0' 是两位需要"寄存"的二值代码，当 CP 上升沿到达时，由 D 触发器的特性知，$Q_1^{n+1}Q_0^{n+1} = D_1D_0 = D_1'D_0'$，并行输入的二值代码 D_1'、D_0' 被寄存在两个 D 触发器中，需要时所寄存的代码可以从输出端 Q_1Q_0 并行送出。

市场上集成寄存器产品比较多，功能上除了能实现并行输入并行输出外，还有串行输入并行输出、串行输入串行输出、并行输入串行输出等等。图10.21和表10-12是集成多功能移位寄存器74HC194（CC40194）的管脚图和功能表。

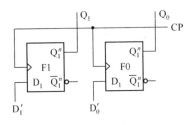

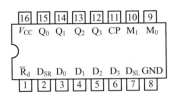

图10.20 两位并行输入寄存器逻辑电路　　　　图10.21 74HC194管脚图

表10-12 74HC194功能表

$\overline{R_d}$	M_1	M_0	CP	D_{SL}	D_{SR}	D_3	D_2	D_1	D_0	Q_3	Q_2	Q_1	Q_0	说 明
0	×	×	×	×	×	×	×	×	×	0	0	0	0	异步清0
1	×	×	0	×	×	×	×	×	×	Q_3	Q_2	Q_1	Q_0	保持
1	0	0	×	×	×	×	×	×	×	Q_3	Q_2	Q_1	Q_0	保持
1	0	1	↑	×	S_0	×	×	×	×	S_0	Q_3	Q_2	Q_1	右移
1	0	1	↑	×	S_1	×	×	×	×	S_1	S_0	Q_3	Q_2	右移
1	0	1	↑	×	S_2	×	×	×	×	S_2	S_1	S_0	Q_3	
1	0	1	↑	×	S_3	×	×	×	×	S_3	S_2	S_1	S_0	
1	1	0	↑	S_3	×	×	×	×	×	Q_2	Q_1	Q_0	S_3	左移
1	1	0	↑	S_2	×	×	×	×	×	Q_1	Q_0	S_3	S_2	左移
1	1	0	↑	S_1	×	×	×	×	×	Q_0	S_3	S_2	S_1	
1	1	0	↑	S_0	×	×	×	×	×	S_3	S_2	S_1	S_0	
1	1	1	↑	×	×	D'_3	D'_2	D'_1	D'_0	D'_3	D'_2	D'_1	D'_0	并行输入

图中，$\overline{R_d}$是异步清零控制端；M_1M_0决定了74HC194的工作方式：$M_1M_0=00$，芯片处于保持状态，不接收寄存数据；$M_1M_0=11$，芯片工作于并行输入并行输出状态，$D_3D_2D_1D_0$为4位并行数据输入端，$Q_3Q_2Q_1Q_0$为4位并行数据输出端；$M_1M_0=10$，D_{SL}为串行左移数据输入端，在每个CP的上升沿D_{SL}串行依次移入到Q_0、Q_1、Q_2、Q_3中；$M_1M_0=01$，D_{SR}为串行右移数据输入端，在每个CP的上升沿D_{SR}串行依次移入到Q_3、Q_2、Q_1、Q_0中。

集成移位寄存器74HC164的内部电路图如图10.22所示，它的功能表见表10-13。

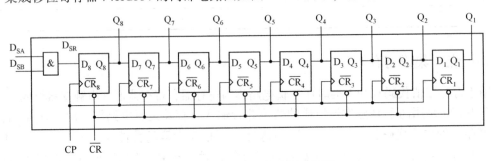

图10.22 74HC164的内部电路图

表 10-13 74HC164 的功能表

输入			输出	功能说明
$\overline{CR}$	CP	$D_{SA} D_{SB}$	$Q_8 Q_7 Q_6 Q_5 Q_4 Q_3 Q_2 Q_1$	
0	×	× ×	0 0 0 0 0 0 0 0	清零
1	0	× ×	$Q_8 Q_7 Q_6 Q_5 Q_4 Q_3 Q_2 Q_1$	保持不变
1	↑	1 1	1 $Q_8 Q_7 Q_6 Q_5 Q_4 Q_3 Q_2$	输入为1，右移一位
1	↑	0 ×	0 $Q_8 Q_7 Q_6 Q_5 Q_4 Q_3 Q_2$	输入为0，右移一位
1	↑	× 0	0 $Q_8 Q_7 Q_6 Q_5 Q_4 Q_3 Q_2$	输入为0，右移一位

由图 9.26 和表 9-18 可以看出，74HC164 实际上是一个 8 位右移寄存器，右移信号 D_{SR} 是由 D_{SA} 和 D_{SB} 相与后送入的，因此，对于串行输入数据，只有 D_{SA} 和 D_{SB} 均为 1 时，输入的串行数据才是 1，只要 D_{SA} 或 D_{SB} 中有一个为 0，则串行输入数据就为 0。如果只有一路数据时，可把 D_{SA} 和 D_{SB} 并接后作为串行数据的输入。由图也可看出，该集成电路的主要应用是串入并出。

集成移位寄存器 CD4094 在移位寄存功能上和 74HC164 相当，不同的是，CD4094 带输出缓冲器。CD4094 的内部电路如图 10.23 所示。

集成移位寄存器 74HC165 是并入左移串出移位寄存器，通常用于单片机输入口扩展的场合。它的原理框图和功能表见图 10.24 和表 10-14。

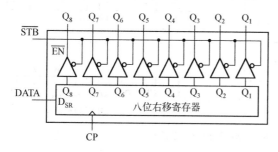

图 10.23 CD4094 的内部电路图

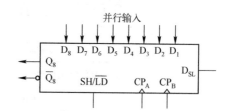

图 10.24 74HC165 的原理框图

表 10-14 74HC165 的功能表

$SH/\overline{LD}$	$CP_A CP_B$	D_{SL}	$D_8 D_7 D_6 D_5 D_4 D_3 D_2 D_1$	内部 $Q_8 Q_7 Q_6 Q_5 Q_4 Q_3 Q_2 Q_1$	Q_8 $\overline{Q_8}$	功能
0	× ×	×	$D_8 D_7 D_6 D_5 D_4 D_3 D_2 D_1$	$D_8 D_7 D_6 D_5 D_4 D_3 D_2 D_1$	D_8 $\overline{D_8}$	并入
1	0 0	×	× × × × × × × ×	$D_8 D_7 D_6 D_5 D_4 D_3 D_2 D_1$	D_8 $\overline{D_8}$	保持
1	↑ 0	1	× × × × × × × ×	$D_7 D_6 D_5 D_4 D_3 D_2 D_1 1$	D_7 $\overline{D_7}$	左移一位
1	↑ 0	0	× × × × × × × ×	$D_7 D_6 D_5 D_4 D_3 D_2 D_1 0$	D_7 $\overline{D_7}$	左移一位
1	× 1	×	× × × × × × × ×	$D_8 D_7 D_6 D_5 D_4 D_3 D_2 D_1$	D_8 $\overline{D_8}$	保持

由图 10.24 和表 10-14 知，$D_7 D_6 D_5 D_4 D_3 D_2 D_1 D_0$ 为 8 位并行输入的数据，D_{SL} 为左移串行输入数据，Q_8 和 $\overline{Q_8}$ 为互补串行输出数据，CP_A 是左移驱动信号，上升沿有效。CP_B 是 CP_A 的控制信号，$CP_B = 1$ 时，CP_A 被封锁，即 CP_A 不起作用；$CP_B = 0$ 时，当 CP_A 的上升沿到达时，数据向左移一位，$SH/\overline{LD}$ 为并行输入数据的控制信号，当 $SH/\overline{LD}$ 由 1 变成 0 时，把 8 位并行输入的数据输入寄存器，$SH/\overline{LD} = 1$ 时，允许串行左移。

技能训练 35　二进制集成计数器测试

完成本任务所需仪器仪表及材料如表 10-15 所示。

表 10-15

序　号	名　称	型　号	数　量	备　注
1	数字万用表/模拟万用表	DT9205/MF47	1 只	
2	数字逻辑实验箱	THDL-1 型	1 台	
3	集成二进制计数器	74LS161	1 片	

任务书 10-6

任务名称	74LS161/74LS160 功能测试
电路图	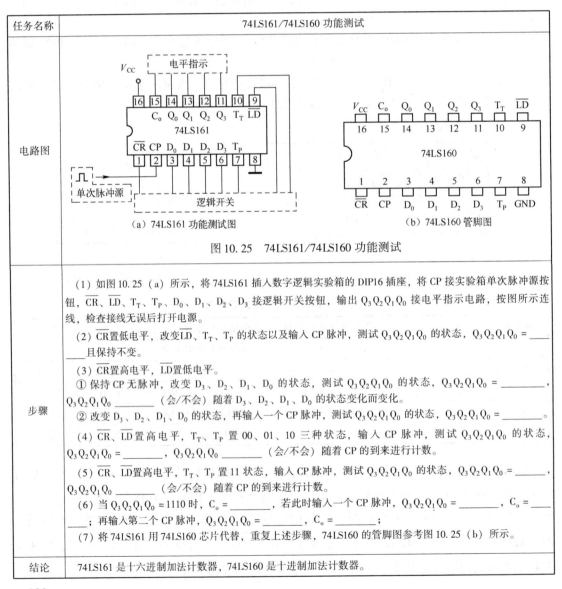 图 10.25　74LS161/74LS160 功能测试
步骤	（1）如图 10.25（a）所示，将 74LS161 插入数字逻辑实验箱的 DIP16 插座，将 CP 接实验箱单次脉冲源按钮，$\overline{CR}$、$\overline{LD}$、T_T、T_P、D_0、D_1、D_2、D_3 接逻辑开关按钮，输出 $Q_3Q_2Q_1Q_0$ 接电平指示电路，按图所示连线，检查接线无误后打开电源。 （2）$\overline{CR}$ 置低电平，改变 $\overline{LD}$、T_T、T_P 的状态以及输入 CP 脉冲，测试 $Q_3Q_2Q_1Q_0$ 的状态，$Q_3Q_2Q_1Q_0 = $ _____ 且保持不变。 （3）$\overline{CR}$ 置高电平，$\overline{LD}$ 置低电平。 ① 保持 CP 无脉冲，改变 D_3、D_2、D_1、D_0 的状态，测试 $Q_3Q_2Q_1Q_0$ 的状态，$Q_3Q_2Q_1Q_0 = $ _____，$Q_3Q_2Q_1Q_0$ _____（会/不会）随着 D_3、D_2、D_1、D_0 的状态变化而变化。 ② 改变 D_3、D_2、D_1、D_0 的状态，再输入一个 CP 脉冲，测试 $Q_3Q_2Q_1Q_0$ 的状态，$Q_3Q_2Q_1Q_0 = $ _____。 （4）$\overline{CR}$、$\overline{LD}$ 置高电平，T_T、T_P 置 00、01、10 三种状态，输入 CP 脉冲，测试 $Q_3Q_2Q_1Q_0$ 的状态，$Q_3Q_2Q_1Q_0 = $ _____，$Q_3Q_2Q_1Q_0$ _____（会/不会）随着 CP 的到来进行计数。 （5）$\overline{CR}$、$\overline{LD}$ 置高电平，T_T、T_P 置 11 状态，输入 CP 脉冲，测试 $Q_3Q_2Q_1Q_0$ 的状态，$Q_3Q_2Q_1Q_0 = $ _____，$Q_3Q_2Q_1Q_0$ _____（会/不会）随着 CP 的到来进行计数。 （6）当 $Q_3Q_2Q_1Q_0 = 1110$ 时，$C_o = $ _____，若此时输入一个 CP 脉冲，$Q_3Q_2Q_1Q_0 = $ _____，$C_o = $ _____；再输入第二个 CP 脉冲，$Q_3Q_2Q_1Q_0 = $ _____，$C_o = $ _____； （7）将 74LS161 用 74LS160 芯片代替，重复上述步骤，74LS160 的管脚图参考图 10.25（b）所示。
结论	74LS161 是十六进制加法计数器，74LS160 是十进制加法计数器。

知识点　常用集成计数器

计数器是对 CP 脉冲进行计数的时序逻辑电路，常由触发器组成。如果组成计数器中的各个触发器的 CP 不是同一信号，这样的计数器称为异步计数器；若组成计数器的各个触发器的 CP 为同一个信号，这样的计数器称为同步计数器。

M 进制计数器指的是计数器可以累加计数的数目为 M。$M=8$，计数器就是八进制计数器，表示能够计数的数目从 0 到 $n-1=7$（加法）或从 7 到 0（减法），即二进制的 000 到 111 或 111 到 000。

1. TTL 集成计数器 74LS161

74LS161 是一个集成十六进制同步加法计数器，74LS161 的逻辑电路框图如图 10.26 所示，功能表见表 10-16。

表 10-16　74LS161 的功能表

输入									输出				
$\overline{CR}$	$\overline{LD}$	T_T	T_P	C_P	D_3	D_2	D_1	D_0	Q_3	Q_2	Q_1	Q_0	C_o
0	×	×	×	×	×	×	×	×	0	0	0	0	0
1	0	×	×	↑	d_3	d_2	d_1	d_0	d_3	d_2	d_1	d_0	
1	1	0	×	×	×	×	×	×	保持				0
1	1	×	0	×	×	×	×	×	保持				0
1	1	1	1	↑	×	×	×	×	计数 当计数到 1111 时 $C_o=1$				

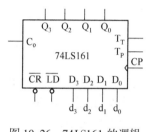

图 10.26　74LS161 的逻辑电路框图

根据功能表，74LS161 的功能说明如下：

（1）异步清 0 功能。当 $\overline{CR}=0$ 时，不论其他输入如何，输出 $Q_3Q_2Q_1Q_0$ 为 0000，表中 "×" 表示任意。

（2）同步并行置数功能。$\overline{LD}$ 称为预置数控制输入，在 $\overline{CR}=1$ 的条件下，当 $\overline{LD}=0$ 时，在 CP 脉冲上升沿的作用下，预置好的数据 $D_3D_2D_1D_0$ 被并行地送到输出端，即此时的 $Q_3Q_2Q_1Q_0=D_3D_2D_1D_0=d_3d_2d_1d_0$。

（3）保持功能。在 $\overline{CR}=1$、$\overline{LD}=1$ 的前提下，只要 $T_T \cdot T_P=0$，则计数器不计数，输出保持原来的状态不变。

（4）计数功能。正常计数时，必须使 $\overline{CR}=1$、$\overline{LD}=1$、$T_T \cdot T_P=1$，此时在 CP 上升沿的作用下，计数器对 CP 的脉冲个数进行加法计数。当计数到 $Q_3Q_2Q_1Q_0$ 输出 1111 时，$C_o=1$，$C_o=1$ 的时间是从 $Q_3Q_2Q_1Q_0=1111$ 时起到 $Q_3Q_2Q_1Q_0$ 状态变化时止。

如何根据功能表正确使用 74LS161 呢？首先要明确使用 74LS161 时，要它执行什么功能，然后要对每一个输入端根据功能正确处置，例如，用两块 74LS161 组成 8 位二进制数计数器，即 2^8 进制计数器，正确的连接如图 10.27 所示。

如图 10.27（a）所示，两片 74LS161 用同一个 CP，CP 对 74LS161（1）每次都有效触发，而 CP 对 74LS161（2）是受 $T_T \cdot T_P$ 控制，只有当 74LS161（1）的 C_o 为高电平，使 74LS161（2）的 $T_T \cdot T_P=1$ 时，CP 才对第二块片子有效。

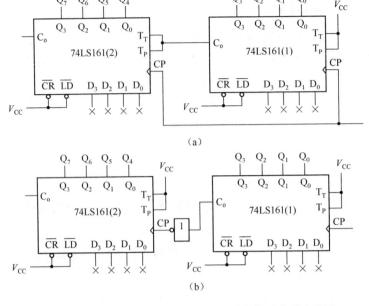

图 10.27 用两块 74LS161 组成 8 位二进制数计数器连线图

图 10.27（b）所示是用 74LS161（1）的进位 C_o 经过非门后作为 74LS161（2）的 CP。注意：根据功能表，74LS161（1）的 C_o 若不经过非门，在时序上将会出错。这是因为 74LS161（2）的计数发生在 74LS161（1）的 $Q_3Q_2Q_1Q_0=1111$ 再往上加 1 变成 0000 时，而 74LS161（1）的进位 C_o 在该时刻是由 1 回到 0，但 74LS161（2）的加 1 时钟是上升沿触发，因此 C_o 必须经非门取反。综合图 10.27（a）、（b）所示的两种连接方法，由于图 10.27（b）要增加一个非门且两片之间是异步计数，速度比图 10.27（a）慢，因此图 10.27（a）所示连接方法较好。

2. TTL 集成计数器 74LS160

74LS160 是集成十进制同步加法计数器，其逻辑电路框图、功能表和 74LS161 完全类同，所不同的是 74LS160 是十进制计数器，即 74LS160 的输出 $Q_3Q_2Q_1Q_0$ 只能从 0000～1001，当 $Q_3Q_2Q_1Q_0$ 为 1001 时，$C_o=1$，74LS160 的逻辑电路框图、功能表如图 10.28、表 10-17。用两块 74LS160 组成一百进制计数器的连线图如图 10.29 所示。

表 10-17 74LS160 的功能表

输入									输出				
$\overline{CR}$	$\overline{LD}$	T_T	T_P	C_P	D_3	D_2	D_1	D_0	Q_3	Q_2	Q_1	Q_0	C_o
0	×	×	×	×	×	×	×	×	0	0	0	0	0
1	0	×	×	↑	d_3	d_2	d_1	d_0	d_3	d_2	d_1	d_0	
1	1	×	0	×	×	×	×	×	保持				
1	1	0	×	×	×	×	×	×	保持				
1	1	1	1	↑	×	×	×	×	计数				
1	1	1	1	↑	×	×	×	×	1	0	0	1	1

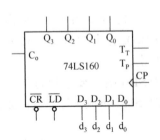

图 10.28 74LS160 的逻辑电路框图

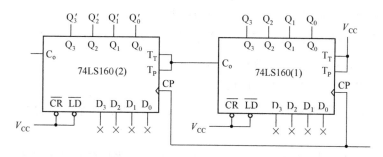

图 10.29 用两块 74LS160 组成一百进制计数器的连线图

3. 十进制同步加/减计数器 CC40192

CC40192 是双时钟同步计数器，它既可实现加法计数，又可实现减法计数，它的逻辑电路图、功能表见图 10.30 和表 10-18，反映功能的时序图如图 10.31 所示。

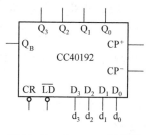

图 10.30 CC40192 的逻辑电路图

表 10-18 CC40192 的功能表

输			入				输			出		
CR	$\overline{LD}$	CP^+	CP^-	D_3	D_2	D_1	D_0	Q_3	Q_2	Q_1	Q_0	$\overline{Q_C}$	$\overline{Q_B}$
1	×	×	×	×	×	×	×	0	0	0	0	1	1
0	0	×	×	d_3	d_2	d_1	d_0	d_3	d_2	d_1	d_0		
0	1	1	1	×	×	×	×	保持					
0	1	↑	1	×	×	×	×	加计数				1	1
0	1	0	1	×	×	×	×	1	0	0	1	0	1
0	1	1	↑	×	×	×	×	减计数				1	1
0	1	1	0	×	×	×	×	0	0	0	0	1	0

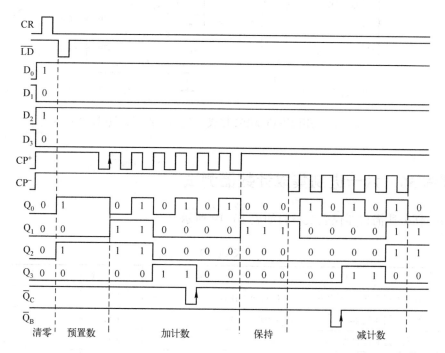

图 10.31 CC40192 的功能时序图

根据功能表和功能时序图，CC40192 的功能说明如下：

(1) 异步清 0 功能。当 CR = 1 时，不管其他输入如何，$Q_3Q_2Q_1Q_0$ 为 0000。

(2) 异步并行置数功能。在 CR = 0 的条件下，只要 $\overline{LD}$ = 0，预置好的数据被并行地送到输出端，即此时的 $Q_3Q_2Q_1Q_0 = D_3D_2D_1D_0 = d_3d_2d_1d_0$。

(3) 保持功能。当 CR = 0、$\overline{LD}$ = 1、$CP^+ = CP^- = 1$ 时，计数器不计数，输出保持原来的状态不变。

(4) 加计数功能。当 CR = 0、$\overline{LD}$ = 1、$CP^- = 1$ 时，此时在 CP^+ 上升沿作用下计数器进行加计数。

(5) 减计数功能。当 CR = 0、$\overline{LD}$ = 1、$CP^+ = 1$ 时，此时在 CP^- 上升沿作用下计数器进行减计数。

(6) 进位和借位功能。在进行加计数时，当计数器计数到 $Q_3Q_2Q_1Q_0 = 1001$ 时，CP^+ 还必须由高电平回到低电平，$\overline{Q_C}$ 才输出进位负脉冲，从功能时序图中可以看出进位信号的时间，或者说进位负脉冲的宽度只有 CP^+ 低电平的宽度。从时序图也可以看出进位负脉冲 $\overline{Q_C}$ 的上升沿刚好和下一个 CP^+ 的上升沿同步，为此进位负脉冲的上升沿可以作为高位计数器的 CP^+ 信号；在进行减计数时，借位信号也具有和进位信号相同的特性，因此借位信号 $\overline{Q_B}$ 的上升沿也可作为高位计数器的 CP^- 信号。

根据以上对 CC40192 功能说明，特别是根据功能时序图对 $\overline{Q_C}$ 和 $\overline{Q_B}$ 在时序上的说明，可以肯定，用两块 CC40192 接成一百进制加计数器时，应按图 10.32 连接。

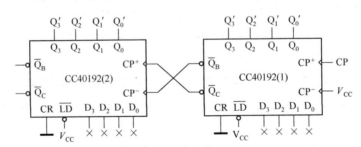

图 10.32 用两块 CC40192 接成一百进制加计数器连接图

技能训练 36　六十进制集成计数器测试

完成本任务所需仪器仪表及材料如表 10-19 所示。

表 10-19

序 号	名 称	型 号	数 量	备 注
1	数字万用表/模拟万用表	DT9205/MF47	1 只	
2	数字逻辑实验箱	THDL-1 型	1 台	
3	集成二进制计数器	74LS161	2 片	
4	集成 4 输入二与非门	CD4012	1 片	

任务书 10-7

任务名称	八进制计数功能测试图
电路图	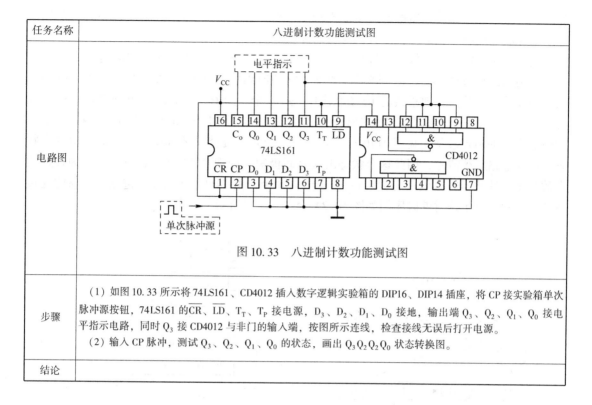 图 10.33 八进制计数功能测试图
步骤	(1) 如图 10.33 所示将 74LS161、CD4012 插入数字逻辑实验箱的 DIP16、DIP14 插座,将 CP 接实验箱单次脉冲源按钮,74LS161 的 $\overline{CR}$、$\overline{LD}$、T_T、T_P 接电源,D_3、D_2、D_1、D_0 接地,输出端 Q_3、Q_2、Q_1、Q_0 接电平指示电路,同时 Q_3 接 CD4012 与非门的输入端,按图所示连线,检查接线无误后打开电源。 (2) 输入 CP 脉冲,测试 Q_3、Q_2、Q_1、Q_0 的状态,画出 $Q_3Q_2Q_2Q_0$ 状态转换图。
结论	

任务书 10-8

任务名称	六十进制计数器设计
任务要求	利用反馈置数法用 2 片二进制计数器 74LS161,1 片 4 输入二与非门 CD4012 设计一个六十进制计数器(计数值 0~59),完成原理图设计,写出测试步骤,进行电路安装与测试,编写设计测试报告。
电路原理图	
安装测试步骤	

知识点　高进制计数器变成低进制计数器的方法

目前市售的集成计数器的进制只有应用最广泛的几种,如十进制、十六进制计数器等,在实用中需要其他进制计数器时,只能用已有的集成计数器产品,经过一定的处置来得到。例如,需要用到十六进制计数器,但是市场上买不到十六进制计数器,此时就需要把两块十进制计数器级联成一百进制计数器,再变成十六进制计数器。这就是所谓的把高进制计数器变成低进制计数器。把高进制计数器变成低进制计数器通常有两种处理方法:反馈清零法,反馈置数法。

1. 反馈清零法

通常所有的集成计数器都有异步清零功能，利用集成计数器的异步清零功能，把高进制计数器变成低进制计数器的方法称为反馈清零法。

把高进制计数器变成低进制计数器，总是要把高进制计数器的全部输出状态中的一部分去掉。例如，74LS160 是同步十进制计数器，它的输出状态共有 10 个，要把 74LS160 变成六进制计数器，就需要把总共的 10 个状态中去掉 4 个，图 10.34（a）是根据 74LS160 的状态转换图，利用第七个状态 0110 的出现去清 0，从而去掉 0110、0111、1000、1001 四个状态而成为六进制计数器。利用 0110 这个状态的"出现"是指清零需要这个状态，但这个状态一出现电路就被清零，因此这个状态出现时间极短，因而 0110 这个状态不能成为计数的有效状态，计数器的有效状态为 0000～0101 共 6 个，由 74LS160 构成六进制计数器的连接图和作为六进制工作时的时序图如图 10.34（b）、（c）所示。

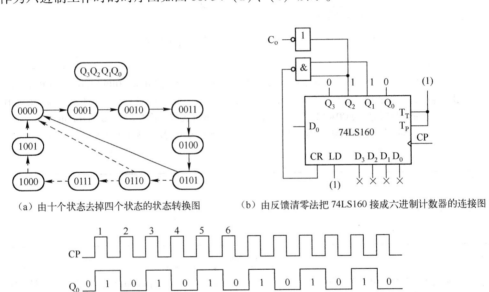

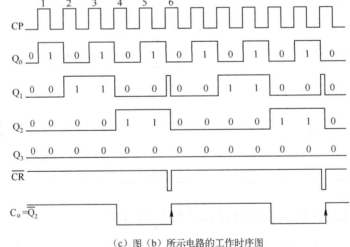

（c）图（b）所示电路的工作时序图

图 10.34 利用反馈清零法把 74LS160 接成六进制计数器

由于反馈清零信号 $\overline{CR}$ 的负脉冲随着计数器被清零而消失，所以 $\overline{CR}$ 负脉冲保持时间极短。如果组成集成计数器的各个触发器清零所需时间有差异，则有可能有些触发器没有真正清零，而此时清零信号已经消失而导致清零失败产生差错。又由于集成计数器变成六进制计数器后，1001 状态被去掉，所以 C_o 总为低电平，即集成计数器本身不会送出进位信号。如果用$\overline{CR}$的负脉冲作为进位输出信号，由于该脉冲宽度非常窄，不能有效地触发后边的触发器，从时序图上可以看出$\overline{Q_2}$的上升沿，在时序上刚好是六进制计数器的进位时序，所以用 $Q_2 = C_o'$ 作为进位信号。

通过对反馈清零法把高进制计数器变成低进制计数器的分析可知，这一方法存在着可靠性差，需增加电路给出进位信号的不足，因此，只有在集成计数器没有预置功能的情况下采用，对于像 74LS160 这样具有同步并行置数功能的集成计数器，均应采用下面将要介绍的反馈置数法。

2. 反馈置数法

（1）利用同步并行置数功能实现反馈置数。对于具有同步并行置数功能的集成计数器，采用反馈置数法把高进制计数器变成低进制计数器，既方便又可靠，图 10.35（a）、（b）、（c）分别是把具有同步并行置数功能的 74LS160 变成六进制计数器的连接图、状态转换图和时序图。

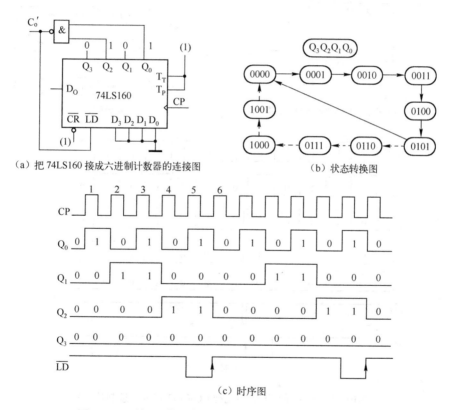

图 10.35　利用反馈置数法把 74LS160 接成六进制计数器

根据 74LS160 的功能说明，$\overline{LD}$是同步并行置数控制输入，当 $Q_3Q_2Q_1Q_0$ 为 0101 时，$\overline{LD}=0$；在下一个 CP 的作用下，$Q_3Q_2Q_1Q_0 = D_3D_2D_1D_0 = 0000$，由图 10.35（c）所示时序图可以看出，$\overline{LD}$的负脉冲是一个稳定的宽度为一个 CP 周期的信号，其上升沿和第六个 CP 的上升沿同步，因此$\overline{LD}$既是置数控制输入，也可作为进位输出。

特别应注意的是，用74LS160按反馈置数法接成六进制计数器时，第七个状态0110不出现，这是和反馈清零法的一个区别。

（2）利用异步并行置数功能实现反馈置数。异步并行置数功能是指只要预置控制输入$\overline{LD}=0$，不管CP如何，计数器的输出$Q_3Q_2Q_1Q_0$应立即等于预置数，即$Q_3Q_2Q_1Q_0=D_3D_2D_1D_0$。利用异步并行置数功能把高进制计数器变成低进制计数器，和反馈清零法类同，也要借助于第七个状态0110的出现，使$\overline{LD}=0$，从而立即使输出$Q_3Q_2Q_1Q_0$等于预置数。$\overline{LD}=0$的时间极短暂，也不适合作为进位输出信号，但是置数的可靠性比异步清零的可靠性高，前面已介绍十进制的集成计数器CC40192是具有异步并行置数功能的，用异步置数功能把CC40192接成六进制计数器时的连线图、状态转换图和时序图如图10.36所示。

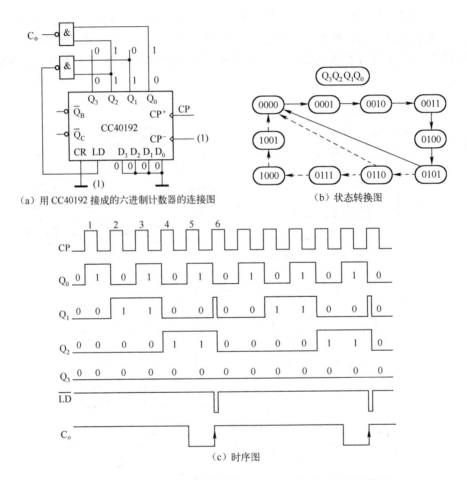

图10.36 利用异步置数功能把CC40192接成六进制计数器

3. 六十进制计数器

（1）用两块74LS160接成的六十进制计数器。首先把两块74LS160接成一百进制计数器，再用同步并行置数功能把一百进制变成六十进制，其进位输出就取$\overline{LD}$，如图10.37所示。

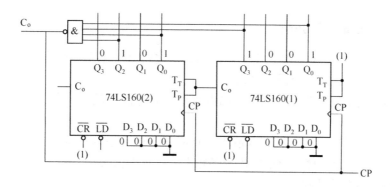

图 10.37 用两块 74LS160 接成的六十进制计数器连线图

（2）用两块 CC40192 接成六十进制加计数器。首先把两块 CC40192 接成一百进制加计数器，再用异步并行置数功能，把一百进制变成六十进制，进位 C_o 取高位的 $\overline{Q_2'}$，如图 10.38 所示。

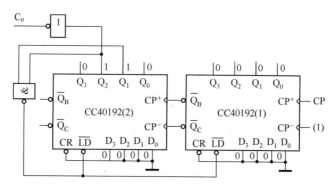

图 10.38 用两块 CC40192 接成的六十进制加计数器连线图

知识拓展 同步时序逻辑电路的分析和同步计数器的设计

在数字系统中，在结构上是由组合电路和触发器组成的，其中触发器是必不可少的；在输出和输入的关系上，电路在 CP 到达时刻的输出状态，不仅取决于电路在 CP 到达时刻的输入信号，同时还取决于 CP 到达前电路的输出状态，具有这样结构和特点的这一类电路称为时序逻辑电路。时序逻辑电路分同步时序电路和异步时序电路两类。触发器电路里所有触发器有一个统一的时钟源，它们的状态在同一时刻更新，称为同步时序电路。而异步时序电路则是触发器没有统一的时钟脉冲或没有时钟脉冲，电路的状态更新不是同时发生的。

时序电路的基本结构如图 10.39 所示，其中 I 为输入信号，O 为输出信号，E 为使触发器转换为下一个状态的激励信号，S 为触发器的状态信号。状态信号 S 被反馈到组合电路的输入端，与输入信号 I 一起决定输出信号 O。描述输出信号 O 与输入信号 I、状态信号 S 的关系称为输出函数；描述激励信号 E 与输入信号 I、状态信号 S 的关系称为激励函数，又称控制函数。

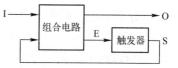

图 10.39 时序电路基本结构

1. 同步时序逻辑电路的分析

同步时序电路的分析是根据已有的电路图，通过画出状态图来分析电路的工作过程以及其输入与输出之间的关系。分析步骤如下：

（1）根据给定的同步时序电路，列出电路中组合电路的输出函数，列出电路中各触发器的激励函数。

（2）列出组合逻辑电路的状态真值表。真值表的输入是时序电路的输入和时序电路的现态，真值表的输出是时序电路的输出及各触发器的数据输入。

（3）列出时序电路的次态。

（4）作状态图。

（5）分析时序电路的外部性能。

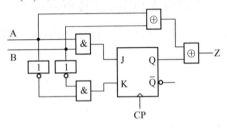

图 10.40 同步时序逻辑电路

例 10.1 分析如图 10.40 所示的同步时序电路。

（1）列出电路的输出函数和触发器的激励函数。

$$\begin{cases} Z = A \oplus B \oplus Q \\ J = AB \\ K = \overline{A}\,\overline{B} \end{cases}$$

（2）列出组合电路的状态真值表，如表 10-20 所示。

（3）列出时序电路的状态。如表 10-21 所示，它以时序电路的输入 A、B 和触发器的现态所有可能的组合为输入，对照状态真值表，查得对应的 J、K 值，再由 JK 触发器的功能表，可以得到触发器的次态。

表 10-20 状态真值表

现态	输	入	触发器输入		输出
Q^n	A	B	J	K	Z
0	0	0	0	1	0
0	0	1	0	0	1
0	1	0	0	0	1
0	1	1	1	0	0
1	0	0	0	1	1
1	0	1	0	0	0
1	1	0	0	0	0
1	1	1	1	0	1

表 10-21 状态真值表

现态	输	入	次态
Q^n	A	B	Q^{n+1}
0	0	0	0
0	0	1	0
0	1	0	0
0	1	1	1
1	0	0	1
1	0	1	1
1	1	0	1
1	1	1	1

（4）由表 10-21 作状态图，如图 10.41 所示。

（5）分析时序电路的外部性能。由状态图可知，当 A、B 和 Q^n 中有奇数个"1"时，输出 Z=1，否则 Z=0；当 A、B 和 Q^n 中有两个或两个以上的"1"时，则 $Q^{n+1}=1$，否则 $Q^{n+1}=0$。所以此电路是一个串行二进制加法器，其中 A、B 为被加数和加数，Z 为和数，JK 触发器存放进位值。

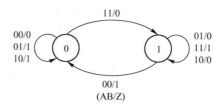

图 10.41 状态图

2. 模 2^n 同步加法计数器的设计

设计模 2^n 同步加法计数器的一般方法是：
（1）用 T 触发器和有关门电路组成。
（2）不管触发器是用上升沿触发还是用下降沿触发，只要令组成计数器的各个触发器由低位到高位的激励函数为：

$$\begin{cases} T_0 = 1 \\ T_1 = Q_0^n \\ T_2 = Q_0^n Q_1^n \\ T_3 = Q_0^n Q_1^n Q_2^n \end{cases}$$

即可组成模 2^n 同步加法计数器。

根据上述方法，用四个 JK 触发器组成的模 $2^4 = 16$ 同步加法计数器如图 10.42 所示，由逻辑电路可以看出，电路中的 JK 触发器实际上已经转换成 T 触发器。在电路图中，CP 是同时加到各个触发器上去的，但是 T 触发器只有在 T=1 时才会触发翻转，对 F_0 触发器，由于 T≡1，因此每个 CP 都使其触发翻转，而对于 F_1 触发器，其 $T_1 = Q_0^n$，因此，必须待 $Q_0^n = 1$ 以后，才会在 CP 的作用下翻转。同理可以分析 F_2 触发器、F_3 触发器的翻转情况，从而得到如图 10.43 所示的时序图，根据时序图再画出状态转换图，如图 10.44 所示。

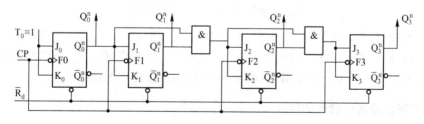

图 10.42 模 16 同步加法计数器

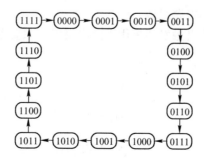

图 10.43 模 16 同步加法计数器状态图

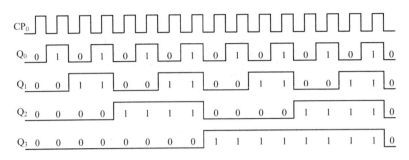

图 10.44 模 16 同步加法计数器时序图

对模 16 同步加法计数器的分析，可以根据前述同步时序逻辑电路的分析方法，也可以按以下方法进行：首先把激励函数代入触发器的特性方程，得到各个触发器的次态的关系式如下：

$$\begin{cases} Q_0^{n+1} = T_0\overline{Q_0^n} + \overline{T_0}Q_0^n \big|_{T_0=1} = \overline{Q_0^n} \\ Q_1^{n+1} = T_1\overline{Q_1^n} + \overline{T_1}Q_1^n \big|_{T_1=Q_0^n} = Q_0^n\overline{Q_1^n} + \overline{Q_0^n}Q_1^n \\ Q_2^{n+1} = T_2\overline{Q_2^n} + \overline{T_2}Q_2^n \big|_{T_2=Q_0^nQ_1^n} = Q_0^nQ_1^n\overline{Q_2^n} + \overline{Q_0^nQ_1^n}Q_2^n \\ Q_3^{n+1} = T_3\overline{Q_3^n} + \overline{T_3}Q_3^n \big|_{T_3=Q_0^nQ_1^nQ_2^n} = Q_0^nQ_1^nQ_2^n\overline{Q_3^n} + \overline{Q_0^nQ_1^nQ_2^n}Q_3^n \end{cases}$$

即

$$\begin{cases} Q_0^{n+1} = \overline{Q_0^n} \\ Q_1^{n+1} = Q_0^n\overline{Q_1^n} + \overline{Q_0^n}Q_1^n \\ Q_2^{n+1} = Q_0^nQ_1^n\overline{Q_2^n} + \overline{Q_0^nQ_1^n}Q_2^n \\ Q_3^{n+1} = Q_0^nQ_1^nQ_2^n\overline{Q_3^n} + \overline{Q_0^nQ_1^nQ_2^n}Q_3^n \end{cases}$$

在已知前态 $Q_3^nQ_2^nQ_1^nQ_0^n$ 的状态后，就可以得到 CP 到达后的次态 $Q_3^{n+1}Q_2^{n+1}Q_1^{n+1}Q_0^{n+1}$ 的状态。例如，前态为 $Q_3^nQ_2^nQ_1^nQ_0^n$ 为 0000，则由上式可以算出 $Q_3^{n+1}Q_2^{n+1}Q_1^{n+1}Q_0^{n+1}$ 为 0001，逐个算下去，就可以得到图 10.43 和图 10.44 所示电路的状态转换图和时序图。

3. 模 2^n 同步减法计数器的设计

组成模 2^n 同步减法计数器的一般方法为：
（1）用 T 触发器和有关门电路组成。
（2）不管触发器是用上升沿触发还是用下降沿触发，只要令各个触发器的驱动方程为：

$$\begin{cases} T_0 = 1 \\ T_1 = \overline{Q_0^n} \\ T_2 = \overline{Q_0^n} \cdot \overline{Q_1^n} \\ T_3 = \overline{Q_0^n} \cdot \overline{Q_1^n} \cdot \overline{Q_2^n} \end{cases}$$

则构成的计数器为模 2^n 同步减法计数器。

图10.45是用4个T触发器组成的模16同步减法计数器的逻辑电路图。

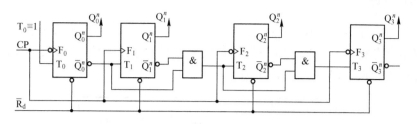

图10.45 模16同步减法计数器

项目实施 数字钟设计与制作

1. 信号产生电路

由RC组成的多谐振荡器频率稳定性较差,电源电压波动、温度变化、RC参数的变化都会使频率变化,在数字电路中,有时对频率的稳定性要求比较高,如时钟信号。石英晶体多谐振荡器是频率十分稳定的振荡器,它的频率稳定度$\Delta f_0/f_0$可达10^{-10},这是因为石英晶体振荡器的频率取决于石英晶体的固有谐振频率,而与外接的电阻、电容无关。各种谐振频率的石英晶体已被制成标准化、系列化的产品,在电子市场上到处有售,石英晶体的符号和由石英晶体构成的多谐振荡电路如图10.46所示。

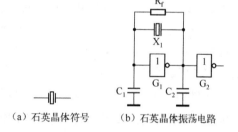

图10.46 石英晶体符号和振荡电路

图10.46(b)中,非门G_2用来改善G_1的输出波形,增强带负载能力,C_1是频率微调电容,R_f是反馈电阻,通常在几十兆欧,电容C_2起温度特性调整作用。

利用石英晶体多谐振荡器产生1秒信号的电路如图10.47所示,石英晶体的谐振频率为32768Hz,经G_1振荡、G_2整形以后,得到$f=32768$Hz的稳定信号,该信号再经过15个D触发器组成的$2^{15}=32768$次分频,即可得到1秒信号。

CD4060是一片集成14位二进制串行计数器,内部包含两个非门和14级2分频电路,是实现图10.47所示电路的理想器件。CD4060管脚如图10.48所示,其中的Q_4、Q_5、…、Q_{14}依次是它的2^4分频、2^5分频、…、2^{14}分频输出脚,CR是对Q_4、Q_5、…、Q_{14}进行同时清零的控制输入端,高电平有效。

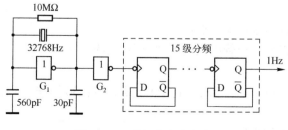

图10.47 秒振荡产生电路

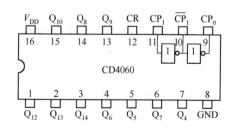

图10.48 CD4060管脚图

2. 数字钟设计

数字钟电路原理图如图 10.1 所示，组成框图如图 10.49 所示，包括两个六十进制计数、译码驱动显示器电路，一个 12 转 1 计数、译码驱动显示电路，校分电路，校时电路，晶体振荡秒信号产生电路和 5V 供电电源电路。

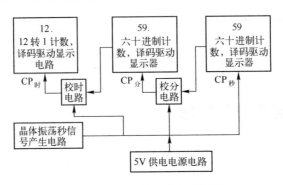

图 10.49　数字钟电路组成框图

六十进制计数、译码驱动显示电路由十进制计数器 74LS160、反码输出的数字显示译码器 74LS247 和共阳数码管 SM4205 组成，如图 10.1 中虚线框所示。

按照习惯，时钟的制式有两种：24 小时制和 12 小时制。24 小时制的小时值是二十四进制计数；对于 12 小时制，小时值应为 12 转 1 计数，12 转 1 计数译码驱动显示电路与六十进制计数译码驱动显示电路基本相同，稍有不同的有两点：其一，12 转 1 的十位计数器的预置数为 0001；其二，当时间显示值在 9 时 59 分 59 秒之前，小时值十位显示不应显示 0，可借助于 $\overline{RBI}$ 来实现，12 转 1 计数、译码驱动显示电路如图 10.1 中虚线框所示。

校时、校分功能通过校时、校分电路来实现，用秒信号去代替分计数信号和时计数信号，使分或时计数每 1 秒就能进行计数加 1。校时、校分电路实际上是一个数字信号的转换开关，如图 10.1 中虚线框所示。

校分电路是一个简单的手动开关电路，正常工作时 S 指向 A 端，需要校准时使 S 指向 B 端，用秒信号作为分计数器的计数信号。这种电路十分简单，但是开关的通断会产生随机的机械抖动信号，使校准不易控制，轻轻按动开关可消除或减少这种机械抖动。

校时电路是用三个与非门和一个可调电阻实现信号转换的。当正常工作时电位器动滑头指向 B，时计数信号来自分计数的进位信号。当需要校准时，动滑头指向 A 端，时计数信号来自 $\frac{1}{2}$ 秒信号，两个 0.033 μF 的电容可滤去滑动中产生的干扰信号，偶然也会有抖动干扰。

校时、校分电路若需要完全消除开关的机械抖动，可用基本 RS 触发器来实现，当然电路要比较复杂一些。

在该电路基础上进一步的功能扩展可以考虑以下几点：

（1）把由数码管显示的数字钟改成由发光二极管组成的中型数字显示钟。

（2）给数字钟增加整点报时功能。

（3）利用数字钟增加一个 8：00 上班，11：30 下班，14：00 上班，17：30 下班的钟控打铃系统。

（4）设计数字显示倒计时交通自动指挥灯系统。

(5) 设计其他实用的时控设备。

完成本项目所需仪器仪表及材料如表 10-22 所示。

表 10-22

序 号	名 称	型 号	数 量	备 注
1	直流稳压电源	DF1731SD2A	1 台	
2	数字万用表/模拟万用表	DT9205/MF47	1 只	
3	数字逻辑实验箱	THDL-1	1 台	
4	电工工具箱	含电烙铁、斜口钳等	1 套	
5	万能电路板或印制电路板	10 cm × 10 cm	1 块	
6	共阳数码管	SM4205	6 个	
7	反码输出数字显示译码器	74LS247	6 片	
8	十进制计数器	74LS160	6 片	
9	二 4 输入与非门	CD4012	1 片	
10	四 2 输入与非门	CD4011	1 片	
11	14 位二进制串行计数器	CD4060	1 片	
12	集成双 D 触发器	CD4013	1 片	
13	时钟晶体	32.768 kHz	1 个	
14	可调电阻	220 kΩ	1 个	
15	电阻	51 kΩ 20 MΩ 680 Ω	2 个 1 个 39 个	
16	电容	0.033 μF 680 pF 30 pF	2 个 1 个 1 个	
17	三端开关		1 个	

习 题 10

10.1 试画出上升沿触发的 D 触发器的 Q 的电压波形,已知 D 触发器 CP 和 D 的输入波形如图 10.50 所示。

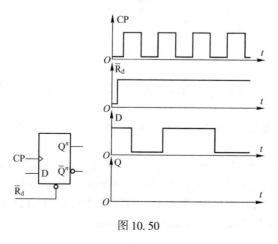

图 10.50

10.2 已知下降沿触发的 JK 触发器的 $\overline{R}_d$、CP、JK 的输入波形如图 10.51 所示，试画出 JK 触发器 $\overline{Q}$ 的波形图。

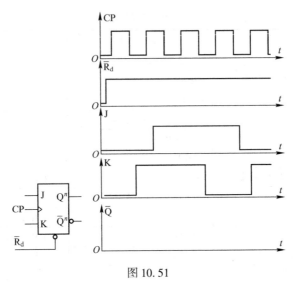

图 10.51

10.3 在图 10.52（a）所示电路中，当 K 闭合一下又断开，即给 A 一个负脉冲以后，试画出 $Q_3Q_2Q_1$ 在 CP 作用下的波形。

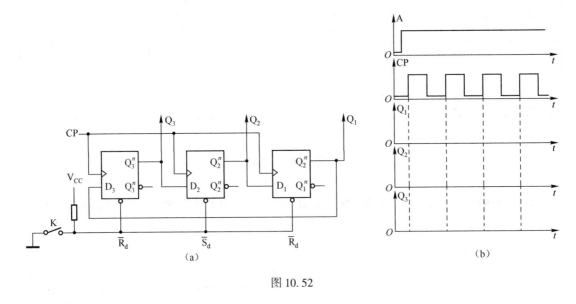

图 10.52

10.4 用 74LS161 通过反馈置数法，把它转换成十三进制计数器，要求分别画出转换后的逻辑电路框图。

10.5 用两块 74LS160 通过反馈置数法，把它接成二十四进制同步计数器，画出连接后的逻辑电路框图。

10.6 图 10.53 所示是一个由 74LS161 和一个 16 选 1 数据选择器构成的在 CP 作用下的可编序列信号产生电路，试画出在 17 个 CP 作用下，$Q_3Q_2Q_1Q_0$ 和 L 的波形图。设初态 $Q_3Q_2Q_1Q_0 = 0000$。

10.7 图 10.54 是由一个 74LS160 和一个 4 线 – 10 线译码器构成的顺序信号产生电路，试画出在 11 个 CP 作用下 $Q_3Q_2Q_1Q_0$ 和 $Y_0 \sim Y_9$ 的波形图。初态 $Q_3Q_2Q_1Q_0 = 0000$。

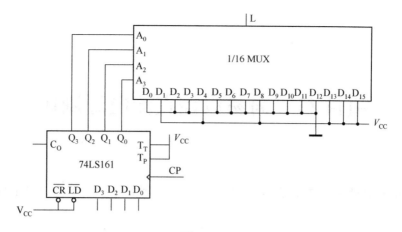

图 10.53

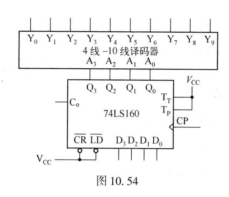

图 10.54

10.8 根据本项目图 10.1 的数字钟参考电路原理图,回答下列问题:

(1) 把数字钟由 12 小时制改成 24 小时制如何改动?画出改动部分的电原理图。

(2) 12 转 1 计数、译码驱动显示电路中的十位 74LS160 输出的 Q_0 为什么要和对应的译码器 74LS247 的 $\overline{RBI}$ 相连?不相连会出现什么现象?

(3) 如果 74LS160 的 $\overline{LD}$ 改成 LD(即 LD = 1 时有效),其他都不变,电原理图应作怎样的改动?

(4) 在秒信号产生电路中,双 D 触发器 CD4013 起什么作用,用一个 CC4000 系列 JK 触发器替代 D 触发器 CD4013 行吗?为什么?

(5) 请再设计出 1 或 2 种点动校时校分电路,并画出具体电原理图。

(6) 如果你手上有一块看不出型号的 LED 数码管,如何确定它的管脚,即如何判断数码管是共阴还是共阳?如何确定 a、b、c、d、e、f、g 所对应的管脚。

(7) 根据数字钟参考电路原理图,估算整个电路在工作时的最大功耗 P_M 是多少?依据什么?

(8) 如果晶体振荡器产生的信号频率 32768 Hz 的稳定度为 10^{-7},则时钟走一年会产生多长时间的误差?如果调试时 32768 Hz 晶振只能调到 32767 Hz,则时钟一个月(30 天)将产生多长时间的误差?

(9) 数字钟在调试中出现了故障,故障现象是这样的:当秒 60 进位计数器计到 59 秒时再来一个秒信号,不变成 00 秒,而是变成 04 秒,那么一般情况下会是什么原因所致?应如何找出这个故障?

(10) 当电路安装焊接好调试时,接上电源后电路不工作,经检查电源的电压和极性均是正确的,此时应如何查找故障?

项目 11　简易数控直流电源制作

学习目标

通过本项目的学习，了解 D/A 转换器的结构和工作原理，掌握常用 DAC 芯片使用方法。

工作任务

制作简易数控直流电源，要求：

(1) 输入电源为 ±15，+5V。

(2) 输出电压范围：0 ~ +9.9V，步进 0.1V，输出电流 ≥500 mA。

(3) 编写项目制作和测试报告。

简易数控直流电源参考电路如图 11.1 所示。

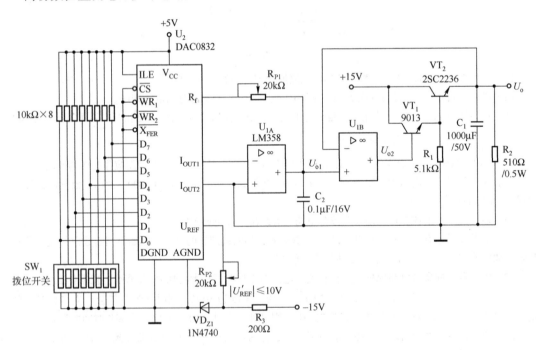

图 11.1　简易数控直流电源电路图

技能训练 37　DAC0832 单极性输出应用电路测试

完成本任务所需仪器仪表及材料如表 11-1 所示。

表 11-1

序 号	名 称	型 号	数 量	备 注
1	数字逻辑实验箱	THDL-1	1 台	
2	数字万用表/模拟万用表	DT9205/MF47	1 只	
3	D/A 转换器	DAC0832	1 片	
4	集成运算放大器	LM358	1 片	

任务书 11-1

任务名称	DAC0832 单极性输出应用电路测试
电路图	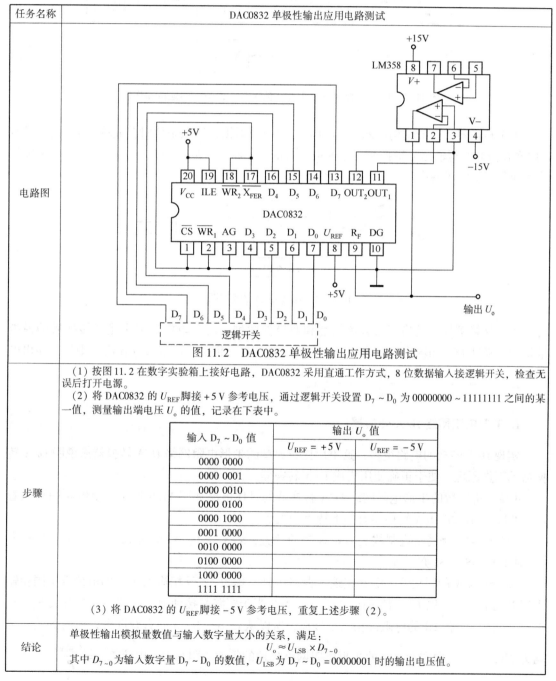 图 11.2 DAC0832 单极性输出应用电路测试
步骤	(1) 按图 11.2 在数字实验箱上接好电路,DAC0832 采用直通工作方式,8 位数据输入接逻辑开关,检查无误后打开电源。 (2) 将 DAC0832 的 U_{REF} 脚接 +5 V 参考电压,通过逻辑开关设置 $D_7 \sim D_0$ 为 00000000 ~ 11111111 之间的某一值,测量输出端电压 U_o 的值,记录在下表中。 | 输入 $D_7 \sim D_0$ 值	输出 U_o 值	
---	---	---
	$U_{REF} = +5$ V	$U_{REF} = -5$ V
0000 0000		
0000 0001		
0000 0010		
0000 0100		
0000 1000		
0001 0000		
0010 0000		
0100 0000		
1000 0000		
1111 1111			 (3) 将 DAC0832 的 U_{REF} 脚接 -5 V 参考电压,重复上述步骤 (2)。
结论	单极性输出模拟量数值与输入数字量大小的关系,满足: $$U_o \approx U_{LSB} \times D_{7\sim0}$$ 其中 $D_{7\sim0}$ 为输入数字量 $D_7 \sim D_0$ 的数值,U_{LSB} 为 $D_7 \sim D_0 = 00000001$ 时的输出电压值。

知识点1　数模转换器常用芯片介绍

数模转换器（Digital to Analog Converter）简称 D/A 或 DAC，数模转换器是把数字量转换成模拟量（电压或电流）并使转换后的模拟量与输入数字量成正比的一种集成电路器件，D/A 在计算机控制系统中和数字视听设备中是一个必不可少的接口电路，图 11.3 是 D/A 在控制系统中和在数字视听设备中的地位和作用的示意框图。

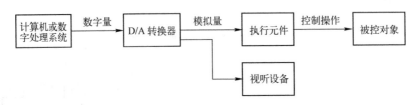

图 11.3　D/A 在控制系统中和在数字视听设备中的地位和作用

D/A 转换器的一般结构如图 11.4 所示，图中数据锁存器用来暂时存放输入的数字信号；n 位寄存器的并行输出分别控制 n 个模拟开关的工作状态；通过模拟开关，将参考电压按权关系加到电阻解码网络。

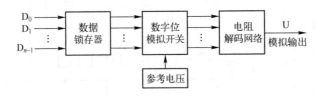

图 11.4　D/A 电路原理框图

D/A 转换器输出的模拟量分单极性和双极性两种。所谓单极性输出是指转换后的模拟量是同一极性的，如输出电压为 $0 \sim +V_m$ 或 $-V_m \sim 0$，而 D/A 的双极性输出，则是其输出电压有正、负两种电压，如 $-\frac{1}{2}V_m \sim +\frac{1}{2}V_m$。

1. T 形电阻网络 D/A 转换器

实现 D/A 转换的电路很多，这里用比较典型的 T 形电阻网络 D/A 转换器来说明 D/A 转换器的工作原理，便于正确使用集成 D/A 转换器。

4 位二进制数的 T 形电阻网络 D/A 转换器的具体电路如图 11.5 所示。由电路图可以看出，T 形电阻网络 D/A 转换器有如下特点和关系：

（1）$S_3 \sim S_0$ 是受二进制数 $x_3 \sim x_0$ 控制的开关，若 $x_3 = 1$，S_3 指向 1；若 $x_3 = 0$，S_3 指向 0。对于 S_2、S_1、S_0 亦同理。

（2）运放 A 的同相输入端 P 接地，根据运放"虚短"，反相输入端 N 的电位等于同相输入端 P 的电位，所以 $U_N = U_P = 0$，N 点、P 点相当于短路并接到地，因此，不管开关 $S_3 \sim S_0$ 指向 1 或 0，所有 2R 的电阻都相当于接地，所以从 d、c、b、a 向右看过去到地的等效电阻均为 2R，从 U_{REF} 向右看过去的 T 形电阻网络到地的等效电阻为 R，电流 $I_{REF} = \dfrac{U_{REF}}{R}$。

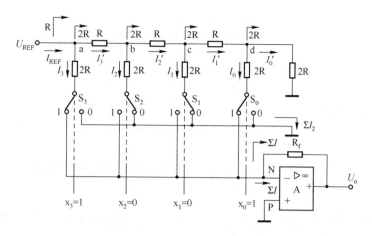

图 11.5 T形电阻网络 D/A 转换器

(3) 由于从 a 点向右看过去到地的电阻为 2R，所以 I_{REF} 流到 a 点分成的两个电流 $I_3 = I'_3 = \frac{1}{2}I_{REF}$，同理 $I_2 = I'_2 = \frac{1}{4}I_{REF}$，$I_1 = I'_1 = \frac{1}{8}I_{REF}$，$I_0 = I'_0 = \frac{1}{16}I_{REF}$。

(4) 根据运放"虚断"，$\sum I$ 流向运放反相输入端 N 的电流，与运放输出端电压 U_o 经反馈电阻 R_f 流向运放反相输入端 N 的电流大小相等，方向相反，这就相当于流向虚地 N 点的电流 $\sum I$ 又全部流过 R_f 到达输出端，因此 $U_o = -R_f \times \sum I$。

(5) 电流 $\sum I$ 是电流 $I_3 \sim I_0$ 经开关 $S_3 \sim S_0$ 选择后的电流之和，而开关 $S_3 \sim S_0$ 是由二进制数 $x_3 \sim x_0$ 控制的，在 $x_3 \sim x_0$ 的相应值为 1 时才有电流流向运放反相输入端 N，所以有

$$\sum I = I_3 \times x_3 + I_2 \times x_2 + I_1 \times x_1 + I_0 \times x_0$$

(6) 在图 11.5 所示电路中，若令标准电压 $U_{REF} = -U_{LSB} \times 2^n$，$n$ 是二进制数的位数，当 $n = 4$ 时，$U_{REF} = -2^4 \times U_{LSB}$，同时令运放 A 的反馈电阻 $R_f = R$。则

$$I_{REF} = \frac{U_{REF}}{R} = -2^4 \times \frac{U_{LSB}}{R}$$

$$\begin{aligned}\sum I &= I_3 \times x_3 + I_2 \times x_2 + I_1 \times x_1 + I_0 \times x_0 \\ &= \frac{1}{2}I_{REF} \times x_3 + \frac{1}{4}I_{REF} \times x_2 + \frac{1}{8}I_{REF} \times x_1 + \frac{1}{16}I_{REF} \times x_0 \\ &= -\frac{U_{LSB}}{R} \times (2^3 \times x_3 + 2^2 \times x_2 + 2^1 \times x_1 + 2^0 \times x_0)\end{aligned}$$

$$U_o = -R_f \times \sum I = -R \times \sum I = U_{LSB}(x_3 \cdot 2^3 + x_2 \cdot 2^2 + x_1 \cdot 2^1 + x_0 \cdot 2^0) \quad (11-1)$$

式 (11-1) 说明了输入二进制数字量 $x_3 \sim x_0$ 与输出模拟电压值 U_o 的关系。根据式 (11-1)，当 $x_3x_2x_1x_0 = 0001$ 时，$U_o = U_{LSB}$，当 $x_3x_2x_1x_0$ 为 1111 时，$U_o = 15U_{LSB}$，因此，U_{LSB} 就是输入二进制数最低位 (LSB) 为 1、其余所有位均为 0 时的输出电压。

2. D/A 转换器的参数

从上述 $n = 4$ 位 T 型电阻网络 D/A 转换器更进一步理解，D/A 转换器的输入和输出之间的关系可看成如图 11.6 和式 (11-2) 所示。

$$U_o(I_o) = KX = K\sum_0^{n-1} x_i 2^i = K(x_{n-1} \cdot 2^{n-1} + x_{n-2} \cdot 2^{n-2} + \cdots + x_0 \cdot 2^0) \quad (11-2)$$

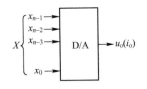

图 11.6　D/A 输入和输出之间的关系

其中，X 是 n 位二进制数；

$U_o(I_o)$ 是转换后的模拟量输出电压或电流值。$U_o(I_o)$ 和二进制数 X 成正比，比例系数为 K：

当 $x_{n-1}x_{n-2}\cdots x_0 = 00\cdots 0$ 时，$U_o = 0$；

当 $x_{n-1}x_{n-2}\cdots x_0 = 11\cdots 1$ 时，$U_o = U_{FSK} = V_M = (2^n - 1) \times K$

U_{FSK} 称为满刻度输出，也就是二进制数各位都为 1 时的最大输出电压 V_M。

当 $x_{n-1}x_{n-2}\cdots x_0 = 00\cdots 01$ 时，$U_o = K = U_{LSB}$，U_{LSB} 称为输出的最小量程，比例系数 K 就是 U_{LSB}。

（1）分辨率。$\dfrac{U_{LSB}}{U_{FSK}} = \dfrac{K}{(2^n - 1)K} = \dfrac{1}{2^n - 1}$ 称为 D/A 转换器的分辨率，二进制数的位数 n 越多，分辨率越高。通常只要知道二进制的位数，实际上就知道了分辨率。有的资料上讲 D/A 的分辨率为 8bit，即 8 位二进制数，就是这个意思。

（2）转换精度。D/A 转换器的转换精度也是一个主要参数，所谓精度是指实际输出电压和理论输出电压之间的最大误差。这种差值，由转换过程各种误差引起，主要指静态误差，它包括：

① 非线性误差。它是电子开关导通的电压降和电阻网络电阻值偏差产生的，常用满刻度的百分数来表示。

② 比例系数误差。它是参考电压 U_{REF} 的偏离而引起的误差，因 U_{REF} 是比例系数，故称之为比例系数误差。当 ΔU_{REF} 一定时，比例系数误差如图 11.7 中的虚线所示。

对于集成 D/A 转换器，一般能保证电路本身的最大误差小于 $\dfrac{1}{2}U_{LSB}$。

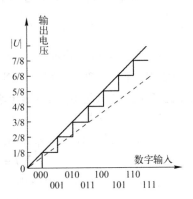

图 11.7　比例系数误差

知识点 2　数模转换器 DAC0832 介绍

1. DAC0832 转换器的单极性输出

DAC0832 转换器是 8 位 R-2R T 型电阻网络型 D/A 转换器，基准电压 U_{REF} 可设为 -10 V ~ +10 V，电源电压 V_{CC} 为 +5 V ~ +10 V，最高为 +15 V，具有双缓冲器，可直接和微机输出相连，中间无须增加外部电路，在使用时有三种方式，即直通式、单缓冲式和双缓冲式，DAC0832 的内部结构和引脚排列如图 11.8 所示。

DAC0832 引脚的名称及功能说明如下：

$D_7 \sim D_0$ 为 8 位二进制数字量输入端。

V_{CC} 为芯片工作电源，V_{CC} 的范围为 +5 V ~ +10 V，最大可达 +15 V。

AGND 为模拟量地。

DGND 为数字量地，两个地线在外部应一点共地。

U_{REF} 为标准电压，根据 U_{LSB} 或 $U_{FSK}(V_M)$ 的要求确定，U_{REF} 可供选择的范围为 -10 V ~ +10 V。

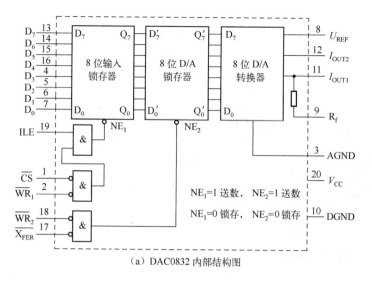

(a) DAC0832 内部结构图　　　　　　(b) DAC0832 引脚排列图

图 11.8　DAC0832 内部结构图和引脚排列图

I_{OUT1} 相当于图 11.4 中的 $\sum I_1$，应用时应和外接运放的反相输入"－"端相连接。

I_{OUT2} 相当于图 11.4 中的 $\sum I_2$，应用时应和外接运放的同相输入"＋"端相连接。

R_f 为外接运放的负反馈电阻引线，应用时应和运放的输出端相连接。

ILE、$\overline{CS}$、$\overline{WR_1}$ 是 8 位输入锁存器的控制输入，当 ILE = 1，$\overline{CS} = \overline{WR_1} = 0$ 时，内部的 $NE_1 = 1$，此时外部的数字量被送进 8 位输入锁存器；当 ILE = 1，$\overline{CS} = \overline{WR_1} = 0$ 中有一个条件不满足时，内部 $NE_1 = 0$，8 位输入锁存器被封锁，外部输入数字量的变化对 8 位输入锁存器的输出没有影响。

$\overline{WR_2}$、$\overline{X_{FER}}$ 是 8 位 D/A 锁存器的控制输入，当 $\overline{WR_2} = \overline{X_{FER}} = 0$ 时，内部 $NE_2 = 1$，8 位输入锁存器输出的数据 $Q_0 \sim Q_7$ 被送进 8 位 D/A 锁存器，此时 8 位 D/A 锁存器的输出直接送给 8 位 D/A 转换器进行 D/A 转换；当 $\overline{WR_2}$、$\overline{X_{FER}}$ 中有一个不为 0 时，$NE_2 = 0$，8 位 D/A 锁存器被封锁，8 位输入锁存器的输出信号的变化对 8 位 D/A 锁存器的输出没有影响。

DAC0832 的单极性输出电路如图 11.9 所示，其中把 ILE 接高电平，把 $\overline{CS}$ 和 $\overline{X_{FER}}$ 连在一起作为片选控制 $\overline{CS}$，把 $\overline{WR_1}$、$\overline{WR_2}$ 连在一起作为两个缓冲器的公共选通控制输入 $\overline{WR}$，这种应用方式属于单缓冲式。

当 $\overline{CS} = 1$ 时两个缓冲器均被封锁，相当于该芯片未被选中。

当 $\overline{CS} = 0$、$\overline{WR} = 1$ 时，两个缓冲也均被封锁，当 $\overline{CS} = 0$，给 $\overline{WR}$ 一个负脉冲，则外部数字量通过两个缓冲器被送到 8 位 D/A 转换器进行 D/A 转换，负脉冲结束后，外部数字量的变化不会对 8 位 D/A 转换器的输入产生影响。

串接在 U_{REF} 端的可调电阻 R_P 是用来降压的，当实际基准电源 U'_{REF} 大于 $(V_M + U_{LSB})$ 时，可用该电阻降压，使得 U_{REF} 满足要求。通过调试，使得当 $D_7 \sim D_0$ 全部为 1 时，$U_{o\text{单}} = V_M (U_{FSR})$。当 U_{REF} 为正电压时，$U_{o\text{单}}$ 输出为负电压；当 U_{REF} 为负电压时，$U_{o\text{单}}$ 输出正电压，外接运放的电源电压为 ±15V，在 R_f 到 I_{out1} 之间接一个小电容 C，是为了消除高频干扰或高频振荡。

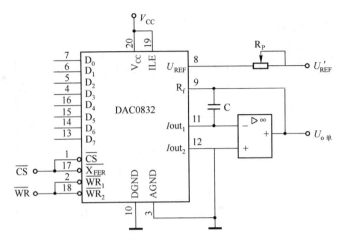

图 11.9　DAC0832 单极性输出电路图

2. D/A 转换器的双极性输出

实现 D/A 转换器双极性输出的方法有好多种，例如，用数字量输入的最高位的状态去控制基准电压的极性，这个方法适用于可以加正、负极性基准电压的 D/A 转换器，缺点是要用两个等值、极性相反的基准电压，转换电路也比较复杂。最简单的方法是把单极性输出电压乘以（−2）和 U_{REF} 乘以（−1）相加，或者把单极性输出电压乘以（−1）和 U_{REF} 乘以（−0.5）相加。

设 D/A 是三位数字量输入，$U_{REF}=8\,V$，单极性输出时 $U_{LSB}=1\,V$，单极性输出电压和 U_{REF} 经运算相加转换成双极性输出，则可得到 $U_{o双}$ 和输入数字量的对应关系，见表 11-2 和表 11-3。

表 11-2　$U_{o双}=U_{o单}\times(-2)+U_{REF}\times(-1)$ 时 $U_{o单}$ 和 $U_{o双}$ 与数字量对应关系表

输入数字量	$U_{o单}$	$U_{o单}\times(-2)$	$U_{REF}\times(-1)$	$U_{o双}=U_{o单}\times(-2)+U_{REF}\times(-1)$
000	0	0	−8 V	−8 V
001	−1 V	+2 V	−8 V	−6 V
010	−2 V	+4 V	−8 V	−4 V
011	−3 V	+6 V	−8 V	−2 V
100	−4 V	+8 V	−8 V	0
101	−5 V	+10 V	−8 V	+2 V
110	−6 V	+12 V	−8 V	+4 V
111	−7 V	+14 V	−8 V	+6 V

表 11-3　$U_{o双}=U_{o单}\times(-1)+U_{REF}\times(-0.5)$ 时 $U_{o单}$ 和 $U_{o双}$ 与数字量对应关系表

输入数字量	$U_{o单}$	$U_{o单}\times(-1)$	$U_{REF}\times(-0.5)$	$U_{o双}=U_{o单}\times(-1)+U_{REF}\times(-0.5)$
000	0	0	−4 V	−4 V
001	−1 V	+1 V	−4 V	−3 V
010	−2 V	+2 V	−4 V	−2 V
011	−3 V	+3 V	−4 V	−1 V
100	−4 V	+4 V	−4 V	0
101	−5 V	+5 V	−4 V	+1 V
110	−6 V	+6 V	−4 V	+2 V
111	−7 V	+7 V	−4 V	+3 V

由以上两个表可以看出，按表11-2转换，双极性输出时，U_{LSB}比单极性输出时扩大了一倍，但双极性的正极性满刻度量程和负极性满刻度量程与单极性输出近似相等。而按表11-3转换，双极性输出时的U_{LSB}和单极性一样，但双极性输出时正、负满刻度量程是单极性的一半。

采用把单极性输出电压乘以（-2）和U_{REF}乘以（-1）相加方案，DAC0832在单缓冲工作方式时的双极性输出电路如图11.10所示。运算放大器A_2和电阻R_4就是把单极性输出电压$U_{o单}$经电阻R_3与U_{REF}经电阻R_2相加后输出双极性电压$U_{o双}$的转换电路。

图11.10的部分数字量输入与$U_{o单}$和$U_{o双}$的对应关系表如表11-4。

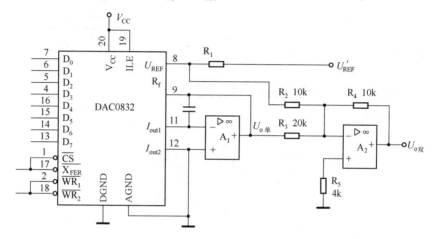

图11.10 DAC0832双极性输出电路图

表11-4 $U_{o单}$、$U_{o双}$与数字量对应关系表

输入数字量	$U_{o单}$	$U_{o双}$
00000000	0	$-256U_{LSB}$
00000001	$-1U_{LSB}$	$-255U_{LSB}$
01111111	$-127U_{LSB}$	$-2U_{LSB}$
10000000	$-128U_{LSB}$	0
10000001	$-129U_{LSB}$	$+2U_{LSB}$
11111110	$-254U_{LSB}$	$+252U_{LSB}$
11111111	$-255U_{LSB}$	$+254U_{LSB}$

技能训练38　DAC0832双极性输出应用电路测试

完成本任务所需仪器仪表及材料如表11-5所示。

表11-5

序号	名称	型号	数量	备注
1	数字逻辑实验箱	THDL-1	1台	
2	数字万用表/模拟万用表	DT9205/MF47	1只	
3	D/A转换器	DAC0832	1片	
4	集成运算放大器	LM358	1片	
5	电阻	15 kΩ 7.5 kΩ	2个 1个	

任务书 11-2

任务名称	DAC0832 双极性输出应用电路测试
电路图	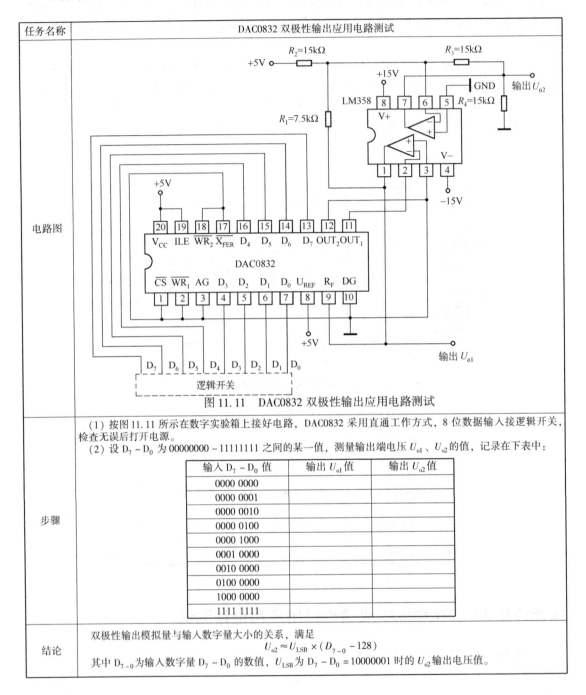 图 11.11 DAC0832 双极性输出应用电路测试
步骤	(1) 按图 11.11 所示在数字实验箱上接好电路，DAC0832 采用直通工作方式，8 位数据输入接逻辑开关，检查无误后打开电源。 (2) 设 $D_7 \sim D_0$ 为 00000000～11111111 之间的某一值，测量输出端电压 U_{o1}、U_{o2} 的值，记录在下表中： <table><tr><th>输入 $D_7 \sim D_0$ 值</th><th>输出 U_{o1} 值</th><th>输出 U_{o2} 值</th></tr><tr><td>0000 0000</td><td></td><td></td></tr><tr><td>0000 0001</td><td></td><td></td></tr><tr><td>0000 0010</td><td></td><td></td></tr><tr><td>0000 0100</td><td></td><td></td></tr><tr><td>0000 1000</td><td></td><td></td></tr><tr><td>0001 0000</td><td></td><td></td></tr><tr><td>0010 0000</td><td></td><td></td></tr><tr><td>0100 0000</td><td></td><td></td></tr><tr><td>1000 0000</td><td></td><td></td></tr><tr><td>1111 1111</td><td></td><td></td></tr></table>
结论	双极性输出模拟量与输入数字量大小的关系，满足 $$U_{o2} \approx U_{LSB} \times (D_{7\sim 0} - 128)$$ 其中 $D_{7\sim 0}$ 为输入数字量 $D_7 \sim D_0$ 的数值，U_{LSB} 为 $D_7 \sim D_0 = 10000001$ 时的 U_{o2} 输出电压值。

知识点 串行 D/A 转换器

D/A 转换器有两种数据输入方式：并行数据输入和串行数据输入。并行输入 D/A 转换器使用在系统较复杂、工作频率较高的电子线路（如视频处理电路）上，芯片价格一般较高，常用的并行 D/A 转换器有：DAC083X 系列、AD75XX、AD558 系列；串行输入 D/A 转换器价格低，使用在系统相对简单、工作频率不高的电子线路（如音频处理电路）上。并行 D/A 转换器的输入端一般接在多位（常用的有 8 位和 16 位）的数据总线上，需要 D/A 转换器工作时，可以对 D/A 转换器的片选信号 CS 进行控制。对于有多路信号需要转换时，并行 D/A 转换器优势比较明显。串行 D/A 转换器的数据输入连线比较简单，一般只需要通过 3 根串行总线就可以完成数据的串行输入。

具有串行接口的数模转换器 TLC5615 的内部功能框图如图 11.12 所示，主要由以下几部分组成：

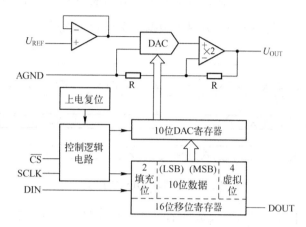

图 11.12　TLC5615 内部功能框图

（1）10 位 DAC 转换电路。

（2）一个 16 位移位寄存器，接受串行移入的二进制数，并且有一个级联的数据输出端 DOUT。

（3）内部并行输入输出的 10 位 DAC 寄存器，为 10 位 DAC 电路提供待转换的二进制数据。

（4）电压跟随器为参考电压端 U_{REF} 提供很高的输入阻抗。

（5）×2 电路提供最大值为 2 倍于 U_{REF} 的输出。

（6）上电复位电路和控制电路。

TLC5615 有两种工作方式：

（1）非级联方式，即单芯片工作。16 位移位寄存器分为高 4 位虚拟位、低两位填充位以及 10 位有效位。在单片 TLC5615 工作时，只需要向 16 位移位寄存器按先后输入 10 位有效位和低 2 位填充位，2 位填充位数据任意，即输入 12 位数据序列，TLC5615 就可以进行转换，从 U_{OUT} 输出结果。

（2）级联工作方式，即 16 位数据序列方式。将本片的 DOUT 接到下一片的 DIN，需要向 16 位移位寄存器按先后输入高 4 位虚拟位、10 位有效位和低 2 位填充位，由于增加了高 4 位虚拟位，所以需要 16 个时钟脉冲。

TLC5615 引脚排列如图 11.13 所示，引脚功能说明如下：

DIN：串行数据输入端。

SCLK：串行时钟输入端。

$\overline{CS}$：芯片选用通端，低电平有效。

DOUT：用于级联时的串行数据输出端。

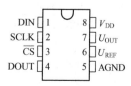

图 11.13　TLC5615 引脚排列图

AGND：模拟地。
U_{REF}：基准电压输入端。
U_{OUT}：转换电压输出端。

TLC5615 串行数据输入和设置时序如图 11.14 所示，由时序图可以看出，当片选$\overline{CS}$为低电平时，输入数据 DIN 由时钟 SCLK 同步输入或输出，而且最高有效位在前，低有效位在后。输入时 SCLK 的上升沿把串行输入数据 DIN 移入内部的 16 位移位寄存器，SCLK 的下降沿输出串行数据 DOUT，片选$\overline{CS}$的上升沿把数据传送至 DAC 寄存器。

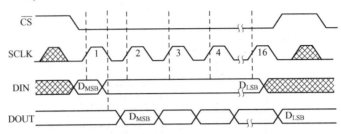

图 11.14　TLC5615 时序图

当片选$\overline{CS}$为高电平时，串行输入数据 DIN 不能由时钟同步送入移位寄存器；输出数据 DOUT 保持最近的数值不变而不进入高阻状态。由此要想串行输入数据和输出数据必须满足两个条件：第一，时钟 SCLK 的有效跳变；第二，使片选$\overline{CS}$为低电平。

项目实施　简易数控直流电源制作

在图 11.1 所示电路中，运放 LM358 的电源电压为 ±15 V，DAC0832 的 U'_{REF} 由负电源 −15 V 经稳压管 1N4740 稳压产生，$|U'_{REF}| \approx 10$ V。8 位拨位开关 SW_1 和上拉电阻组成的电路作为数模转换器的数字量输入，DAC0832 和 U_{1A}（LM358）组成 D/A 单极性输出。合理选择 U'_{REF} 和调节 RP_1 及 RP_2，使 D/A 转换器的 $U_{LSB} = 0.1$ V。由 U_{1B}（LM358）和 VT_1、VT_2 组成的串联型稳压电路，其中 U_{1B} 是比较放大单元，VT_1、VT_2 组成的复合管为调整管，VT_2 要求 $I_{CM} > 0.5$ A，最好选 $I_{CM} > 1$ A 的管子，耐压应大于 20 V，并加一块散热片，R_1 是 VT_2 的 I_{CBO} 泄放电阻，C_2 是高频滤波电容。

完成本项目所需仪器仪表及材料如表 11-6 所列。

表 11-6

序　号	名　称	型　号	数　量	备　注
1	直流稳压电源	DF1731SD2A	1 台	
2	数字万用表/模拟万用表	DT9205/MF47	1 只	
3	电工工具箱	含电烙铁、斜口钳等	1 套	
4	万能电路板	10 cm × 10 cm	1 块	
5	电阻	10 kΩ 200 Ω 5.1 kΩ 510 Ω	8 个 1 个 1 个 1 个	
6	可调电阻	20 kΩ	2 个	

续表

序 号	名 称	型 号	数 量	备 注
7	电容	0.1 μF 1000 μF/16 V	2个 1个	
8	稳压二极管	1N4740	1个	
9	三极管	9013 2SC2236	1个 1个	
10	数/模转换器	DAC0832	1片	
11	运算放大器	LM358	1片	
12	8位拨位开关		1个	

习 题 11

11.1 如图 11.15 所示,已知 $U_{REF} = +5\text{V}$,$R = 10\text{k}\Omega$,试求输出电压 U_o 的值。

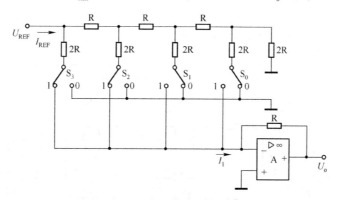

图 11.15

11.2 8位 D/A 转换器当输入数字量只有最低位为1时,输出电压为0.02 V,若输入数字量只有最高位为1时,则输出电压为多少伏?

11.3 如图 11.2 所示,U_{REF} 脚接 -5V 参考电压,为了使输出端电压 $U_o \approx 2.5\text{V}$,逻辑开关向 $D_7 \sim D_0$ 输入8位二进制数值是多少?

11.4 如图 11.16 所示,使用 DAC0832 产生一个周期为100 ms 的锯齿波,试说明应如何向 DAC0832 送入8位二进制数字量?

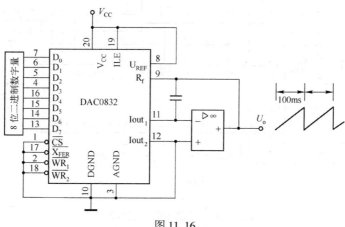

图 11.16

项目 12　数字电压表制作

学习目标

通过本项目的学习，了解采样、保持、量化、编码概念，理解逐次逼近 A/D 转换器工作原理，熟悉常用 ADC 芯片并掌握其使用方法。

工作任务

使用 ADC 芯片 MC14433 制作 $3\frac{1}{2}$ 位数字电压表，实现对 0～+2 V 电压的测量。编写项目制作和测试报告。

$3\frac{1}{2}$ 位数字电压表参考电路如图 12.1 所示。

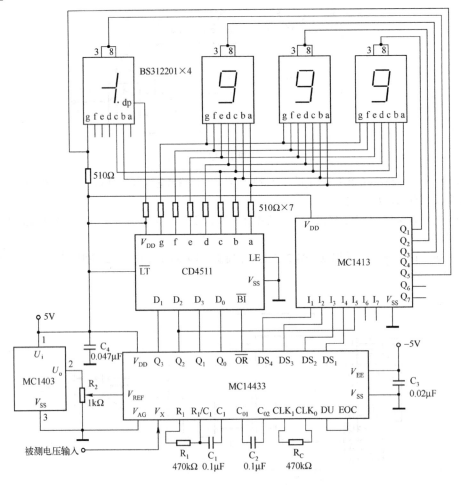

图 12.1　$3\frac{1}{2}$ 位数字电压表电原理图

知识点 1　模数转换器（ADC）

模数转换器（Analog to Digital Converter）简称 A/D 或 ADC，是把模拟量转换成数字量的电子器件，ADC 和 DAC 一样也是计算机控制系统中必不可少的接口电路，如图 12.2（a）所示。模拟量是一个在时间上连续的信号，如图 12.2（b）所示，经 A/D 转换后以离散的数字量 x_{n-1}、x_{n-2}、…、x_0 输出，如图 12.2（c）所示。

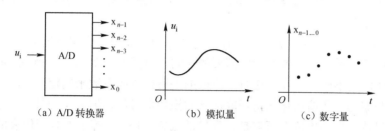

(a) A/D 转换器　　　(b) 模拟量　　　(c) 数字量

图 12.2　A/D 转换器模拟量转换成数字量

常用类型的 A/D 转换器按基本原理分为：双积分型、并行比较型、逐次逼近型等。双积分型的转换速度慢，但抗干扰能力最强；并行比较型的转换速度快，但电路复杂；逐次逼近型的转换速度适中，转换精度高，在转换速度和硬件复杂度之间达到一个很好的平衡。

与 DAC 有单极性输出和双极性输出相对应，ADC 有单极性输入和双极性输入两种方式，目前生产的 ADC 芯片都有两种输入方式可供选择。

1. A/D 转换器的一般工作过程

A/D 转换器一般要包括取样、保持、量化及编码 4 个过程。如图 12.3 所示。

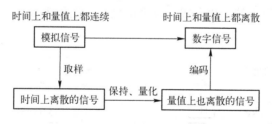

图 12.3　A/D 转换器一般过程

（1）采样与保持。由于模拟量是一个在时间上连续的信号，因此把模拟量转换成数字量实际上只能是在模拟量上取出能表示这个模拟量的一系列时刻的幅值，然后把这些一系列时刻对应的模拟量幅值转换成数字量，取出模拟量一系列时刻的幅值的过程称为采样。

把采样到的某一时刻的模拟量的幅值转换成数字量需要有一定的时间，因此，在转换过程中，把采样幅值保持一段时间的环节称为保持。

对模拟量采样并保持的示意图如图 12.4 所示。图中 t_1、t_2、…、t_8 是每次进行采样的时刻点，U_{i1} ~ U_{i8} 是对应一系列时刻 t_1 ~ t_8 对模拟量采样得到的幅值，其中，$t_2 - t_1 = t_3 - t_2 = \cdots = t_8 - t_7 = T_采$，$T_采$ 称为采样周期，$T_采$ 包含了采样时间和保持时间，采

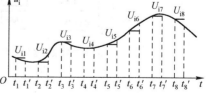

图 12.4　对模拟量进行采样保持的示意图

样周期 $T_采$ 的倒数称为采样频率，即 $f_采 = \dfrac{1}{T_采}$，决定 $f_采$ 值大小的原则称为采样定理。所谓采样定理，是指为了保证采样信号能正确无误地表示原来的模拟量。通过证明，$f_采$ 和模拟信号的最高频率 f_{imax} 必须满足以下关系：

$$f_采 \geq 2f_{\text{imax}} \tag{12-1}$$

在实际操作中，一般取 $f_采 = (5 \sim 10)f_{\text{imax}}$，$f_采$ 太高或太低会使转换电路容量造成浪费或使处理电路变得复杂。

在图 12.3 中，$t'_1 - t_1 = t'_2 - t_2 = \cdots = t'_8 - t_8 = t_保$，$t_保$ 称为采样保持时间，$t_保$ 必须大于转换电路完成一次模拟量转换成数字量所需要的时间，显然 $t_保 < T_采$。不同型号的 ADC 芯片完成一次转换的时间是不同的，在应用时，应根据手册提供的参数来确定 $t_保$ 和 $T_采$（$f_采$）。

（2）量化与编码。所谓量化是指把取样到的模拟信号的幅值表示为某一最小单位电压整数倍的过程。显然，最小单位电压就是数字量最低位（LSB）等于 1 时所代表的模拟量的大小，即 U_{LSB}。

把各个采样到的模拟量幅值量化后的整数倍的数量，即量化的结果用代码（可以是二进制，也可以是其他进制）表示出来，这个过程称为编码，这些代码就是 A/D 转换的输出。

由于模拟量各个采样幅值不一定能被 U_{LSB} 整除，因此量化结果所代表的模拟量的值和实际值有差异，这个差异称为量化误差 ΔU_M。ΔU_M 和 U_{LSB} 的大小及量化方式有关，不难理解，舍尾取整的量化方式的量化误差 $\Delta U_M \leq |U_{\text{LSB}}|$，且 ΔU_M 必大于等于零，四舍五入量化方式的量化误差 $\Delta U_M \leq \left|\dfrac{1}{2}U_{\text{LSB}}\right|$，$\Delta U_M$ 可正可负。

图 12.5 表示了将 $0 \sim 1\text{V}$ 电压转换为 3 位二进制代码的量化编码过程。图 12.5（a）采用舍尾取整的量化方式，最小量化单位电压为 $U_{\text{LSB}} = 1/8\,\text{V}$，最大量化误差为 $\Delta U_M = 1/8\,\text{V}$；图 12.5（b）采用四舍五入的量化方式，最小量化单位电压为 $U_{\text{LSB}} = 2/15\,\text{V}$，最大量化误差为 $\Delta U_M = 1/15\,\text{V}$。

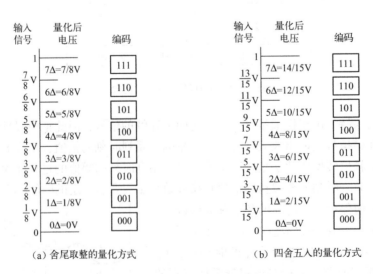

图 12.5 $0 \sim 1\text{V}$ 电压 3 位二进制量化编码

2. A/D 转换器的主要技术指标

（1）分辨率。分辨率指 A/D 转换器对输入模拟信号的分辨能力。从理论上讲，一个 n 位二进制数输出的 A/D 转换器应能区分输入模拟电压的 2^n 个不同量级，能区分输入模拟电压的最小差异为：$\frac{1}{2^n}FSR$（满量程输入的 $1/2^n$）。例如，A/D 转换器的输出为 12 位二进制数，最大输入模拟信号为 10 V，则其分辨率为

$$\frac{1}{2^{12}} \times 10\text{V} = \frac{10\text{V}}{4096} = 2.44\text{ mV}$$

（2）转换速度。转换速度是指完成一次转换所需的时间，转换时间是从接到转换启动信号开始，到输出端获得稳定的数字信号所经过的时间。A/D 转换器的转换速度主要取决于转换电路的类型，不同类型 A/D 转换器的转换速度相差很大。双积分型 A/D 转换器的转换速度最慢，需几百毫秒左右；逐次逼近型 A/D 转换器的转换速度较快，转换速度在几十微秒；并联型 A/D 转换器的转换速度最快，仅需几十纳秒时间。

（3）相对精度。在理想情况下，输入模拟信号所有转换点应当在一条直线上，但实际的特性不能做到输入模拟信号所有转换点在一条直线上。相对精度是指实际的转换点偏离理想特性的误差，一般用最低有效位来表示。例如，10 位二进制数输出的 A/D 转换器 AD571，在室温（+25℃）和标准电源电压的条件下，转换误差 $\leqslant \pm\frac{1}{2}U_{\text{LSB}}$。当使用环境发生变化时，转换误差也将发生变化，实际使用中应加以注意。

3. 逐次逼近 A/D 转换器结构和工作过程

A/D 转换器的种类十分繁杂，通常有并联比较型 A/D 转换器（转换速度最快）、反馈比较型中的逐次逼近 A/D 转换器（速度中等，应用最广泛，芯片型号最多）和间接转换型中的双积分型 A/D 转换器（速度最慢，精度最高）。下面以逐次逼近 A/D 转换器为例，介绍它的组成结构和工作过程。

逐次逼近 A/D 转换器是指二进制数值从 100…0 开始，高位到低位逐位增加 1 的位数，经数模转换器 DAC 转换出来的电压，与采样保持的电压值进行比较，从而确定采样保持电压所对应的数字量的一种 D/A 转换电路，图 12.6 所示是 4 位逐次逼近 A/D 转换器电路结构示意图。

在图 12.6 中，u_i 是模拟量，u_{o1} 是采样保持电路输出的采样到的模拟量值，u_{o2} 是由二进制数值 $d_3d_2d_1d_0$ 经 D/A 转换成的模拟量，其工作过程是这样的：

首先使 4 位右移环形寄存器的输出 $Q'_3Q'_2Q'_1Q'_0$ 为 1000，R 为转换开始的信号。转换开始后，在 CP 的作用下，$Q'_3Q'_2Q'_1Q'_0 = 1000$ 中的最高位 1 向右移动，1 每移过一位就使对应的寄存器被置 1。当第一位（最高位）寄存器被置 1 以后，$Q_3Q_2Q_1Q_0$ 为 1000，则 D/A 转换器的输出 $u_{o2} = u_{o21000}$，接着比较器 C 对 u_{o1} 和 u_{o21000} 进行比较，若 $u_{o1} > u_{o21000}$，则 F_3 的 $Q_3 = 1$ 被保留下来；若 $u_{o1} < u_{o21000}$，则 $Q_3 = 0$。然后再在 CP 的作用下，F_2 被置 1，D/A 转换器的输出 $u_{o2} = u_{o21100}$，比较器 C 对 u_{o1} 和 u_{o21100} 再进行比较以便决定 Q_2 的值为 1 还是为 0。如此一次一次比较下去直到最低位比较结束，此时的 $Q_3Q_2Q_1Q_0$（即 $d_3d_2d_1d_0$）就是 A/D 转换器本次转换的数字量输出。显然 A/D 转换器的 U_{LSB} 就是电路中的 D/A 转换器的 U_{LSB}。

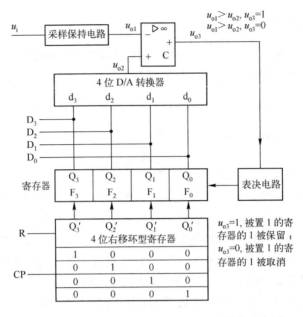

图 12.6 4 位逐次逼近 A/D 转换器电路结构示意图

知识点 2 常用 ADC 芯片介绍

1. 并行 ADC 芯片 ADC0809

ADC0809 是逐次逼近式 A/D 转换器，内部结构如图 12.7（a）所示，它由 8 路模拟开关、地址锁存与译码器、比较器、电阻网络、树状开关、逐次逼近寄存器、三态输出锁存器等电路组成。8 路模拟开关可选通 $IN_0 \sim IN_7$ 的 8 个模拟通道，允许 8 路模拟量分时输入，共用一个 8 位 A/D 转换器进行转换，这是一种多路数据采集的方法。地址锁存与译码器完成

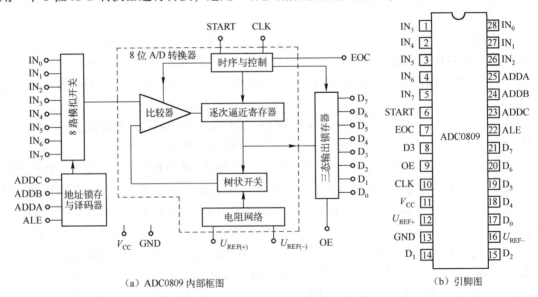

(a) ADC0809 内部框图　　　　　　　　　　(b) 引脚图

图 12.7　ADC0809 内部结构图和引脚图

对 ADDA、ADDB、ADDC 三个地址信号进行锁存和译码，其译码输出用于模拟通道选择。A/D 转换器转换结果通过三态输出锁存器存放、输出，既可与各种微处理器相连，也可单独工作，输入输出与 TTL 兼容。表 12-1 为 ADDA、ADDB、ADDC 三个地址信号对应的 8 个模拟通道选择表。

表 12-1　通道选择表

ADDC	ADDB	ADDA	被选择的通道
0	0	0	IN_0
0	0	1	IN_1
0	1	0	IN_2
0	1	1	IN_3
1	0	0	IN_4
1	0	1	IN_5
1	1	0	IN_6
1	1	1	IN_7

ADC0809 芯片为 28 脚双列直插式封装，其引脚排列见图 12.5（b）。ADC0809 主要信号引脚的功能说明如下：

$IN_7 \sim IN_0$——模拟量输入通道。

ALE——地址锁存允许信号。对应 ALE 上跳沿，ADDA、ADDB、ADDC 地址状态送入地址锁存器中。

START——转换启动信号。START 上升沿时，复位 ADC0809。START 下降沿时启动芯片，开始进行 A/D 转换。在 A/D 转换期间，START 应保持低电平。

ADDA、ADDB、ADDC——地址线。模拟量输入通道选择线，ADDA 为低地址，ADDC 为高地址，其地址状态与通道对应关系见表 12-1。

CLK——时钟信号。ADC0809 的内部没有时钟电路，所需时钟信号由外界提供，因此有时钟信号引脚。通常使用频率为 500 kHz 的时钟信号。

EOC——转换结束信号。EOC = 0，表示正在进行转换。EOC = 1，表示转换结束。

$D_7 \sim D_0$——数据输出线。为三态缓冲输出形式，D_0 为最低位，D_7 为最高位。

OE——输出允许信号。用于控制三态输出锁存器向微机输出转换得到的数据。OE = 0，输出数据线呈高阻；OE = 1，输出转换得到的数据。

V_{CC}—— +5 V 电源。

U_{REF}——参考电压，用来与输入的模拟信号进行比较，作为逐次逼近的基准，典型值为 $U_{REF(+)}$ = +5 V，$U_{REF(-)}$ = -5 V。

2. 串行 ADC 芯片 TLC549

TLC549 是 TI 公司生产的一种低价位、高性能的 8 位 A/D 转换器，它以 8 位开关电容逐次逼近的方法实现 A/D 转换，其转换速度小于 17 μs，最大转换速率为 40 kHz，4 MHz 典型内部系统时钟，电源为 3~6 V。能方便地采用三线串行接口方式与各种微处理器连接，构成各种廉价的测控应用系统。

TLC549 内部功能和引脚图如图 12.8 所示，各引脚功能如下：

U_{REF+}：正基准电压输入端，2.5 V ≤ U_{REF+} ≤ U_{CC} + 0.1 V。

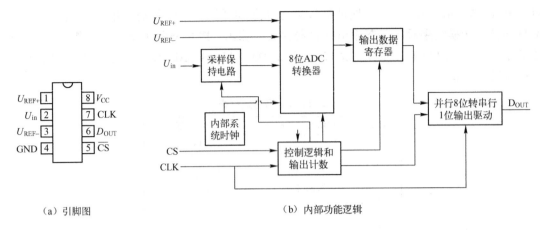

(a) 引脚图 (b) 内部功能逻辑

图 12.8 串行 ADC 芯片 TLC549

U_{REF-}：负基准电压输入端，$-0.1\,V \leqslant U_{REF-} \leqslant 2.5\,V$，要求：$U_{REF+} - U_{REF-} \geqslant 1\,V$。

V_{CC}：电源 $3\,V \leqslant U_{CC} \leqslant 6\,V$。

GND：接地端。

$\overline{CS}$：芯片选择输入端，要求输入高电平时，该引脚输入电平要 $\geqslant 2\,V$，要求输入低电平时，该引脚输入电平要 $\leqslant 0.8\,V$。

D_{OUT}：转换结果数据串行输出端，与 TTL 电平兼容，输出时高位在前，低位在后；

U_{in}：模拟信号输入端，$0 \leqslant U_{in} \leqslant U_{CC}$，当 $U_{in} \geqslant U_{REF+}$ 时，转换结果为全"1"，$U_{in} \leqslant U_{REF-}$ 时，转换结果为全"0"。

CLK：外接该芯片的输入/输出时钟输入端，用于控制芯片进行 A/D 转换、数据输出等操作。

TLC549 芯片的工作时序图如图 12.9 所示。当 $\overline{CS}$ 变为低电平后，TLC549 芯片被选中，同时前次转换结果的最高有效位 MSB（A7）自 D_{OUT} 端输出，接着要求从 CLK 端输入 8 个外部时钟信号，前 7 个 CLK 信号的作用，是配合 TLC549 输出前次转换结果的 $A_6 \sim A_0$ 位，并为本次转换做出以下准备：在第 4 个 CLK 信号由高至低的跳变之后，片内采样/保持电路对输入模拟量采样开始，第 8 个 CLK 信号的下降沿使片内采样/保持电路进入保持状态并启动 A/D 开始转换。转换时间为 36 个系统时钟周期，最大为 17 μs。直到 A/D 转换完成前的这

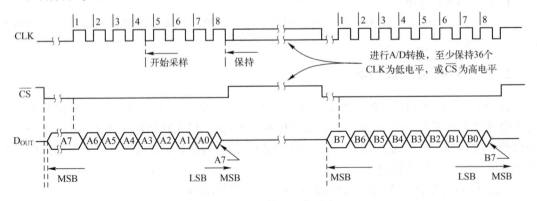

图 12.9 TLC549 工作时序

段时间内，TLC549 的控制逻辑要求：或者$\overline{CS}$保持高电平，或者 CLK 时钟端保持 36 个系统时钟周期的低电平。由此可见，在自 TLC549 的 CLK 端输入 8 个外部时钟信号期间需要完成以下工作：读入前次 A/D 转换结果；对本次转换的输入模拟信号采样并保持；启动本次 A/D 转换开始。本次 A/D 转换的结果在下一次开始进行 A/D 转换时读出。

3. LED 电压测量 ADC 芯片 MC14433

MC14433 是 Motorola 公司推出的单片 $3\frac{1}{2}$ 位 A/D 转换器，$\frac{1}{2}$ 位的意思是指最高位只有 0 和 1 两位数字显示。MC14433 集成了双积分式 A/D 转换器所有的 CMOS 模拟电路和数字电路，具有外接元件少、输入阻抗高、功耗低、电源电压范围宽、精度高等特点，并且具有自动校零和自动极性转换功能，只要外接少量的电阻电容元件即可构成一个完整的 A/D 转换器。MC14433 最主要的用途是用于数字电压表、数字温度计等各类数字化仪表及计算机数据采集系统的 A/D 转换接口。它的主要功能特性如下：

（1）精度：读数的 ±0.05% ±1 字。
（2）模拟电压输入量程：1.999 V 和 199.9 mV 两挡。
（3）转换速率：2~25 次/s。
（4）输入阻抗：大于 1000 MΩ。
（5）电源电压：±4.8~±8 V。
（6）采用字位动态扫描 BCD 码输出方式，即千、百、十、个位 BCD 码分时在 $Q_0 \sim Q_3$ 轮流输出，同时在 $DS_1 \sim DS_4$ 端输出同步字位选通脉冲，很方便实现 LED 的动态显示。

MC14433 内部结构包括 CMOS 模拟电路和数字逻辑两部分，如图 12.10（a）所示。CMOS 模拟电路有基准电压 V_{REF}、模拟电压输入 V_X 等。被转换的模拟电压输入量程为 199.9 mV 或 1.999 V，与之对应的基准电压相应为 +200 mV 或 +2 V 两种。数字逻辑部分由逻辑控制、个十百千位 BCD 码及锁存器、多路选择开关、时钟以及极性判别、溢出检测等电路组成。主要的外接器件是时钟振荡器外接电阻 R_C、外接失调补偿电容 C_0 和外接积分阻容元件 R_1、C_1。

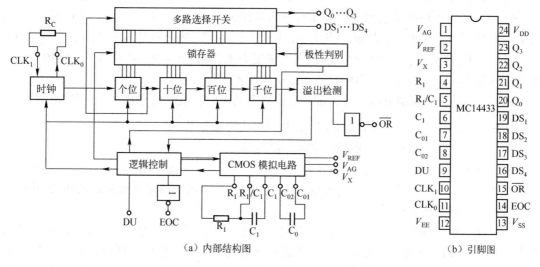

图 12.10 MC14433 内部结构和引脚图

如图 12.10（b）所示，MC14433 的引脚功能说明如下：

V_{AG}——模拟地。为高阻输入端，被测电压和基准电压的接入地。

V_{REF}——基准电压。此引脚为外接基准电压 2 V 或 200 mV 的输入端。MC14433 只要一个正基准电压即可测量正、负极性的电压。此外，V_{REF} 引脚只要加上一个大于 5 个时钟周期的负脉冲，就能够复位至转换周期的起始点。

V_X——被测电压输入端。MC14433 属于双积分型 A/D 转换器，被测电压与基准电压有以下关系：

$$输出计数 = \frac{V_X}{V_{REF}} \times 1999$$

因此，满量程时 $V_X = V_{REF}$。当满量程选为 1.999 V 时，V_{REF} 可取 2.000 V，而当满量程为 199.9 mV 时，V_{REF} 取 200.0 mV。在实际的应用电路中，根据需要，V_{REF} 值可在 200 mV ~ 2.000 V 之间选取。

R_1、R_1/C_1、C_1——外接积分元件端。此三个引脚外接积分电阻和电容，积分电容一般选 0.1 μF 聚脂薄膜电容，如果需每秒转换 4 次，时钟频率选为 66 kHz，在 2.000 V 满量程时，电阻 R_1 约为 470 kΩ，而满量程为 200 mV 时，R_1 取 27 kΩ。

C_{01}、C_{02}——外接失调补偿电容端。电容一般也选 0.1 μF 聚脂薄膜电容即可。

DU——更新显示控制端。此引脚用来控制转换结果的输出。如果在积分器反向积分周期之前，DU 端输入一个正跳变脉冲，该转换周期所得到的结果将被送入输出锁存器，经多路开关选择后输出，否则继续输出上一个转换周期所测量的数据。这个作用可用于保存测量数据，若不需要保存数据而是直接输出测量数据，将 DU 端与 EOC 引脚直接短接即可。

CLK_1、CLK_0——时钟外接元件端。MC14433 内置了时钟振荡电路，对时钟频率要求不高的场合，可选择一个电阻即可设定时钟频率，时钟频率为 66 kHz 时，外接电阻取 300 kΩ 即可。若需要较高的时钟频率稳定度，则需采用外接石英晶体或 LC 电路。

V_{DD}——正电源端。

V_{EE}——负电源端。V_{EE} 是整个电路的电压最低点，此引脚的电流约为 0.8 mA，驱动电流并不流经此引脚，故对提供此负电压的电源供给电流要求不高。

V_{SS}——数字电路的负电源端。V_{SS} 工作电压范围为 $V_{DD} - 5\,V \geq V_{SS} \geq V_{EE}$。除 CLK_0 外，所有输出端均以 V_{SS} 为低电平基准。当 V_{SS} 接 V_{AG} 模拟地时，输出电压幅度为 $V_{AG} \sim V_{DD}$（0 ~ +5 V）；当 V_{SS} 接 V_{EE}（-5 V）时，输出电压幅度为 $V_{EE} \sim V_{DD}$（-5 V ~ +5 V），有 10 V 的幅度。实际应用时，V_{SS} 接 V_{AG}，即模拟地和数字地相连。

EOC——转换周期结束标志位。每个转换周期结束时，EOC 将输出一个正脉冲信号。

$\overline{OR}$——过量程标志位。当 $|V_X| > V_{REF}$ 时，$\overline{OR}$ 输出低电平。

DS_4、DS_3、DS_2、DS_1——多路选通脉冲输出端。

DS_1、DS_2、DS_3 和 DS_4 分别对应千位、百位、十位、个位选通信号。当某一位 DS 信号有效（高电平）时，所对应的数据从 Q_0、Q_1、Q_2 和 Q_3 输出，两个选通脉冲之间的间隔为 2 个时钟周期，以保证数据有充分的稳定时间。

Q_0、Q_1、Q_2、Q_3——BCD 码数据输出端。其中 Q_0 为最低位，Q_3 为最高位。该 A/D 转换器以 BCD 码的方式输出，通过多路开关分时选通输出个位、十位、百位和千位的 BCD 数据。当 DS_2、DS_3 和 DS_4 选通期间，输出三位完整的 BCD 码，即 0 ~ 9 十个数字任何一个都可以。但在 DS_1 选通期间，数据输出线 $Q_0 \sim Q_3$ 除了千位的 0 或 1 外，还表示了转换值的正、负极性和欠量程还是过量程，这些信息所代表的意义见表 12-2。

表 12-2

DS_1	Q_3	Q_2	Q_1	Q_0	输出结果状态
1	1	×	×	0	千位为 0
1	0	×	×	0	千位为 1
1	×	1	×	0	输出结果为正值（+）
1	×	0	×	0	输出结果为负值（-）
1	0	×	×	1	输入信号过量程
1	1	×	×	1	输入信号欠量程

Q_3 表示千位 ($\frac{1}{2}$) 数的内容，$Q_3 =$ "0"（低电平）时，千位数为 1；$Q_3 =$ "1"（高电平）时，千位数为 0。

Q_2 表示被测电压的极性，$Q_2 =$ "1" 表示正极性；$Q_2 =$ "0" 表示负极性。

$Q_0 =$ "1" 表示被测电压在量程范围之外（过或欠量程），可用于仪表自动量程切换。在 $Q_0 =$ "1" 时若 $Q_3 =$ "0"，表示过量程；若 $Q_3 =$ "1"，表示欠量程。

项目实施　数字电压表制作

1. 基准电压源芯片 MC1403

MC1403 是一片基准电压源芯片，如图 12.11（a）所示，可以输出精度较高的 0~2.5V 基准电压。典型应用时的连线如图 12.11（b）所示。

2. 反相驱动器 MC1413

反相驱动器 MC1413 实际上是由 7 组达林顿管组成的反相功率放大器，MC1413 最大驱动电流可达 100mA，其引脚排列和内部电路如图 12.12 所示，当 $I_1 = 1$ 时，Q_1 和地接通；当 $I_1 = 0$ 时，Q_1 和地不通。$I_2 \sim I_7$ 与 $Q_2 \sim Q_7$ 的关系以此类推。

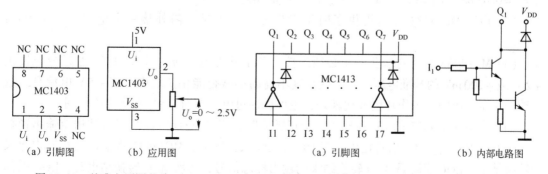

图 12.11　基准电压源芯片 MC1403　　　图 12.12　MC1413 引脚排列和内部电路图

3. BCD 码译码驱动芯片 CD4511

CD4511 的引脚排列和内部结构框图如图 12.13 所示，其中 $\overline{LT}$ 为试灯输入，当 $\overline{LT}=0$ 时，a、b、c、d、e、f、g 全为 1，工作时 $\overline{LT}$ 接高电平；$\overline{BI}$ 为消隐输入，当 $\overline{BI}=0$ 时，a、b、c、d、e、f、g 全为 0；LE 为锁存器送数控制输入，LE = 1 时，输入的 8421BCD 码 D_3、D_2、D_1、D_0 被封锁，锁存器内保持原先送进的数据；LE = 0 时，输入的 BCD 码数据 D_3、D_2、D_1、D_0 被送进锁存器。

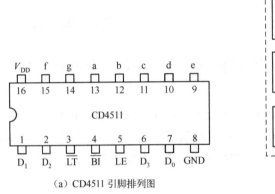 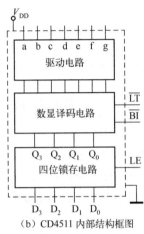

（a）CD4511 引脚排列图　　　　　（b）CD4511 内部结构框图

图 12.13　CD4511 引脚排列和内部结构框图

4. 电路原理分析

如图 12.1 所示，被测模拟电压经 MC14433 输入引脚 V_X 进入内部的双积分 A/D 转换器，转换成 8421BCD 码后从 MC14433 的 Q_3、Q_2、Q_1、Q_0 以 8421BCD 码形式输出，后经 CD4511 数显译码，MC1413 显示驱动，将测量结果在四个共阴数码管上显示出来。

尽管 MC14433 需外接的元件很少，但为使其工作在最佳状态，也必须注意外部电路的连接和外接元器件的选择。

（1）MC14433 芯片工作电源为 ±5 V，正电源接 V_{DD}，模拟部分负电源端接 V_{EE}，模拟地 V_{AG} 与数字地 V_{SS} 相连为公共接地端。为了提高电源的抗干扰能力，正、负电源分别经去耦电容 $C_3 = 0.02\ \mu F$、$C_4 = 0.047\ \mu F$ 与 V_{SS}（V_{AG}）端相连。

（2）由于 MC14433 片内提供了时钟发生器，使用时只需外接一个电阻 $R_C = 470\ k\Omega$ 即可。

（3）MC14433 芯片的基准电压必须外接，可由基准电压源芯片 MC1403 通过分压提供 +2 V 或 +200 mV 的基准电压。在一些精度不高的小型智能化仪表中，若 +5 V 电源是经过三端稳压器稳压的，工作环境又比较好，也可以通过电位器对 +5 V 直接分压得到。

（4）当给 MC14433 的 DU 端输入一个正脉冲时，当前 A/D 转换结果将被送至输出锁存器并经 Q_3、Q_2、Q_1、Q_0 引脚输出，若 DU 端无输入正脉冲，MC14433 将输出锁存器中原来的转换结果。EOC 引脚是 A/D 转换结束的输出标志信号，每次 A/D 转换结束时，EOC 端都会输出一个脉冲。所以 DU 端与 EOC 端相连，选择连续转换输出方式，每次转换完毕后

MC14433 都把结果从输出引脚 $Q_3 \sim Q_0$ 输出。

（5）转换结果 $Q_3 \sim Q_0$ 的输出经译码驱动芯片 CD4511 后，输出 a、b、c、d、e、f、g 段选信号并接至四个 LED 数码管，因为千位至多显示 1，所以其数码管只并接 b、c 段。MC1413 的作用是反相且增大驱动电流，经 MC1413 反相驱动的位选通信号 DS_4、DS_3、DS_2、DS_1 依次与个位、十位、百位、千位数码管连接。当转换结束标志信号 EOC 输出一个正脉冲后，$Q_3 \sim Q_0$ 顺序送出个位、十位、百位、千位的转换结果，同时，$DS_4 \sim DS_1$ 也顺序送出选通正脉冲，此正脉冲经 MC1413 后选通相应的个位、十位、百位、千位数码管进行数值显示。

（6）负号的显示。当 $DS_1 = 1$ 时，MC14433 的输出值 $Q_3Q_2Q_1Q_0$ 还表示了转换结果的正/负极性和欠/过量程等不同的含义。$DS_1 = 1$，$Q_2 = 0$ 时表示结果为负值，应使符号位点亮显示"−"，这是通过 MC14433 的输出端 Q_2 经 MC1413 的 I_5 输入 Q_5 输出控制最高千位数码管的 g 段来实现的。

完成本项目所需仪器仪表及材料如表 12-3 所示。

表 12-3

序 号	名 称	型 号	数 量	备 注
1	直流稳压电源	DF1731SD2A	1 台	
2	数字万用表/模拟万用表	DT9205/MF47	1 只	
3	电工工具箱	含电烙铁、斜口钳等	1 套	
4	万能电路板	10 cm × 10 cm	1 块	
5	电阻	470 kΩ 510 Ω	2 个 8 个	
6	可调电阻	1 kΩ	1 个	
7	电容	0.1 μF 0.02 μF 0.047 μF	2 个 1 个 1 个	
8	集成 A/D 转换器	MC14433	1 片	
9	基准电压源	MC1403	1 片	
10	反相驱动芯片	MC1413	1 片	
11	译码驱动芯片	CD4511	1 片	
12	共阴数码管	BS312201	4 个	

习 题 12

12.1 A/D 转换的过程是什么？

12.2 根据采样定理，对一个频率为 1 kHz 的正弦模拟信号进行 A/D 转换，采样周期不能超过多少时间？

12.3 简单说明逐次逼近 A/D 转换器进行一次 A/D 转换的工作过程。

12.4 已知一个 10 位逐次逼近 A/D 转换器的输出最大电压为 +12.276 V，若输入电压值为 +4.32 V，求转换后 ADC 输出的数字量数值是多少？

项目 13　半导体存储器和可编程逻辑器件的认识

学习目标

通过本项目的学习，了解常用存储芯片的结构特点，掌握它们的基本工作原理和简单应用；能对可编程逻辑器件有一定的了解。能够根据芯片型号查阅相关数据手册了解芯片的特性功能。

工作任务

查找 AT28C256、HM62256、P2764、GAL16V8 等相关芯片的数据手册（datasheet）PDF 文件，识别常用半导体存储器和可编程逻辑器件，了解芯片功能特性；根据存储器的地址线和数据线计算出存储容量，结合数据线、地址线、控制线引脚功能进行存储器读写操作的说明。

知识点 1　半导体只读存储器（ROM）

在计算机和数字系统中都需要对大量的数据进行存储，而且存储的容量一般均很大，一种称为存储器的大规模集成电路被设计出来并得到广泛应用。

存储器从存取功能上通常可分为两类，一类称为只读存储器（Read Only Memory），简称为 ROM；另一类称为随机存取存储器（Random Access Memory），简称为 RAM。

只读存储器又包括：固定只读存储器或称掩膜 ROM，可编程只读存储器 PROM（Programmable ROM），可擦除可编程只读存储器 EPROM（Erasable PROM），电可擦除可编程只读存储器 E^2PROM（Electrical EPROM）。将数据信息编程到 PROM、EPROM 和 E^2PROM 中，一般都是在专用的编程器上进行编程的，平时使用该类芯片时只要掌握如何读出芯片内部已存储的数据信息即可。

1. 固定只读存储器（ROM）和可编程只读存储器（PROM）

固定只读存储器所存放的是固定不变的信息，所存放的信息根据要求只能由芯片制造厂商完成，使用者只能按给定的地址读出信息，固定 ROM 中的信息可长期保存，即使断电也不会丢失，通常如常数、表格、计算机中的自检程序和初始化程序，都被固化在 ROM 中作为长期不变的信息。

图 13.1 是 4×4 ROM 逻辑电路图，A_1A_0 称为地址码，共有 A_1A_0 = 00、01、10、11 四种组合，因此该芯片有 2 个地址码共 4 个地址；D_3、D_2、D_1、D_0 称为数据线，是 ROM 内部存储信息的输出引脚，每次能有 4 位数据同时从 D_3、D_2、D_1、D_0 输出，称该芯片字长是 4 位；$\overline{EN}$ 为控制线，它决定了 ROM 内的信息在何时能进行输出。当 $\overline{EN}$ = 1 时，D_3、D_2、D_1、D_0 输出为高阻；当 $\overline{EN}$ = 0 时，某一地址对应的所有位信息被送到输出端 D_3、D_2、D_1、D_0，

此时称该字被读出。内部的行线与列线的交叉处都是一个存储单元。交叉处有二极管相当存1,无二极管相当存0,在图13.1(b)所示的内部逻辑电路中,ROM存储的数据如表13-1所示。

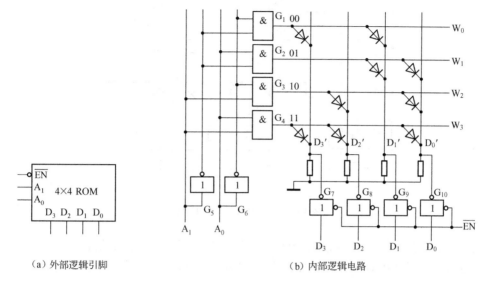

(a) 外部逻辑引脚　　　　　　　　(b) 内部逻辑电路

图13.1　4×4ROM 逻辑电路图

表13-1　4×4ROM 中的数据

地	址	数		据	
A_1	A_0	D_3	D_2	D_1	D_0
0	0	1	0	1	0
0	1	0	0	1	1
1	0	0	1	0	1
1	1	1	1	0	1

存储器的容量用"字数×位数"表示,"字数"即地址线的数量,"位数"即芯片的字长,图13.1所示 ROM 芯片的容量=4×4位。

可编程只读存储器 PROM 是一种用户自己可以直接向芯片编程的只读存储器。4×4PROM 芯片内部逻辑结构如图13.2所示。PROM 的组成和 ROM 的组成几乎一样,所不同的是 PROM 芯片在出厂时,芯片中的所有数据均为"1",用户要根据自己的需要把这些数据编程为"0",即把对应行列线交叉处的二极管熔丝烧断,这种按要求烧断熔丝的过程称为编程。编程只能进行一次,PROM 经编程后就相当于固定 ROM。

2. 用紫外线照射擦除的可编程只读存储器(EPROM)

目前提到的 EPROM,一般不作特殊说明的就是指用紫外线擦除的可编程 ROM(Ultra-Violet EPROM),简称 UVEPROM。

前面介绍的 PROM,由于只能进行一次编程,一旦出错,芯片就报废,EPROM 就可克服这个缺点,它既可以通过编程写入信息,又可以用紫外线把写入的信息擦除而重新写入信息。在向 EPROM 芯片写入信息前应用不透明的胶带纸把接受紫外线照射擦除数据用的石英

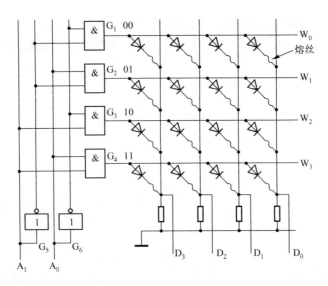

图 13.2　4×4PROM 内部逻辑

窗口密封，以免透进光线（光线中含有紫外线）而破坏写入芯片内的信息。

图 13.3 是一片 EPROM 芯片 2716 的外部引脚图，其功能及工作方式如下：

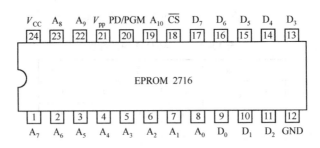

图 13.3　EPROM2716 外部引脚图

$A_{10} \sim A_0$ 为地址线输入端，11 根地址线共可产生 $2^{11} = 2048$ 个地址。

$D_7 \sim D_0$ 为 8 位数据输出线，即字长为 8 位，在进行芯片编程时该引脚也为写入数据输入端，因此可把它看做 I/O 口。

V_{CC} 和 GND 为芯片工作时的电源电压和电路地，$V_{CC} = +5\,V$。

PD/PGM 为低功耗/编程控制输入引脚，只有在进行芯片编程时才用到该引脚，平时只要使 PD/PGM = 0 即可。

$\overline{CS}$ 为片选控制输入。所谓片选，是指在一个由多片 ROM/RAM 组成的容量较大的存储系统中，每个 ROM/RAM 的地址线都对应地并接在一起，因此向这个存储系统输入一个地址码，首先要分清是向哪一片 ROM/RAM 输入。有了片选引脚 $\overline{CS}$，则只有该片的 $\overline{CS}=0$，该片才处于工作状态接收这个地址码。对于 EPROM2716 来说，在 PD/PGM = 0 的条件下，$\overline{CS}=0$ 时该芯片被选中，在地址线上给出地址码后，由地址码所指定存储单元的数据被读出，送到数据输出端。

V_{PP} 为编程电压输入端，在对该芯片进行编程和编程检验时，要使 $V_{PP}=25\,V$，其余工作方式时，$V_{PP}=5\,V$。

EPROM2716 的容量为字数×位数＝地址数×字长＝$2^{11}×8$ 位＝16 K 位，其中 1 K＝2^{10}＝1024。如果用一个字节（用大写字母 B 表示）代表 8 位二进制位，则 16 K 位也写成 2 KB，称 EPROM2716 的容量为 2 KB。

EPROM2716 的工作方式、条件及相关说明见表 13–2。

表 13–2　2716 工作方式条件及相关说明

工作方式	PD/PGM	$\overline{CS}$	V_{PP}	V_{CC}	输入及输出关系说明
该片未被选中	×	1	5 V	5 V	不管地址码如何，输出 $D_0 \sim D_7$ 为高阻状态
读操作	0	0	5 V	5 V	按输入的地址码所指定的存储单元中存储的数据 $D_0 \sim D_7$ 被送到输出端称读出
维持	1	×	5 V	5 V	不管地址码如何，$D_0 \sim D_7$ 输出为高阻状态，电路功耗从 525 mW 下降到 125 mW
编程	50 ms 正脉冲	1	25 V	5 V	编程数据从 $D_0 \sim D_7$ 输入，并被写入地址码指定的存储单元中
编程检验	0	0	25 V	5 V	撤走编程数据输入，送入地址码，通过读出相应存储单元中的数据，以便检验
禁止编程	0	1	25 V	5 V	在编程时，如果 PD/PGM 不送入 50 ms 正脉冲，则编程被禁止，输出 $D_0 \sim D_7$ 呈高阻状态

3. 用电压信号擦除的可编程只读存储器（E^2PROM）

EPROM 的擦除需用紫外线照射，速度慢，使用不方便，因此一种可在线擦除可编程只读存储器被设计并形成产品，这种电擦除的可编程存储器简称 E^2PROM。E^2PROM 在编程后就和 ROM 一样，可在线读出所存储的数据，在断电后数据至少可保持 10 年以上。

E^2PROM 的型号最常用的有 28 系列。28 系列的早期产品，它们的在线电擦除和编程需外接 21 V 高压，目前被普遍采用的是 28 系列改进型产品，如 2817A、2864A、28256A 等，在这些型号的产品中，把编程需要的高电压做在芯片内部，在线擦除和编程时不用专门加高电压，均用单一的 +5 V 电源即可。下面就 2864A 芯片加以介绍。

2864A 引脚排列图如图 13.4 所示，引脚名称及功能说明如下：

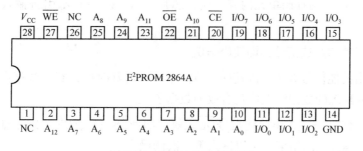

图 13.4　2864A 引脚排列图

V_{CC}、GND：芯片工作电源和电路地，V_{CC} = +5 V。

$A_{12} \sim A_0$：13 根地址输入线。

$I/O_7 \sim I/O_0$：数据输入/输出线（输出时有三态）。

$\overline{CE}$：芯片片选控制输入，低电平有效。高电平时，电路处于维持状态，数据线输出为高阻。

$\overline{OE}$：读操作控制输入，低电平有效。

$\overline{WE}$：写操作控制输入，低电平有效。

NC：为空引脚。

2864A 的读操作是在 $\overline{CE}=0$，$\overline{WE}=1$，$\overline{OE}=0$ 的条件下，将由地址线输入的地址码所指定存储单元的数据送到 $I/O_7 \sim I/O_0$ 输出端。

E^2PROM 2864A 的容量为 8 KB，操作方式及功能说明见表 13-3。

表 13-3　2864 的操作方式及功能说明

工作方式	$\overline{CE}$	$\overline{OE}$	$\overline{WE}$	功能说明
读操作	0	0	1	把地址码指定地址内的字节数据送到数据输出端，读出时间为 250 ns，工作时电流为 150 mA
写操作	0	1	负脉冲	把数据端一个字节的数据写入按地址码指定的地址内，写一页面（16 字节）的时间约为 11 ms，工作电流 150 mA
维持	1	×	×	电路处于通电维持状态，维持电流 60 mA，输出呈高阻态
数据查询	0	1	1	字节写入之前自动擦除

$E^2PROM2864A$ 的读时序如图 13.5 所示。步骤如下：

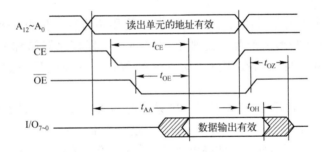

图 13.5　$E^2PROM2864A$ 的读时序

（1）欲读取单元的地址加到存储器的地址输入端，如要读取地址单元为十六进制值 0000（取最低 13 位）的存储单元内容，应在芯片的 $A_{12}A_{11}\cdots A_1A_0$ 引脚输入 $00\cdots00$（13 个二进制 0）。

（2）加入有效的片选信号，即使 $\overline{CS}=0$。

（3）使输出使能信号有效，即使 $\overline{OE}=0$；经过一定延时后，有效数据出现在数据线上，就可以从 $I/O_7 \sim I/O_0$ 的数据线上取走有效的数据了。

（4）让片选信号 $\overline{CS}$ 或输出使能信号 $\overline{OE}$ 无效，即使 $\overline{CS}=1$ 或 $\overline{OE}=1$，经过一定延时后数据线呈高阻态，本次读出结束。可以进入下一次读操作。

知识点 2　半导体随机存取存储器（RAM）

随机存储器也叫做随机读写存储器（Random Access Memory），简称 RAM。在 RAM 工作时，可以随时从任何一个由地址码所决定的地址存储单元中读出数据，也可以随时把数据写入任何一个由地址码决定的地址存储单元中。在写入时，原存储的数据自动清除。ROM 中存储的数据可以长期保存，而 RAM 中存储的数据在断电后全部消失。RAM 又分为静态 RAM（用 SRAM 表示）和动态 RAM（用 DRAM 表示）。SRAM 的存储单元通常是触发器，因此只要不断电，数据不会消失。DRAM 的存储单元通常是一个电容器，当电容器充上电荷而有电压时，数据为 1，放掉电荷而无电压时，数据为 0。由于电容器的漏电是不可避免的，所以 DRAM 中存储的信息，即使不断电也会逐渐消失，为此，在 DRAM 保存数据信息期间要不断进行刷新。所谓刷新就是要定时向那些存储"1"信息的电容器充电。DRAM 的读写控制和刷新电路较为复杂，下面以 SRAM 为例介绍有关 RAM 的基础知识及应用。

1. SRAM 的结构

一个 16×1 位 SRAM 的电路如图 13.6 所示。$A_3A_2A_1A_0$ 为地址码，共有 $2^4 = 16$ 个地址，$\overline{CS}$ 为片选控制输入，$\overline{CS}=1$ 时，该片未选中，$\overline{CS}=0$ 时，该片被选中。$R/\overline{W}$ 为读/写控制输入，$R/\overline{W}=1$ 为读操作，$R/\overline{W}=0$ 为写操作。I/O 为写入和读出的输入/输出口，操作时，首先给出地址码信号，例如 $A_3A_2A_1A_0=0000$，在 $\overline{CS}=0$ 的条件下，当 $R/\overline{W}=1$ 时，内部对应存储单元中存储的数据被送到 I/O 口，称之为读出；当 $R/\overline{W}=0$ 时，I/O 的数据被写入到内部对应存储单元中，称之为写入。

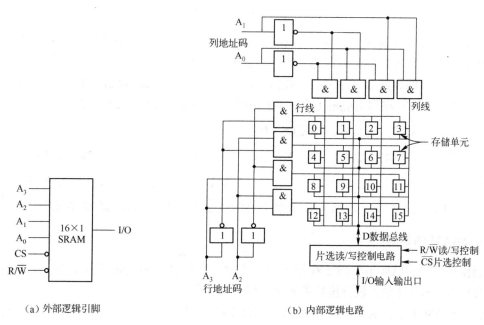

（a）外部逻辑引脚　　　　　　　　（b）内部逻辑电路

图 13.6　16×1 位 SRAM 电路图

一个 16×1 位 SRAM 的电路如图 13.6 所示。$A_3A_2A_1A_0$ 为地址码，共有 $2^4 = 16$ 个地址，对应内部 0～15 的存储单元，$\overline{CS}$ 为片选控制输入，$\overline{CS}=1$ 时，该片未选中，$\overline{CS}=0$ 时，该片被选中。$R/\overline{W}$ 为读/写控制输入，$R/\overline{W}=1$ 为读操作，$R/\overline{W}=0$ 为写操作。I/O 为写入和读出的输入/输出口。操作时，首先给出地址码信号，例如 $A_3A_2A_1A_0=0000$，在 $\overline{CS}=0$ 的条件下，当 $R/\overline{W}=1$ 时，内部对应存储单元中存储的数据被送到 I/O 口，称之为读出；当 $R/\overline{W}$

=0时，I/O的数据被写入到内部对应存储单元中，称之为写入。SRAM的容量由地址码和输入/输出口的位数决定，对图13.6所示的16×1位SRAM，地址码有$2^4=16$个，能实现同时输入/输出的数据位数是1位，所以该芯片的容量是16×1=16位；若能实现同时输入/输出的数据位数是8位，地址码有13位，则该芯片容量为$2^{13}×8$位，共有8KB的容量。

2. SRAM的读写时序

SRAM的读写时序的读时序与E^2PROM的读时序类似，通过地址线、$\overline{CS}$、$R/\overline{W}$、I/O控制进行读数据，读时应使$R/\overline{W}=1$。写时序如图13.7所示，写操作时应使$R/\overline{W}=0$。步骤如下：

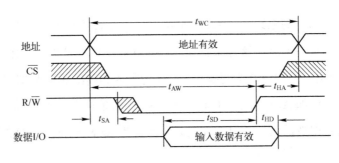

图13.7 SRAM的写时序

（1）欲写入数据的单元地址加到存储器的地址输入端，如要向由地址为十六进制值0001的存储单元写入数据，应在芯片的地址引脚输入0001（十六进制值）。

（2）欲写入的数据加到存储器的数据I/O端口，如要写入的数据是12（十六进制值），应在芯片的数据I/O端口对应的$I/O_7 \sim I/O_0$引脚输入00010010（二进制值）。

（3）加入有效的片选信号，即使$\overline{CS}=0$。

（4）加入有效的写入信号，即使$R/\overline{W}=0$（第（2）、（3）、（4）步骤可以互换）。

（5）经过一定延时后，让写入使能信号$R/\overline{W}$无效，即使$R/\overline{W}=1$，继而使$\overline{CS}$无效，即使$\overline{CS}=1$，本次写入结束。数据在$R/\overline{W}$的上升沿或$\overline{CS}$的上升沿存入到存储单元中。

3. SRAM的扩展

当使用一片SRAM不能满足存储容量要求时，可把多片SRAM进行组合，扩展成大容量的存储器。SRAM的扩展分位扩展和字扩展。

（1）SRAM的位扩展。当所用的单片SRAM的位数（即字长）不够时，可以进行位扩展，把两片或两片以上的同型号SRAM连成位扩展的连接十分简单，即把每片的地址码输入端、$\overline{CS}$片选控制输入端和$R/\overline{W}$读/写控制输入端一一对应地并接在一起即可。由2片4位SRAM Intel 2114A扩展成8位的扩展连线图如图13.8所示。

（2）SRAM的字扩展。字长不变，要增加字的数量可进行字扩展，在把两片或多片SRAM接成字扩展时，只要把各片的I/O线并接在一起，把读/写控制输入$R/\overline{W}$并接在一起，用增加的地址码去控制$\overline{CS}$，原有地址码也并接在一起，用两片1024×4位的2114A扩展成2048×4位的连接图如图13.9所示。

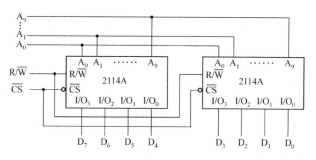

图 13.8 用两片 4 位 SRAM 扩展 8 位 SRAM 的连线图

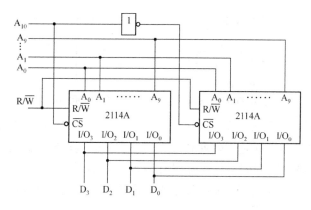

图 13.9 字扩展连线图

知识点 3 可编程逻辑器件

可编程逻辑器件（Programmed Logic Device），简称 PLD，是一种由用户通过编程定义其逻辑功能，从而实现各种设计要求的集成电路芯片。它是 20 世纪 70 年代发展起来的新型逻辑器件，可编程只读存储器 PROM 就是早期的 PLD 产品，之后相继出现了 PLA、PAL、GAL 和 CPLD/FPGA 及 ISP 等多个品种。

1. 普通可编程逻辑器件

如图 13.10 所示，PLD 的基本结构是由输入缓冲电路、与阵列、或阵列、输出缓冲电路加反馈电路等构成，输入缓冲电路是对输入信号进行缓冲，产生原、反变量供与－或阵列使用；与阵列产生有关与项，或阵列将所有与项构成与－或的形式，实现各种与－或结构的逻辑函数；输出缓冲电路的反馈电路用于实现较复杂的逻辑功能，输出缓冲电路一般情况下有多种形式，如组合逻辑输出、寄存

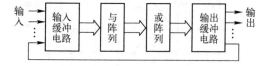

图 13.10 PLD 基本结构图

器输出或多功能的输出宏单元等。由于任何组合逻辑函数均可化成与－或的形式，而任何时序电路均可由组合逻辑电路加上存储元件（触发器）构成，所以 PLD 的与－或结构对实现数字电路具有普遍意义。

PLD 具有较大的与－或阵列，逻辑图的表示与传统的画法有所不同，分析 PLD 之前先介绍一下 PLD 的逻辑表示。图 13.11 所示是互补输入缓冲器的逻辑表示，它表示输入信号 A

经缓冲器后得到驱动能力更强的信号 A 和 $\overline{A}$。图 13.12 所示是 PLD 阵列交叉连接的逻辑表示，其中图 13.12（a）所示表示永久性固定连接，图 13.12（b）所示表示可编程连接，连接状态由编程决定，图 13.12（c）所示表示没有任何连接。图 13.13 和图 13.14 分别是 PLD 中与门和或门的逻辑表示，相比于传统的与门、或门表示，这种表示方法在较多的与或阵列结构中要简洁得多。

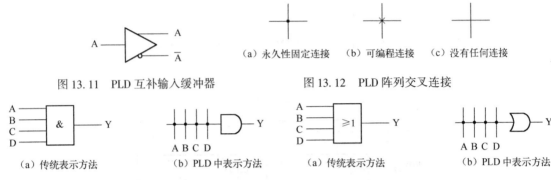

图 13.11　PLD 互补输入缓冲器　　　　　　　图 13.12　PLD 阵列交叉连接

图 13.13　四输入与门的表示　　　　　　　　图 13.14　四输入或门的表示

PLD 的可编程简单地说就是与阵列和或阵列的交叉连接点通过编程的方法来实现连接或不连接。PROM 是一种与阵列固定、或阵列可编程的 PLD 器件，而通用逻辑阵列 GAL 则是一种与阵列可编程、或阵列固定、输出级采用输出逻辑宏单元（OLMC）的 PLD 器件。下面对这两类器件给以简单的分析。

以图 13.1 所示的 4×4 位 ROM 芯片为例，忽略 $\overline{EN}$ 引脚，用 PLD 的逻辑可表示成图 13.15 所示。图 13.15（a）所示表示 4×4 位 ROM 在编程前的与 - 或阵列结构情况，图 13.15（b）所示表示 4×4 位 ROM 编程后的与 - 或阵列结构情况。用逻辑函数表示为：

$$D_3 = \overline{A}_1\,\overline{A}_0 + A_1 A_0$$
$$D_2 = A_1\,\overline{A}_0 + A_1 A_0$$
$$D_1 = \overline{A}_1\,\overline{A}_0 + \overline{A}_1 A_0$$
$$D_0 = \overline{A}_1 A_0 + A_1\,\overline{A}_0 + A_1 A_0$$

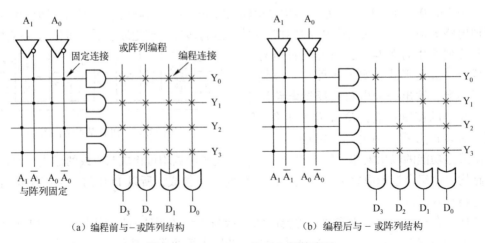

图 13.15　4×4ROM 的 PLD 逻辑表示

不难理解，要实现某个逻辑表达式的功能，例如 $F = A + \bar{B}$，用 4×4 位 EPROM 实现的方法是：把 A、B 当作两个地址线，F 当作数据线，再对 PROM 内部结构进行编程即可，如图 13.16 所示。

和 PROM 与阵列固定、或阵列可编程不同的是，通用逻辑阵列 GAL 器件是由可编程的与阵列、固定的或阵列构成的能电擦除、可反复编程、具有较高性能的 PLD 器件。GAL16V8 芯片是 Lattice 公司生产的一片通用逻辑阵列 GAL 器件，其外部引脚如图 13.17 所示，基本组成包括：

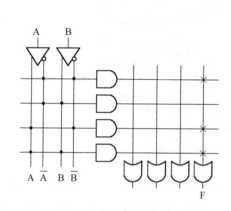

图 13.16　4×4 位 EPROM 实现 $F = A + \bar{B}$

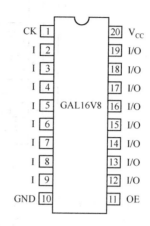

图 13.17　GAL16V8 引脚图

（1）内部可编程与阵列有 32 列 $\times$ 64 行 = 2048 个单元。
（2）8 个输入端 I 和 8 个双向输入/输出端 I/O，使它最多有 16 个信号输入到与阵列中。
（3）一个时钟输入端 CK 和一个输出使能控制信号 OE。
（4）内部 8 个输出逻辑宏单元 OLMC，每个宏单元均由 8 输入或门、异或门、D 触发器和 4 个数据选择器组成。OLMC 的输出方式由一个称为结构控制字的 82 位寄存器决定，只要给 GAL 器件写入不同的结构控制字，就可以得到 5 种不同类型的输出结构，增强了器件的通用性。

GAL 器件是各种 TTL/74HC 系列、低密度门阵列和其他各种 PLD 器件的理想替代产品，读者在使用时可以参阅详细的数据手册了解其功能特点。

2. CPLD/FPGA

CPLD（Complex Programmable Logic Device，复杂可编程逻辑器件）与 FPGA（Field Programmable Gate Array，现场可编程门阵列）是目前应用较广泛的两种可编程逻辑器件，它们是在 GAL 等逻辑器件的基础上发展起来的，在规模上比 GAL 器件要大得多，可以替代几十块甚至几千块通用 IC 芯片，这样的 CPLD/FPGA 实际上已是一个电路系统部件。

CPLD 通常基于乘积项技术，采用 E^2PROM（Flash）工艺，如 Altera 公司的 MAX 系列产品等，这种 CPLD 都支持 ISP 技术在线编程，也可用编程器编程，并且可以加密，具有掉电后信息不易丢失的特点；而 FPGA 通常基于查找表技术，采用 SRAM 工艺，如 Xilinx 公司的 Spartan 与 Virtex 系列。由于采用 SRAM 结构的编程单元掉电后信息易丢失，因此需要将数据固化在一个专用的 E^2PROM 中，在上电时，由这片配置 E^2PROM 先对 FPGA 加载数据，经十几毫秒后，FPGA 即可正常工作。

概括起来说，FPGA/CPLD 器件的结构是由以下三大部分组成的：逻辑阵列块（Logic Array Block，LAB）；输入/输出块（IO Block，IOB）；可编程连线阵列（Programmable Interconnect Array，PIA）。如图 13.18 所示，其中 LAB 构成了 PLD 器件的逻辑组成核心，PIA 控制 LAB 间的互连，IOB 控制输入/输出与 LAB 之间的连接。

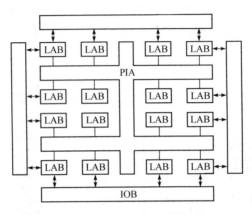

图 13.18　CPLD/FPGA 的组成

对用户而言，CPLD 与 FPGA 的内部结构稍有不同，但用法一样，所以多数情况下可不加以区分。以 Altera 公司的 MAX7000 系列芯片为例，MAX7000 系列中的 EPM7128S 芯片具有 128 个宏单元，84 个管脚，图 13.19 是它的外部引脚图，管脚名称及功能说明如下：

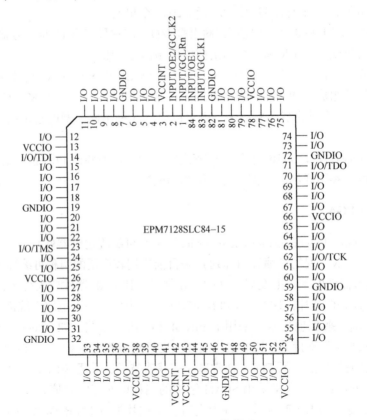

图 13.19　EPM7128S 管脚图

（1）INPUT/GCLRn：可作为通用的输入信号端，也可用于高速、全局清零信号。

（2）INPUT/GCLK1、INPUT/OE2/GCLK2：可作为通用的输入信号端，也可用于全局信号输入端。当作为全局信号输入时可以达到最快的输入至输出的性能。

（3）INPUT/OE1：可用于输入信号端，也可用于输出使能信号的输入端。

（4）I/O：共有 68 个，可由用户定义成输入、输出和双向工作方式的输入输出端口。

（5）VCCINT、GNDINT：为内部电路和输入缓冲器提供电压和电路地，VCCINT 接 +5 V。

（6）VCCIO、GNDIO：为芯片有 I/O 引脚提供电压和接地，VCCIO 接 +5 V 或 +3.3 V。

（7）I/O/TDI、I/O/TMS、I/O/TCK、I/O/TDO：可作为 I/O 口或编程时的接线端口。

习 题 13

13.1 有一存储器，地址线为 $A_9 \sim A_0$ 共 10 根，数据线为 $D_7 \sim D_0$ 有 8 根，它的存储容量为多大？

13.2 ROM 分为哪几种类型？它们之间有何异同点？

13.3 存储容量为 8096×8 位的 RAM 有多少根地址线？有多少根位线？

13.4 试用 2 片 1024×4 位的 RAM 组成 1024×8 位的存储器，画出连线图。

13.5 试用 2 片 1024×4 位的 RAM 组成 2048×4 位的存储器，画出连线图。

13.6 为了实现逻辑函数表达式 $L = A_1 + \overline{A_1} A_0$，在一片 4×4 位 EPROM 芯片上应如何编程连接，试画图说明。

项目 14　场效应晶体管放大电路测试

学习目标

通过本项目的练习，了解普通场效应晶体管类型特性，能够通过和双极型晶体管的类比，理解由普通场效应晶体管组成的常见单元电路及特点；理解 VMOS 管作为开关管使用时常用的驱动电路形式。

工作任务

场效应晶体管放大测试电路如图 14.1 所示，选取合适元件组装电路，进行静态调试和动态参数测量，分析放大电路的工作原理及各元件的作用，撰写项目测试报告。静态调试要求：$I_D = 2\text{mA}$；动态参数测试包括电压放大倍数 A_u、输入电阻 r_i、输出电阻 r_o。

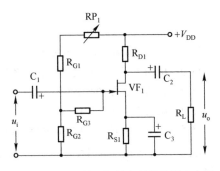

图 14.1　分压式共源场效应晶体管放大电路

知识点 1　场效应晶体管

场效应晶体管简称 FET（Field Effect Transistor），是一种利用电场效应来控制电流大小的半导体三极管，其主要特点是输入电阻高（$\geq 10^7\ \Omega$），由半导体中的多子来实现导电，因此又称单极型晶体管。场效应晶体管按结构分为：结型场效应晶体管，简称 J - FET；绝缘栅型场效应晶体管，简称 MOS 管（Metal - Oxide - Simiconductor - FET）。结型场效应晶体管又分 N 沟道结型和 P 沟道结型二种；绝缘栅型场效应晶体管又分 N 沟道增强型、P 沟道增强型、N 沟道耗尽型、P 沟道耗尽型四种。

N 沟道结型场效应管的结构和符号如图 14.2 所示，在一块 N 型半导体两侧做出两个高掺杂的 P 区，形成两个 PN 结，两个 P 区连接在一起引出的电极称为栅极 g，N 型半导体两端分别引出的两个电极称为源极 s 和漏极 d，两个 PN 结中间的 N 型区称为导电沟道。N 沟道结型场效应管的工作原理是：在漏源电压 u_{DS} 的作用下，产生沟道电流即漏极电流 i_D，通

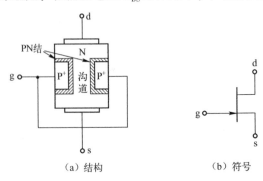

（a）结构　　　　　（b）符号

图 14.2　N 沟道结型场效应管

过控制偏置电压 u_{GS}，可控制漏极电流 i_D 的大小。

如不考虑物理本质上的区别，把场效应晶体管与双极型晶体管（NPN 和 PNP）作类比，可以更好地达到对场效应晶体管特性、参数和应用方面知识的掌握。

双极型晶体管的三个极分别称为集电极 c、发射极 e 和基极 b；场效应晶体管的三个极分别称为漏极 d、源极 s 和栅极 g，如图 14.3 所示。双极型晶体管是基极电流 i_B 控制集电极电流 i_C 器件，即 $i_C = \beta i_B$；场效应晶体管是栅源电压 u_{GS} 控制漏极电流 i_D 的器件，即 $i_D = g_m u_{GS}$（g_m 称为跨导），而 $I_G = 0$。

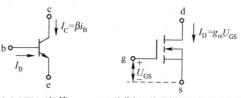

图 14.3 NPN 三极管与绝缘栅 N 沟道增强型场效应晶体管

双极型晶体管的工作特性用输入特性曲线和输出特性曲线描述，场效应晶体管的工作特性用转移特性曲线和输出特性曲线描述。如图 14.4（a）所示，双极型晶体管的输入特性是 $i_B = f(u_{BE})|_{u_{CE}=常数}$，其中 i_B 是输入电流，u_{BE} 是输入电压；场效应晶体管由于 $I_G = 0$，是 u_{GS} 对 i_D 的控制，即 $i_D = f(u_{GS})|_{U_{DS}=常数}$，$i_D$ 和 u_{GS} 不是输入电流和输入电压之间的关系，而是转移后的输出电流和输入电压之间的关系，所以 u_{GS} 对 i_D 的关系用转移特性来表述，如图 14.5（a）所示。

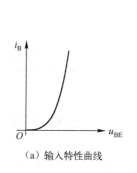
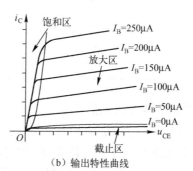

（a）输入特性曲线　　　　　（b）输出特性曲线

图 14.4 双极型晶体管工作特性

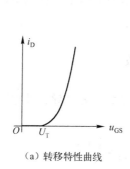
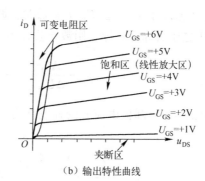

（a）转移特性曲线　　　　　（b）输出特性曲线

图 14.5 场效应晶体管工作特性

如图 14.4（b）所示，描述双极型晶体管输出特性曲线的三个区域为饱和区、放大区和截止区；同样，描述场效应晶体管输出特性曲线的三个区域为可变电阻区、线性放大区（有些资料上，线性放大区用恒流区或饱和区表述）、夹断区或不导通区，如图 14.5（b）

所示。需要注意的是：场效应晶体管把线性放大区表述成饱和区，与双极型晶体管所表述的饱和区意义是不同的，场效应晶体管把线性放大区表述成饱和区是指 U_{GS} 一定时，i_D 不随 u_{DS} 的变化而变化，漏极电流 i_D 趋于饱和。

双极型晶体管放大电路的基本组态为共射电路和共集电路。类同于双极型晶体管，场效应晶体管的基本组态为共源电路和共漏电路，见表 14-1 所列。

表 14-1 绝缘栅 N 沟道增强型基本放大电路组态

名称	共源放大电路	共漏放大电路
电路形式	（电路图）	（电路图）
电压放大器 A_u	$-g_m(R_d // R_L)$	$+\dfrac{g_m(R_s // R_L)}{1+g_m(R_s // R_L)}$
输入电阻 r_i	$R_{g3}+(R_{g1} // R_{g2})$	$R_{g3}+(R_{g1} // R_{g2})$
输出电阻 r_o	R_d	$R_s // \left(\dfrac{1}{g_m}\right)$

场效应晶体管的主要参数包括：

(1) 夹断电压 U_P。指当 U_{DS} 为某一定值时，使 $i_D=0$，在栅源之间所加的电压。N 沟道的 U_P 为负值，P 沟道的 U_P 为正值，增强型则没有 U_P。

(2) 开启电压 U_T。指增强型场效应晶体管在 u_{DS} 作用下，漏源之间开始导通时的栅源电压。N 沟道为正值，P 沟道为负值。

(3) 跨导 g_m（也称互导）。在 U_{DS} 为常数时，漏极电流的微量变化和引起这个变化的栅源电压的微量变化之比值称为跨导。用数学公式表示为：

$$g_m = \dfrac{\Delta I_D}{\Delta U_{GS}}\bigg|_{U_{DS}=常数}$$

跨导给出了栅源电压 u_{GS} 对漏极电流 i_D 的控制能力。g_m 的量纲为电导，即电阻的倒数，单位为 S，称为西门子。

$$1S = \dfrac{1}{1\Omega} = \dfrac{1A}{1V}, \quad 1mS = \dfrac{1}{1000\Omega} = \dfrac{1mA}{1V}$$

场效应晶体管的 g_m 一般在十分之几到几个 mS 的范围内。

(4) 极限参数。场效应晶体管的极限参数和双极型晶体管类同，有：最大漏源电压 BU_{DS}（即漏源击穿电压）、最大栅源电压 BU_{GS}（即栅源击穿电压）、最大漏源电流 I_{DM}、最大耗散功率 P_{DM}。

6 种场效应晶体管的名称、符号、转移特性曲线和输出特性曲线见表 14-2 所列。

表 14-2 6 种普通场效应晶体管的名称、符号、转移特性曲线和输出特性曲线

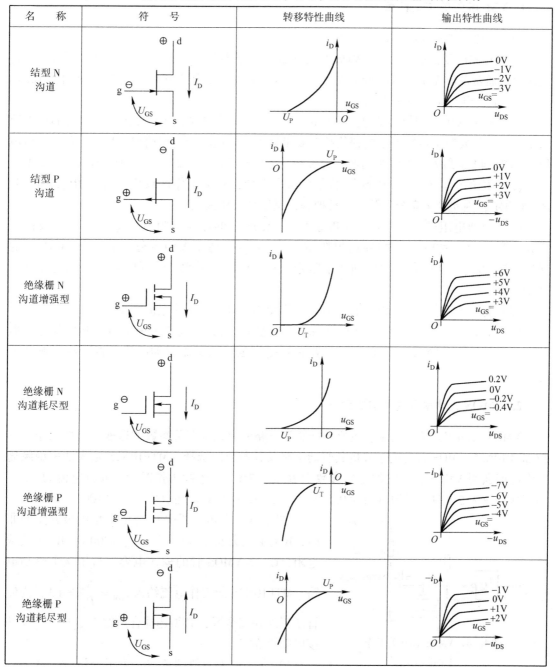

知识点 2 VMOS 场效应晶体管

电流垂直流动的双扩散金属-氧化物-半导体场效应晶体管称 VMOS 场效应晶体管 (VMOSFET)，简称 VMOS 管或功率场效应管，是继 MOSFET 之后新发展起来的高效功率开关器件。VMOS 管不仅继承了 MOS 管输入阻抗高、驱动电流小的特点，还具有耐压高（最高 1200 V）、工作电流大（1.5~100 A）、输出功率高（1~250 W）、跨导线性好、开关速度快等优良特性，在电压放大器、功率放大器、开关电源和逆变器电路中获得了广泛应用。

1. VMOS 管的主要特点

VMOS 管的主要特点有如下 6 点：

（1）开关速度很快。由于 VMOS 管是多数载流子器件，不存在存储效应，所以开关速度很快。通常低压 VMOS 管的开关时间为 10 ns 数量级，高压 VMOS 管的开关时间为 100 ns 数量级，适合于作高频功率开关。

（2）高输入阻抗和低驱动电流。VMOS 管的输入电阻通常为 $10^7 \Omega$ 以上，直流驱动电流几乎为零，只要驱动逻辑电平的幅值符合要求即可。因而驱动电路简单，VMOS 管的开启电压 $U_T = 3 \sim 4V$，最大允许的驱动电平为 $\pm 20V$（N 沟道 $BU_{GS} = 20V$，P 沟道 $BU_{GS} = -20V$）。

（3）安全工作区大。VMOS 管不存在二次击穿，安全工作区仅由 BU_{DS}、BU_{GS}、I_{DM} 和 P_{DM} 来决定，因此管子安全问题很容易把握，且安全工作区大。

（4）导通电阻较小，I_D 有负温度系数。VMOS 管的导通电阻 $R_{DS(ON)}$ 较小，一般低压 VMOS 管（$BU_{DS} \leq 200V$）的导通电阻 $R_{DS(ON)} \leq 1\Omega$，高压 VMOS 管（$BU_{DS} > 200V$）的导通电阻 $R_{DS(ON)}$ 也只有一欧姆到几个欧姆。I_D 有负温度系数，管耗随温度变化能得到自补偿。

（5）易于并联使用。VMOS 管可简单并联使用，以增大工作电流容量。

（6）有较大的输入电容。VMOS 管的输入电阻很大，因此直流驱动电流几乎为零。但是有较大的输入电容 C_{gs}，因此驱动电路必须提供足够的交流驱动电流，否则将影响开关速度。

2. VMOS 大功率开关管的驱动

VMOS 大功率开关管的驱动主要是指驱动电路的形式及有关参数的选取。下面以摩托罗拉 MTP10N25 VMOS 管为例来分析其驱动电路及其参数的选择。MTP10N25 是大功率绝缘栅 N 沟道增强型 VMOS 管，它的主要参数为 $BU_{DS} \approx 250V$，连续工作时最大允许电流为 10 A。当工作电流为 5 A 时，导通电阻为 0.5Ω，管壳温度为 25℃ 时耗散功率可达 100 W。

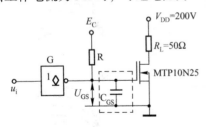

图 14.6 VMOS 管开关工作下的驱动电路

如图 14.6 所示，图中 G 是 TTL 集电极开路的非门，R 是它的外接上拉电阻，$V_{DD} \approx 200V$，R_L 是负载电阻，C_{GS} 是 VMOS 管的输入电容。对于这个驱动电路，MTP10N25 的工作电流约为 $I_{DM} = \dfrac{V_{DD}}{R_L} = 4A$，为使管子工作在安全区，必须选择合适的 U_{GSH} 和 U_{GSL} 及外接电阻 R 的值。

（1）U_{GSH}、U_{GSL} 值的选取。为了分析 U_{GSH} 和 U_{GSL} 的幅值，需从 MTP10N25 的输出特性曲线着手，如图 14.7 所示，结合图 14.6 所示的驱动电路，可以列出 MTP10N25 管 U_{GSH}、$I_{DS(ON)}$、U_{DS} 和 P_D 之间的关系，如表 14-3 所示。

表 14-3 U_{GSH}、$I_{DS(ON)}$、U_{DS} 和 P_D 之间的关系表

U_{GSH}	$I_{DS(ON)}$	U_{DS}	P_D	说 明	$R_{D(ON)}$
4 V	≈0	200 V	≈0	VMOS 管刚开始导通	很大
5 V	2 A	100 V	200 W	不符合要求	大

续表

U_{GSH}	$I_{DS(ON)}$	U_{DS}	P_D	说　明	$R_{D(ON)}$
6 V	≈4 A	4 V	16 W	临界状态，不符合要求	较小
7 V	≈4 A	2.1 V	8.2 W	基本符合要求	小
8 V	≈4 A	1.5 V	6 W	基本符合要求	小
9 V	≈4 A	1.2 V	4.8 W	符合要求	最小

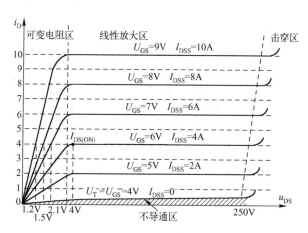

图 14.7　VMOS 管 MTP10N25 的输出特性曲线图

由表 14-3 可知，$U_{GSH} \geqslant 6\,V$ 时，所对应的 $I_{DS(ON)} \approx 4\,A$，$I_{DSS} \geqslant I_{DM}$，能够使 VMOS 管工作在可变电阻区。由于 E_C 是决定 U_{GSH} 电平幅值的电源，因此选择合适的 U_{GSH}，实际上是选择合适的 E_C 值。至于 U_{GSL}，只要保证 $U_{GSL} < U_T$ 即可。

(2) R 值的选取。由于 C_{GS} 的存在，当 U_{GS} 由 U_{GSL} 转换到 U_{GSH} 时，转换时间要受 R 影响，应当要求 $3 \sim 5RC_{GS} < 10\,ns$（其中 10 ns 是 VMOS 管 MTP10N25 正向导通时间），否则 VMOS 管将受 U_{GSH} 上升时间影响，不能发挥快速导通的优点；同时，若 U_{GSL} 到 U_{GSH} 的上升时间过长，VMOS 管的动态功耗也将增大。

基于上述分析可知，VMOS 大功率开关管驱动电路的设计，一方面要保证有足够驱动电平，使 VMOS 管能够充分导通工作在可变电阻区；另一方面要有足够的驱动电流，用以克服 VMOS 管内部输入电容的影响，提高开关速度。VMOS 大功率开关管常见的驱动电路如图 14.8 所示。

其中图 14.8（a）所示用两个集电极开路的非门并联，这是因为 U_{GS} 从 U_{GSH} 转换到 U_{GSL} 时，U_{GSH} 要经 C_{GS} 到非门低电平输出的放电过程。当非门的低电平输出电流能力不够时，用两个集电极开路的非门并联使用，以增大低电平输出电流的能力，达到提高由 U_{GSH} 转换到 U_{GSL} 的转换速度的目的。

图 14.8（b）所示是用 6 个缓冲器并联使用，以增大高低电平的电流输出能力。由图可知，$U_{GSH} \approx V'_{DD}$，所以 U_{GSH} 的幅值，就是 CD4050 缓冲器的电源电压 V'_{DD} 的值。

图 14.8（c）所示是通过光耦驱动的一种驱动电路，其中 U_{GSH} 和 E_C、R_{C1}、R_{C2} 有关。

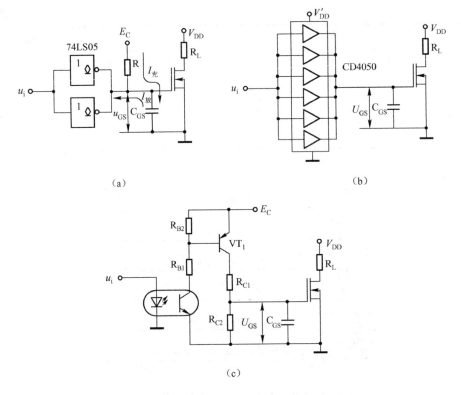

图 14.8 常见 VMOS 的开关驱动电路

项目实施

在 Multisim10 软件上按如图 14.9 所示连接电路，设置信号发生器 XFG_1 输入频率为 1 kHz 正弦波信号，在示波器 XSC_1 上观察到的两个波形无明显失真。

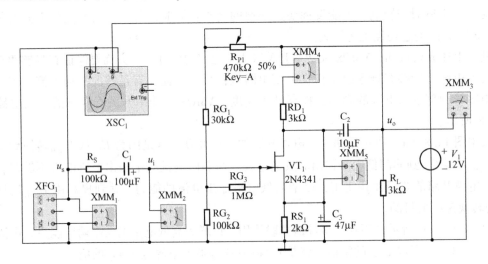

图 14.9 分压式共源场效应晶体管放大电路测试

（1）静态工作点设定。改变 R_{P_1} 的值，使场效应管的漏极电流为 1～2 mA（用万用表 XMM4 观察得到）。

（2）动态测试。信号发生器 XFG_1 分别输入幅度为 10 mV、30 mV 的 1 kHz 正弦波信号，测量图上各点电压幅度并记录。

参　数	u_s	u_i	$R_L = 3\,k\Omega$ 时的 u_o	$R_L = \infty$ 时的 u_o'
测量值	10 mV			
	30 mV			

根据上述测量结果进行计算

参数	u_s	电阻 R_S 两端电压 $u_{RS} = u_s - u_i$	输入电阻 $r_i = R_S \times$ $(u_i \div u_{RS})$	输出电阻 $r_o = R_L \times$ $(u_o' - u_o) \div u_o$	放大倍数 $A_u' = u_o'/u_i$	放大倍数 $A_u = u_o/u_i$
测量值	10 mV					
	30 mV					

（3）分析放大电路的工作原理及各元器件的作用，撰写测试报告。

习　题　14

14.1　根据场效应晶体管的转移特性曲线和输出特性曲线，指出图 14.10 所示三个场效应晶体管单管放大电路的偏置哪些是正确的？哪些是错误的？为什么？

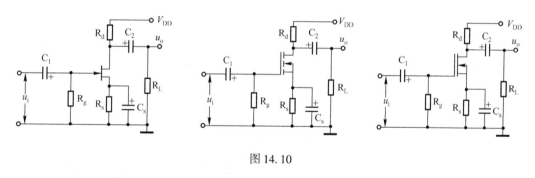

图 14.10

14.2　如图 14.11 所示，写出该电路的输入电阻、输出电阻和电压放大倍数的表达式。

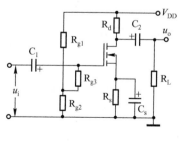

图 14.11

14.3　图 14.12 所示是增强型绝缘栅 VMOS 管的工作电路和该 VMOS 管的输出特性曲线，当 U_{GS} 分别为 5 V、6 V、7 V、8 V 时，近似估算 VMOS 管导通时的等效电阻 R_d 和流过 VMOS 管的漏极电流 i_D。

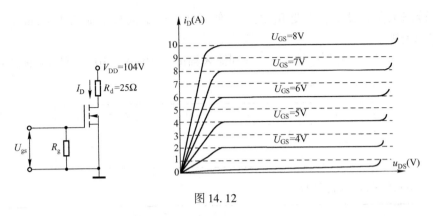

图 14.12

14.4 根据你对 VMOS 管掌握的知识，写出用实验方法判定 VMOS 管是否已损坏的方法。（提示：如果管子没有损坏，则 i_D 受 u_{GS} 的控制）

参 考 文 献

1. 王行等. EDA 技术入门与提高（第二版）. 西安：西安电子科技大学出版社，2009
2. 钱金法等. 模拟电子技术及应用. 北京：机械工业出版社，2010
3. 李玲. 数字逻辑电路测试与设计. 北京：机械工业出版社，2009
4. 谢兰清. 电子技术项目教程. 北京：电子工业出版社，2009
5. http://www.fpga.com.cn 浏览日期：2010 年 8 月 23 日

反侵权盗版声明

电子工业出版社依法对本作品享有专有出版权。任何未经权利人书面许可,复制、销售或通过信息网络传播本作品的行为;歪曲、篡改、剽窃本作品的行为,均违反《中华人民共和国著作权法》,其行为人应承担相应的民事责任和行政责任,构成犯罪的,将被依法追究刑事责任。

为了维护市场秩序,保护权利人的合法权益,本社将依法查处和打击侵权盗版的单位和个人。欢迎社会各界人士积极举报侵权盗版行为,本社将奖励举报有功人员,并保证举报人的信息不被泄露。

举报电话:(010)88254396;(010)88258888
传　　真:(010)88254397
E-mail: dbqq@phei.com.cn
通信地址:北京市海淀区万寿路173信箱
　　　　　电子工业出版社总编办公室
邮　　编:100036